BIBLIOTHÈQUE

DES SCIENCES HUMAINES

ILYA PRIGOGINE
ISABELLE STENGERS

La Nouvelle Alliance

Métamorphose de la science

A Brown
Paris ℅ L. Bulnois
May 1983

nrf

GALLIMARD

ISBN 2-07-028750-5

Imprimé en France

INTRODUCTION

MÉTAMORPHOSE DE LA SCIENCE

La science a connu des progrès remarquables au cours des trois siècles qui vont de Newton à nous, c'est un lieu commun. Il est peut-être moins banal de souligner à quel point nos idées ont changé à propos de la nature que nous décrivons et de l'idéal qui guide nos descriptions. C'est le sujet essentiel de ce livre : partis d'une nature assimilée à un automate, soumise à des lois mathématiques dont le calme déploiement détermine à jamais son futur comme il a déterminé son passé, nous arrivons aujourd'hui à une situation théorique toute différente, à une description qui situe l'homme dans le monde qu'il décrit, et implique l'ouverture de ce monde. Il n'est pas exagéré de parler de cette transformation conceptuelle comme d'une véritable *métamorphose* de la science. Lent travail de quelques questions, posées souvent « depuis l'origine », qui continuent sous nos yeux à métamorphoser l'interrogation scientifique.

Nous pensons que ces questions ne furent pas seulement des questions scientifiques, et que les enjeux de la métamorphose de la science ne sont pas tous d'ordre scientifique. Et singulièrement, il est une question, bien plus ancienne que la science moderne, qui n'a cessé de hanter certains hommes de science : celle des conclusions que l'existence de la science et le contenu des théories scientifiques peuvent entraîner quant aux rapports que les hommes entretiennent avec le monde naturel. Semblables conclusions ne peuvent être imposées par la science comme telle mais font pourtant partie intégrante de l'histoire de la métamorphose de cette science. Comment s'en étonner ? La science fait partie du complexe culturel à partir duquel, à chaque génération, des hommes tentent de trouver une forme de cohérence intellectuelle. Et inversement cette cohérence nourrit à chaque époque l'interprétation des théories scientifiques, détermine la résonance qu'elles suscitent, influence les conceptions que les scientifiques se font du bilan de leur science, et des voies selon lesquelles ils doivent orienter leur recherche. Au-delà de son contenu théorique, la métamorphose que nous allons décrire renouvelle notre conception des relations des hommes avec la nature et la science comme pratique culturelle.

Pour situer de façon plus précise ces différents enjeux, nous avons choisi de rappeler l'affirmation, admirable de clarté, où Jacques Monod concentra il y a peu la leçon qu'il entendait tirer des progrès théoriques de la biologie moléculaire : « L'ancienne alliance est rompue; l'homme sait enfin qu'il est seul dans l'immensité indifférente de l'Univers d'où il a émergé par hasard[1]. » Nous montrerons que, lorsqu'il énonça cette conclusion, Monod donnait voix non seulement à une interprétation possible de certains résultats de la biologie moderne, mais aussi à celle d'un ensemble théorique bien plus vaste, que nous appellerons la science « classique », et que cette science n'a cessé, au cours de trois siècles d'existence, de conclure que l'homme est un étranger dans le monde qu'elle décrit. Or, nous sommes en droit de constater là quelque paradoxe. C'est le cas chez Monod : son récit est celui d'une réussite éclatante, mais il s'achève sur une note qui paraît tragique. La biologie moléculaire a décodé le texte génétique, dont l'existence constituait pour d'aucuns le secret de la vie. Elle a ainsi rencontré un type de succès qui confirme la signification la plus profonde que nous pouvons donner à l'activité scientifique : celle d'une tentative de communiquer avec la nature — d'apprendre à son contact qui nous sommes et à quel titre nous participons de son évolution. Et voilà qu'un échange fécond fait de nous des êtres seuls au monde, Tziganes aux marges de l'Univers.

Voici le contexte par rapport auquel nous voulons situer la métamorphose de la science. C'est celui d'une science classique dont les réussites ont pu se donner comme tragiques et dont nous disons qu'elle n'est plus aujourd'hui notre science. Explorons maintenant

1. MONOD J., *Le Hasard et la nécessité,* Paris, Seuil, 1970, p. 194-195.

de manière plus précise cette science classique afin de comprendre l'articulation qu'elle pose entre son contenu théorique et l'interprétation qu'elle donne de l'« homme » et de la pratique scientifique.

Nous avons dit que la science pouvait être décrite comme une tentative de communiquer avec la nature, d'établir avec elle un dialogue où se dégagent peu à peu questions et réponses. Nous devons affiner cette description, car elle ne permet pas de découvrir ce qui est propre à la science — classique ou non. Car c'est de tous temps qu'on a tenté de deviner la nature, de déchiffrer le secret de ses stabilités et des événements rares qui ponctuent son cours. Comment distinguer l'homme de science moderne d'un mage ou d'un sorcier et même, au plus loin des sociétés humaines, de la bactérie qui elle aussi interroge le monde et ne cesse de mettre à l'épreuve le déchiffrement des signaux chimiques en fonction desquels elle s'oriente[1] ? Comment caractériser le dialogue que mène depuis trois siècles la science moderne ?

Au plus bref, nous pourrions dire que le dialogue mené par la science moderne relance une entreprise immémoriale en même temps qu'il engage une aventure nouvelle. Nous nous expliquerons sur ce point; disons dès à présent que nous suivons Alexandre Koyré lorsqu'il avance que c'est le *dialogue expérimental* qui constitue la pratique originale qu'on appelle science moderne.

Le dialogue expérimental renvoie à deux dimensions constitutives des rapports homme-nature : *comprendre* et *modifier*. L'expérimentation ne suppose pas la seule observation fidèle des faits tels qu'ils se présentent, ni la seule quête de connexions empiriques entre phénomènes. L'expérimentation exige une interaction entre théorie et manipulation pratique, qui implique une véritable stratégie. Un processus naturel se trouve arraisonné comme clef possible d'une hypothèse théorique ; et c'est en tant que tel qu'il est alors préparé, purifié, avant d'être interrogé dans le langage de cette théorie. C'est là une entreprise systématique qui revient à provoquer la nature, à lui faire dire de manière non ambiguë si elle obéit ou non à une théorie.

Les hommes de science ont, de cent façons, raconté cet enchan-

1. À propos du mouvement de la bactérie, on lira ADLER J., « The Sensing of Chemicals by bacteria », in *Scientific American*, avril 1976, p. 40-47.

tement : d'avoir rencontré la « bonne » question leur vaut la bonne fortune de voir se rassembler les pièces éparses, et l'incohérence faire place à une logique close. Nous connaissons tous des récits de ce type à propos de telle découverte célèbre ; mais chaque chercheur a connu cette expérience, qu'il ait percé à jour une petite ruse ou un secret majeur. En ce sens, la science peut être décrite comme un jeu à deux partenaires : il s'agit de deviner le comportement d'une réalité distincte de nous, insoumise à nos croyances, à nos ambitions comme à nos espoirs. On ne fait pas dire *tout* ce qu'on veut à la nature, et c'est parce que la science n'est pas un monologue, parce que l'« objet » interrogé ne manque pas de moyens pour démentir l'hypothèse la plus plausible ou la plus séduisante, bref, parce que le jeu est risqué, qu'il est source d'émotions rares et intenses.

Mais la singularité de la science moderne est loin de tenir tout entière dans ces considérations de stratégie. Karl Popper lui-même, parti en quête d'une description normative de la rationalité scientifique, a dû reconnaître qu'en dernière analyse la science rationnelle doit son existence à son *succès* : si la démarche scientifique peut être pratiquée, c'est parce qu'elle découvre des points d'accord remarquables entre nos hypothèses théoriques et les réponses expérimentales[1]. La science est un jeu risqué, mais elle semble avoir découvert des questions auxquelles la nature répond de manière cohérente, un langage théorique moyennant lequel nombre de processus se laissent déchiffrer. Ce succès de la science moderne constitue un *fait historique* : non prédictible *a priori*, mais incontournable dès lors qu'il a eu lieu, dès le moment où, au sein d'une culture donnée, ce type particulier de question s'est trouvé jouer comme clef de déchiffrage. Lorsque ce point fut acquis, c'est une transformation sans retour de nos rapports avec la nature qu'a engendrée la réussite de la science moderne. En ce sens, on peut parler de *révolution scientifique*.

L'histoire des hommes a connu d'autres points singuliers, d'autres « concours de circonstances » d'où s'ensuivit une évolution irréversible, ce que Monod appelait un *choix* : orientation non nécessaire, semble-t-il, avant qu'elle soit prise, mais qui pourtant

1. POPPER K., *Objective Knowledge*, Oxford, Clarendon Press, 1972 ; trad. franç. : *La Connaissance objective*, Bruxelles, Complexe, 1978.

amène une transformation inexorable du monde où elle a eu lieu[1]. Ce qu'on a appelé *révolution néolithique* paraît bien avoir été l'un de ces choix. Dans le cas de la révolution scientifique, il nous est donné d'en vivre des épisodes décisifs, et aussi de pouvoir étudier ses genèses. L'histoire de l'insertion « mondaine » des activités scientifiques et techniques constitue en ce sens l'exemple le mieux documenté d'un de ces processus qui déterminent l'évolution biologique et sociale : la naissance et le développement d'une transformation, avec le mélange de hasard et de nécessité qui lui donne une allure d'histoire.

Nous allons maintenant nous trouver ramenés aux questions sur lesquelles s'est ouverte notre introduction. Comment caractériser cette orientation, ce « choix » qu'on a appelé « révolution scientifique » ? Nous avons tenté d'en souligner quelques propriétés tout en le situant dans l'ensemble des pratiques cognitives, qui inclut le cas de la bactérie et de son exploration du milieu chimique. Nous considérons les premiers succès de la dynamique classique (chapitre Ier) comme un fait plutôt que comme un droit fondé sur une rationalité toute neuve. D'autres ont adopté une autre démarche : ils ont reconnu dans la naissance de la science moderne l'avènement d'une culture nouvelle, sans commune mesure avec ce qui, arts, morale, politique, l'a précédée et lui sert d'environnement. Mais quelle que soit l'interprétation, elle a pour objet les mêmes « succès ». Et ces succès ont la dimension paradoxale que nous avons déjà évoquée : la science à ses débuts a posé avec succès des questions qui impliquent une nature morte et passive ; l'homme du XVIIe siècle n'a réussi à communiquer avec la nature que pour découvrir la terrifiante stupidité de son interlocuteur. Beaucoup, donc, se sont crus forcés d'assumer ce paradoxe. Voyant dans les premiers succès de la science moderne le prix couronnant une démarche enfin rationnelle, ils ont vu la solitude « découverte » par cette science comme le prix à payer pour cette rationalité. La

1. MONOD J., *op. cit.*, p. 141-143. Il apparaîtra par la suite combien cette description de Monod peut entrer en résonance avec les idées d'instabilité et de bifurcation. Soulignons qu'il ne s'agit bien sûr ici que de métaphores. Il importe de ne pas alourdir ce qui, un jour peut-être, deviendra une question précise, du poids prématuré d'une quelconque « autorité » scientifique.

science moderne interprétée du point de vue de ces premiers succès, *c'est-à-dire la science classique*, semblait donc imposer un choix entre la vision d'un homme foncièrement étranger au monde et le refus du seul mode fécond de dialogue avec la nature.

C'était là un dilemme désastreux. La science moderne a figé d'effroi ses adversaires qui y voyaient une entreprise inacceptable et menaçante, et ses partisans, qui s'engageaient dans une recherche si héroïque qu'il faut une décision tragique pour l'assumer. Nous pensons que ce dilemme est solidaire des illusoires certitudes et refus de la science classique. Et l'enjeu de notre livre est de contribuer à mettre fin à cette illusion.

La science moderne a commencé par *nier* les visions anciennes et la légitimité des questions posées par les hommes à propos de leur rapport à la nature. Elle a engagé le dialogue expérimental, mais à partir d'une série de présupposés et d'affirmations dogmatiques qui vouaient les résultats de cette interrogation (et surtout la « conception du monde » qui les accompagnait) à se poser comme inacceptables pour les autres univers culturels, y compris celui qui les a produits. La science moderne s'est constituée comme produit d'une culture, contre certaines conceptions dominantes de cette culture (l'aristotélisme en particulier, mais aussi la magie et l'alchimie). On pourrait même dire qu'elle s'est constituée contre la nature puisqu'elle en niait la complexité et le devenir au nom d'un monde éternel et connaissable régi par un petit nombre de lois simples et immuables.

Cette idée d'une « nature automate », dont le comportement aurait pour clef des lois accessibles à l'homme par les moyens finis de la mécanique rationnelle, était certes un pari audacieux. Elle suscita un enthousiasme et un rejet également passionnés. Elle établit aussi, fait désormais incontournable, que des lois mathématiques peuvent effectivement être découvertes. La science newtonienne a bel et bien découvert une loi universelle, à laquelle obéissent les corps célestes et le monde sublunaire. C'est la même loi qui fait tomber les cailloux vers le sol et tourner les planètes autour du soleil. Ce premier succès ne s'est pas démenti depuis. Un grand nombre de phénomènes obéissent à des lois simples et mathématisables. Mais dès lors, la science semblait *montrer* que la nature n'est qu'un automate soumis. Une hypothèse fascinante et téméraire était devenue la « triste » vérité. Désormais chaque progrès de la science allait renforcer l'angoisse et le sentiment d'aliénation de ceux-là mêmes qui lui accordent leur confiance et tentent de fonder sur elle une conception cohérente de la nature. La science semblait conclure à la stupidité de la nature.

Mais la science d'aujourd'hui n'est plus la science « classique ». Les concepts fondamentaux qui fondaient la « conception classique du monde » ont aujourd'hui trouvé leurs limites dans un progrès théorique que nous n'avons pas hésité à appeler une métamorphose. L'ambition de ramener l'ensemble des processus naturels à un petit nombre de lois a elle-même été abandonnée. Les sciences de la nature décrivent désormais un univers fragmenté, riche de diversités qualitatives et de surprises potentielles. Nous découvrons que le dialogue rationnel avec la nature ne constitue plus le survol désenchanté d'un monde lunaire, mais l'exploration, toujours locale et élective, d'une nature complexe et multiple.

Science et « désenchantement du monde » ne sont pas synonymes. Dans cette perspective, nous pouvons réinterpréter les succès de la science classique, montrer comment ils ont renforcé et confirmé les *particularités culturelles* de cette science à ses débuts jusqu'à sembler les imposer comme autant d'exigences d'une rationalité universelle.

Comment décrire plus précisément cette « métamorphose »? Il faut d'abord remarquer à quel point l'objet des sciences de la nature s'est transformé. Le temps n'est plus où les phénomènes immuables focalisaient l'attention. Ce ne sont plus d'abord les situations stables et les permanences qui nous intéressent, mais les évolutions, les crises et les instabilités. Nous ne voulons plus étudier seulement ce qui demeure, mais aussi ce qui se transforme, les bouleversements géologiques et climatiques, l'évolution des espèces, la genèse et les mutations des normes qui jouent dans les comportements sociaux.

Nous pouvons dire qu'un nouveau naturalisme est en passe de se trouver : les sociétés industrielles cherchent à se mieux comprendre en interrogeant les savoirs et les pratiques des sociétés primitives, elles étudient les problèmes de l'évolution qui va de l'animal à l'homme, elles observent les sociétés animales. La biologie moléculaire a apporté une contribution fondamentale à cette découverte de l'appartenance de l'homme à la nature, en montrant, entre autres faits étonnants, l'universalité du code génétique.

Mais cette transformation ne donne qu'une dimension du renouvellement contemporain de la science, insuffisante en elle-même pour amener une métamorphose. D'abord, on remarquera que, sous des modalités diverses, les préoccupations que nous venons de dire n'ont jamais été tout à fait absentes. D'autre part, on ne peut ignorer le poids persistant, culturel et théorique, des concepts qui sous-tendent la science que nous disons classique. Les conclusions de Jacques Monod nous fournissent à cet égard un exemple éloquent; la découverte de certains mécanismes déterminants des fonctionnements cellulaires, la description de leur logique, les hypothèses quant aux processus évolutifs qui les ont amenés à l'existence, dès lors que Monod les situe dans le cadre d'une conception classique du monde, le mènent à l'idée de la solitude de l'homme dans un monde qui lui est étranger.

On a remarqué que peu d'événements ont été aussi souvent annoncés dans l'histoire des sciences comme la fin de la conception mécaniste du monde. Ce qui implique que peu de résurrections ont été aussi répétées que celle du Phénix mécaniste. Et en effet, dans le passé comme à l'heure actuelle, les concepts classiques ont contribué à définir les enjeux et la signification des innovations théoriques, ils ont été au centre des discussions sur la nature et les limites des différents modes de description, ils ont, en toute innocence, resurgi au cœur même des théories qui, comme la mécanique quantique, étaient supposées les avoir dépassés.

Ce poids culturel des concepts classiques présente un risque. Nous l'avons déjà dit, la conception du monde produite par la science classique semble contraindre à choisir entre l'acceptation des conclusions aliénantes qui paraissent imposées par la science, et le rejet de la démarche scientifique. La science classique se caractérise donc par une insertion culturelle instable : elle suscite à la fois l'enthousiasme, l'affirmation héroïque des dures implications de la rationalité et le rejet, voire les réactions irrationalistes.

Nous ferons allusion par la suite aux mouvements actuels dits *anti-science* qui marquent cette situation. Arrêtons-nous ici au drame du mouvement irrationaliste qui, dans l'Allemagne des années 20, a servi de contexte culturel à la mécanique quantique[1]. Face à une science officielle qu'on associait à un complexe de notions « *causalité, légalité, déterminisme, mécanisme, rationalité* », a surgi un ensemble de thèmes étrangers à la science classique : la *vie*, le *destin*, la *liberté*, la *spontanéité* devenaient ainsi les émanations de profondeurs enfouies, qui se voulaient inaccessibles à la raison.

Sans parler davantage du contexte sociopolitique particulier qui lui conféra son caractère massif et virulent, ce rejet de la science rationnelle illustre ce dont nous avons parlé à propos des risques de la science classique. N'accordant aucune place à ce qui, sous les noms de liberté, de destin, de spontanéité, fait référence à un ensemble d'expériences significatives pour certains hommes, la science classique a vu ces thèmes devenir les points de fixation de réactions irrationnelles, auxquelles ils ont conféré un pouvoir intellectuel redoutable.

Nous venons de parler de liberté et d'activité spontanée ; nous retrouverons ces thèmes tout au long de ce livre ; il s'agira de montrer pourquoi la science classique ne pouvait que rester sourde aux questions qu'ils soulèvent. Nous montrerons comment ces thèmes réapparaissent dans certaines théories physiques, *articulés* désormais avec les thèmes de la légalité, du déterminisme et de la causalité. C'est là sans doute le symbole de ce que nous entendons par métamorphose de la science : l'ouverture d'un nouvel espace théorique *au sein duquel* s'inscrivent certaines oppositions qui, auparavant, avaient défini les *frontières* de la science classique. Espace au sein duquel s'affirment par contre des différenciations intrinsèques entre objets physiques, et avant tout entre systèmes conservatifs et systèmes dissipatifs. Il ne s'agit évidemment pas de prétendre que la science est, désormais, capable de décider ce qu'il en est de la liberté de l'homme. Mais il est certain que l'idée d'une nature déterministe et stérile a été quant à elle partie prenante dans certaines conceptions qui se sont construites dans notre culture à propos de cette liberté.

1. FORMAN P., « Weimar Culture, Causality and Quantum Theory, 1918-1927 ; Adaptation by German Physicists and Mathematicians to a Hostile Intellectual Environment », in *Historical Studies in Physical Sciences*, vol. 3, 1971, p. 1-115.

Quels sont les présupposés de la science classique dont nous pensons que la science s'est aujourd'hui éloignée? On peut considérer qu'ils s'articulent autour d'une conviction centrale : la conviction que le *microscopique est simple*, régi par des lois mathématiques simples. Ce qui veut dire que la tâche de la science est de dépasser les apparences complexes et de ramener (au moins en droit) la diversité des processus naturels à un ensemble d'effets de ces lois. Cette conception des objectifs scientifiques s'accompagne d'une discrimination entre ce qui dans la nature est supposé correspondre à une réalité « objective », et ce qui est réputé illusoire, lié à notre propre subjectivité. En fait, les lois mathématiques simples auxquelles, croit-on, les comportements élémentaires sont soumis — et qui constitueraient dès lors la vérité ultime de l'Univers — sont presque toujours conçues sur le modèle général des lois dynamiques ; or, nous le verrons, ces lois décrivent le monde en termes de trajectoires déterministes et réversibles. Dès lors, ce ne sont pas seulement la liberté ou la possibilité d'innovation qui se trouvent niées, mais aussi l'idée que certains processus, comme la combustion d'une bougie ou le vieillissement d'un animal, soient intrinsèquement irréversibles. Que ce qui s'est fait ne puisse toujours être défait, que la bougie ne puisse « débrûler » ou l'animal rajeunir, ne seraient que vérités relatives, dictées par la grossièreté de nos moyens de manipulations et non par les « lois objectives » qui régissent le monde éternel et conservatif.

Depuis cinquante ans déjà — depuis l'apparition de la mécanique quantique — l'idée de la simplicité du microscopique était devenue intenable. Nous savions que nous n'avons accès aux atomes et aux molécules que par l'intermédiaire de nos instruments qui, tous, sont macroscopiques, et que nos théories à leur sujet sont intrinsèquement déterminées par cette médiation. Pourtant, dans le contexte de la mécanique quantique, ce savoir n'avait de portée que négative. Il n'en va plus de même aujourd'hui. Nous avons découvert que l'irréversibilité joue dans la nature un rôle constructif puisqu'elle permet des processus d'organisation spontanée. La science des processus irréversibles a réhabilité au sein de la physique la conception d'une nature créatrice de structures actives et proliférantes. D'autre part, nous savons désormais que, même en dynamique classique, même en ce qui concerne les mouvements planétaires, le mythique démon omniscient est mort, qu'on disait capable de calculer l'avenir et le passé à partir d'une description instantanée. Nous nous retrouvons dans un monde irréductiblement aléatoire, dans un monde où la réversibilité et le déterminisme font figure de cas particuliers, où l'irréversibilité et l'indétermination microscopiques sont la règle.

Notre livre a pour sujet cette métamorphose conceptuelle de la science, depuis l'âge d'or de la science classique jusqu'à l'ouverture actuelle. Il ne s'agira donc ni d'encyclopédie ni de vulgarisation. Nous parlerons peu ou pas d'applications théoriques aussi fascinantes que l'astrophysique ou la science des particules élémentaires. Nous n'envisagerons la relativité que sous quelques aspects particuliers. Nous chercherons à penser quelques idées générales, les idées qui mènent la science un temps et celles qu'elle refuse. Nous voulons ainsi dégager la signification de trois siècles d'évolution scientifique selon une perspective particulière, et suggérer comment, partie d'une culture occidentale dite classique, la science s'est peu à peu, en un processus historique complexe, ouverte jusqu'à pouvoir intégrer des interrogations différentes.

Nous avons consacré beaucoup de place, peut-être trop, à certains domaines théoriques qui nous sont familiers. Il ne s'agit pas là seulement d'un problème de perspective, mais d'un cas d'application d'une de nos thèses centrales, selon laquelle les problèmes qui marquent une culture peuvent avoir une influence sur le contenu et le développement des théories scientifiques. Cette thèse s'enracine pour l'un de nous dans son expérience personnelle. Le problème auquel, au long de sa carrière scientifique, il a tenté de répondre, le problème du temps dans sa relation avec la complexité de la nature, a été suscité par une exigence proprement culturelle, celle qu'exprimait Bergson lorsqu'il écrivait : « le temps est invention, ou il n'est rien du tout ». Les développements nouveaux que nous aurons l'occasion d'évoquer (chapitres VI et IX) constituent en ce sens un début de réponse à une question dont l'urgence, suscitée par le contexte culturel, a trouvé les moyens théoriques et techniques nécessaires à sa fécondité. Bergson avait exploré les *limites* de la science classique. Les réponses, ou les débuts de réponses, que nous allons présenter nous ont conduits *au-delà* des limites de la science classique. Ainsi Bergson avait souligné que, depuis les premières théories mécaniques jusqu'à la relativité d'Einstein (et nous pouvons ajouter, jusqu'à la mécanique quantique), temps et espace, temps et mouvement se trouvaient si étroitement liés qu'ils en étaient presque confondus. Or, ce à quoi nous assistons aujourd'hui est une *redécouverte* du temps physique, et nous pensons que cette redécouverte ne résulte pas de la simple logique interne des théories scientifiques mais de questions dont il a fallu *décider* de continuer à les poser, dont il a fallu décider qu'elles ne pourraient être oubliées par une physique qui vise à comprendre la nature.

On pourra s'étonner de la place prise par la dynamique classique dans notre exposé. La dynamique constitue à nos yeux le meilleur point de référence pour comprendre la transformation contemporaine de la science. Ainsi, la mécanique quantique, qui est notre théorie actuelle des comportements microscopiques, pose certes des problèmes nouveaux que la dynamique avait ignorés. Mais elle conserve certaines des positions conceptuelles de la dynamique, spécialement en ce qui concerne le temps et le devenir. D'autre part, les théories récentes que nous exposerons à la fin de ce livre s'appliquent tant à la dynamique classique qu'à la mécanique quantique.

C'est peut-être à propos de ces théories que la distance entre notre livre et une œuvre de vulgarisation est la plus marquée. Il s'agit en effet de théories encore en pleine évolution, et certains résultats sont seulement en voie de publication. C'est que nous ne voulons pas mettre en lumière l'acquis définitif de la science, ses résultats stables et bien établis. Nous ne voulons pas faire visiter l'édifice imposant d'une science figée et triomphante. Nous voulons souligner la créativité de l'activité scientifique, les perspectives et les problèmes nouveaux qu'elle fait surgir. Qui plus est, nous savons aujourd'hui que nous sommes seulement au début de l'exploration; la synthèse théorique universelle ne nous attend pas au détour d'un progrès, dans aucun des domaines de la physique. Nous ne verrons pas la fin de l'incertitude et du risque. Nous n'avions donc aucune raison d'attendre, demain ne nous apportera pas plus de sécurité qu'aujourd'hui. Nous avons choisi de présenter les choses en l'état actuel tout en sachant combien incomplètes sont nos réponses, combien imprévisibles encore sont les problèmes que susciteront nos théories actuelles. L'enjeu nous semblait assez important pour justifier ce choix.

Une dernière remarque enfin; certains pourront tirer de ce qui suit l'impression d'une certaine « surcharge », l'impression que certains thèmes abordés n'étaient pas nécessaires à notre propos. Et en effet, nous n'avons pas essayé de donner à notre étude la netteté d'une épure. Il n'y a pas, à l'heure actuelle, de mode canonique d'approche pour le problème de la science; nous savons seulement le prix inacceptable qu'ont payé certains qui ont essayé de « purifier » le sujet, et d'oublier que la description de l'activité scientifique ne peut, sans violence, être coupée de celle du monde auquel elle appartient. Et donc nous avons voulu que cette étude donne une impression, non certes de désordre, mais d'ouverture; nous avons voulu signaler au passage quelques-uns des problèmes posés par notre sujet alors même que nous ne pouvions leur faire justice. Nous avons voulu que ce livre porte la marque des multiples choix que nous avons dû opérer, et qu'il manifeste ainsi la nécessité d'une réflexion plus complète sur la science dans la société.

Notre exposé s'organise en trois parties. La première décrit l'histoire triomphale de la science classique, et les conséquences culturelles de ce triomphe. Nous venons d'esquisser la description des théories et des concepts qui s'imposèrent alors. Nous verrons la science d'abord acceptée dans l'enthousiasme : enthousiasme pour les résultats déjà acquis, enthousiasme pour les promesses de développement futur; nous verrons ensuite le désarroi, l'inquiétude et l'hostilité succéder à l'enthousiasme. Nous montrerons également la polarisation de la culture autour du problème que pose désormais l'*existence* de la science classique et des succès remarquables qu'elle remporte : faut-il accepter ce succès comme tel, quitte à en restreindre la portée, ou bien au contraire dénoncer la démarche scientifique comme partiale ou illusoire? Ces deux attitudes ont conduit au même résultat, au heurt de ce qu'on a appelé les « deux cultures », humaniste et scientifique.

Et pourtant, à l'heure même où triomphait la science classique, en ce début du XIXe siècle où le programme newtonien dominait la science française qui pour un temps dominait l'Europe, allait se dessiner la première menace pour l'édifice newtonien. Dans la seconde partie de cette étude, nous suivrons le développement de la science de la chaleur, à partir du défi que lançait la formulation par Fourier d'une loi mathématique pour la propagation de la chaleur. La suite de l'histoire allait montrer que le défi était plus grave que ne l'aurait été la formulation d'une loi mathématique simplement étrangère à la science newtonienne des mouvements; il s'agissait en fait de la première description mathématique de ce que la dynamique ne pouvait admettre: le processus irréversible.

Des deux héritiers de la science de la chaleur, la science des conversions de l'énergie et la science des machines thermiques — toutes deux conçues encore sur le modèle classique — est née la première science non classique, la thermodynamique. C'est elle, on le dit souvent, qui a introduit la « flèche du temps » en physique[1]. Nous suivrons la thermodynamique jusqu'à ses développements contemporains, jusqu'à la découverte des processus d'organisation spontanée et des *structures dissipatives* dont la genèse implique l'association indissoluble du hasard et de la nécessité. La physique reprend désormais ce que la science classique niait au nom de la réversibilité des comportements élémentaires: les notions de structure, de fonction et d'histoire.

Dès lors, l'affrontement des deux ensembles théoriques, reconnu dès la fin du XIXe siècle, devient proprement inacceptable. Aucune solution qui fait de l'irréversibilité une illusion ou le résultat d'une description approchée ne peut plus être acceptée: l'irréversibilité est source d'ordre, créatrice d'organisation. Deux sciences pour un seul monde, c'est le sujet de la troisième partie de cette étude, la plus technique certainement. C'est en effet grâce au renouvellement conceptuel et technique de la physique du XXe siècle que nous ont valu la relativité et surtout la mécanique quantique, avec les notions d'opérateurs et de complémentarité, sans oublier le progrès, moins connu, des théories dynamiques classiques elles-mêmes, qu'on a pris la mesure d'un gouffre auparavant infranchissable. Nous avons cherché à réduire la dimension technique de cet exposé, nécessaire pour introduire des notions nouvelles dans un langage assez précis pour éviter toute ambiguïté. Le lecteur pressé trouvera dans les

1. Voir par exemple les remarquables pages d'Arthur EDDINGTON dans *The Nature of the Physical World*, Ann Arbor Paperbacks, Michigan Press, 1958, p. 68-80.

conclusions un commentaire non technique du renouvellement conceptuel en question.

La science classique n'imposait certes pas, mais elle permettait certaines illusions. Ces illusions sont aujourd'hui exclues. En particulier, nous n'avons plus aujourd'hui le droit d'affirmer que le seul but digne de la science est la découverte du monde depuis ce point de vue extérieur auquel pourrait seul avoir accès un de ces démons qui peuplent les exposés de la science classique. Nous le verrons, les plus fondamentales de nos théories se définissent désormais comme l'œuvre d'êtres inscrits dans le monde qu'ils explorent. En ce sens, la science a donc abandonné toute illusion d'« extra-territorialité » théorique[1] et les prétentions de cet ordre ne peuvent plus s'autoriser que de traditions et d'espérances. Mais nous pensons qu'il est une autre extra-territorialité à laquelle la science doit renoncer, c'est l'extra-territorialité culturelle. Il est urgent que la science se reconnaisse comme partie intégrante de la culture au sein de laquelle elle se développe.

Erwin Schrödinger a un jour écrit, à l'indignation de nombreux philosophes des sciences : « ... il existe une tendance à oublier que l'ensemble de la science est lié à la culture humaine en général, et que les découvertes scientifiques, même celles qui à un moment donné apparaissent les plus avancées, ésotériques et difficiles à comprendre, sont dénuées de signification en dehors de leur contexte culturel. Une science théorique qui ne serait pas consciente de ce que les concepts qu'elle tient pour pertinents et importants sont destinés à terme à être exprimés en concepts et en mots qui ont un sens pour la communauté instruite, et à s'inscrire dans une image générale du monde, une science théorique, dis-je, où cela serait oublié et où les initiés continueraient à marmonner en des termes compris au mieux par un petit groupe de partenaires, sera par nécessité coupée du reste de l'humanité culturelle... elle est vouée à l'atrophie et à l'ossification[2]. »

1. Cette expression a été employée par Serge Moscovici, et constitue un thème central de ce qu'il annonce sous le nom de « révolution keplérienne » des sciences dans « Quelle unité de l'homme? », in *Hommes domestiques et hommes sauvages*, Paris, Christian Bourgois, 10-18, 1974.

2. Schrödinger E., article publié dans *The British Journal for the Philosophy of Science,*

L'une des thèses de ce livre sera d'affirmer l'interaction forte entre les questions produites par la culture et l'évolution conceptuelle de la science au sein de cette culture. Nous découvrirons au cœur de la science l'insistance de problèmes dont nous savons que chaque génération les pose à sa manière, et auxquels chacune apporte sa réponse, ajoutant ainsi à l'histoire des sciences comme de la philosophie. Nous espérons fournir ainsi quelques éléments à une réflexion sur l'interaction entre science et culture, qui reconnaisse à la fois l'importance des préoccupations culturelles — tant dans la conception que dans l'interprétation des théories — et le caractère spécifique des contraintes, théoriques et techniques, qui déterminent la fécondité historique effective de ces préoccupations.

On sait que certains philosophes ont défini le progrès de la science en termes de rupture, de coupure, et de négation, de dépassement de l'expérience concrète vers une abstraction de plus en plus aride. Selon notre interprétation, ils traduisaient sans plus ce qui fut la situation historique de la science classique : elle a nié les questions les plus « évidentes » que suscite l'expérience des rapports des hommes avec le monde, parce qu'elle était incapable de leur faire place. Mais cette « traduction » philosophique, dans la mesure où elle *justifiait* une situation *de fait*, a contribué à dissimuler ce que nous voulons décrire ici : les questions niées, une fois déclarées illégitimes, n'ont pas disparu pour autant; c'est en bonne part leur sourde insistance qui a entraîné l'instabilité du développement scientifique et a rendu ce dernier vulnérable à des difficultés au premier abord mineures. C'est le travail des questions niées par la science classique qui a rendu notre science capable d'une métamorphose progressive.

Il existe certes un devenir abstrait des théories scientifiques — nous aurons l'occasion de parler de la purification progressive du langage de la dynamique. Mais les innovations décisives dans l'évolution de la science ne sont pas de cet ordre. Elles résultent de l'incorporation réussie dans le corpus scientifique de telle ou telle dimension nouvelle de la réalité. Nous pensons par exemple à l'introduction du concept d'irréversibilité ou de la notion d'instabi-

vol. 3, p. 109-110, 1952, et cité avec indignation par P. W. BRIDGMANN dans sa contribution à *Determinism and Freedom in the Age of Modern Science,* éd. HOOK S., New York, University Press, 1958.

lité. Nous verrons que, dans les deux cas — et la constatation pourrait être généralisée —, ces innovations répondent à l'influence du contexte culturel, et même « idéologique »; ou pour mieux dire, elles expriment l'ouverture effective de la science au milieu où elle se développe.

Affirmer cette ouverture, c'est aller à l'encontre d'une autre conception courante à propos de la science. L'idée qu'elle évolue en se libérant des exigences reçues de compréhension des processus naturels (qu'elle se purifie de ce qu'on définit comme des préjugés liés au bon sens paresseux pour mieux les opposer à l'« ascèse » de la raison) débouche en effet sur l'idée qu'elle doit être le fait de communautés d'hommes à part, dégagés des intérêts mondains. D'où cette conclusion que la communauté scientifique devrait être protégée par rapport aux demandes, besoins et exigences de la société. Le progrès scientifique constituerait un processus en droit autonome, que toute influence « externe », tout intérêt déterminé par la participation du scientifique à d'autres activités culturelles ou sociales, ou par la nécessité d'obtenir des ressources, ne pourrait que perturber, détourner ou retarder.

Cet idéal d'abstraction, de retrait du scientifique, se fonde souvent sur l'évocation de ce qui serait un élément essentiel de la vocation du « vrai » chercheur : son désir d'échapper aux vicissitudes du monde. Einstein évoque les chercheurs qu'épargnerait l'Ange de Dieu s'il recevait mission de chasser du Temple de la science ceux qui sans doute (mais cela n'est pas précisé) en sont indignes : « La plupart d'entre eux sont des individus singuliers, fermés, solitaires, qui, malgré ces points communs, se ressemblent, en réalité moins entre eux que ceux qui ont été expulsés. Qu'est-ce qui les a conduits au Temple?... un des mobiles les plus puissants qui poussent vers l'art et la science est le désir de s'évader de l'existence terre à terre avec son âpreté douloureuse et son vide désespérant, d'échapper aux chaînes des désirs individuels éternellement changeants. Il pousse les êtres aux cordes sensibles hors de l'existence personnelle, vers le monde de la contemplation et de la connaissance objective. Ce mobile est comparable au désir ardent qui attire le citadin hors de son milieu bruyant et confus, vers les régions paisibles des hautes montagnes, où le regard glisse au loin à travers l'air calme et pur et caresse les lignes paisibles qui paraissent créées pour l'éternité. Mais à ce mobile négatif s'en ajoute un autre, positif. L'homme cherche à se former, de quelque manière adéquate, une image du monde simple et claire, et à triompher ainsi du monde du vécu, en s'efforçant de le remplacer dans une certaine mesure par cette image[1]. »

La distinction si nettement menée par Einstein entre la beauté paisible de la science et le tourbillon mesquin des expériences mondaines peut se doubler d'une opposition, elle franchement manichéenne, entre science et société, et, plus précisément, entre créativité du savoir et pouvoir politique. Ce n'est plus alors au sein d'une communauté, ni dans un temple que la recherche devrait se mener, mais dans une forteresse — ou dans un asile d'aliénés comme l'imagine Dürrenmatt dans *Les Physiciens*: trois savants discutent les moyens de faire progresser la physique tout en préservant les hommes des terribles conséquences d'une mainmise du pouvoir politique sur les résultats de ce progrès; la conclusion est finalement tirée que la seule tactique est bien celle qu'avait choisie l'un d'entre eux : et tous décident de continuer à se faire passer pour fous, de se cacher au fond d'un asile. On se rappelle la fin de la pièce : la fatalité l'emporte, c'est la directrice de l'asile qui recueille les résultats; à elle le pouvoir sur la planète.

La pièce de Dürrenmatt nous introduit à une troisième conception de l'activité scientifique, plus populaire que philosophique, et qui retient une conséquence couramment admise de l'idée que la science progresse en réduisant la complexité du réel à une simplicité légale cachée. Ce que le physicien Moebius cherche à dissimuler au fond d'un asile, c'est qu'il a successivement résolu le problème de la gravitation, découvert la théorie unitaire des particules élémentaires, et, finalement, le Principe de la Découverte universelle, source de pouvoir total. Il y a là sans doute quelque exagération dramatique. Néanmoins, l'idée est répandue que dans le Temple de la science, on ne recherche rien de moins que la « formule » de l'Univers. L'homme de science, déjà représenté comme un ascète, devient une espèce de magicien, détenteur potentiel d'une clef universelle et donc d'un savoir tout-puissant. Nous rejoignons ici un

1. EINSTEIN A., « Prinzipien der Forschung, Rede zu 60. Geburtstag von Max Planck » (1918), in *Mein Weltbild*, Ullstein Verlag 1977, p. 107-110, trad. franç. : « Les principes de la recherche scientifique », in *Comment je vois le monde*, Paris, Flammarion, 1958, p. 139-140.

thème déjà abordé : c'est dans un monde simple seulement, et singulièrement dans le monde de la science classique, où la complexité n'est qu'apparente, qu'un savoir quel qu'il soit peut constituer une clef universelle[1].

L'un des problèmes de notre époque est posé par cet ensemble de conceptions qui renforcent l'isolement clérical de la communauté scientifique. Il est devenu urgent d'étudier les diverses modalités d'intégration des activités scientifiques dans la société, qui font qu'elle est peu ou prou *finalisée*[2], qu'elle ne reste pas étrangère aux besoins et aux exigences collectifs.

Nous venons de parler d'une urgence. De manière irréversible, les hommes ont commencé, une nouvelle fois mais à une échelle jamais atteinte, à bouleverser leur milieu naturel : à travers cette activité c'est, selon l'expression de Moscovici[3], une « nouvelle nature » qui s'engendre. L'avenir dépend de nous plus que jamais : en peuplant le monde de nouvelles générations de machines et de techniques, les hommes font exister sur un mode nouveau une multitude de processus imbriqués, et ils ont besoin, pour comprendre ce monde dont ils déterminent la création, de tous les instruments conceptuels et techniques que la science peut leur fournir. Ils ont besoin d'une science qui ne soit ni un simple instrument soumis à des priorités qui lui seraient extérieures, ni un corps étranger qui se développerait au sein d'une société-substrat et n'aurait aucun compte à rendre. Tel est le contexte, d'ouverture et d'incertitude, dans lequel entend s'inscrire notre étude.

Ce serait nous prêter beaucoup de naïveté que de nous faire dire que la métamorphose théorique de la science que nous allons décrire suffira à résoudre les problèmes que nous venons d'évoquer.

1. Sauf à revenir au monde des magiciens; il n'est pas sans signification que l'idée de savoir optimalement secret, contre laquelle les sciences modernes se constituèrent, réapparaisse, alors qu'en physique comme en biologie, nous pouvons obtenir de la nature des effets *démesurés*. Contre les alchimistes et les magiciens, les scientifiques-ingénieurs de l'époque moderne nièrent cette possibilité, nièrent que les manipulations de la nature puissent produire autre chose que des effets proportionnels à ce que nous y investissons d'action causale.

2. Le terme *finalisation* a été introduit dans la sociologie des sciences allemande par le groupe de Starnberg. Voir, par exemple, Böhme G., Van Den Daele W., Krohn W., « Die Finalisierung der Wissenschaft », in *Zeitschrift für Soziologie*, Jg. 1, Heft 2, 1973, p. 128-144.

3. Moscovici S., *Essai sur l'histoire humaine de la nature*, Paris, Flammarion, « Champs », 1977.

Pas plus que la science occidentale ne peut être désignée comme responsable des problèmes mondiaux auxquels nous sommes aujourd'hui confrontés, elle ne peut être désignée comme source de salut. Pourtant, nous n'en pensons pas moins qu'il est significatif que nos théories scientifiques soient aujourd'hui capables de se dégager de limites et de présupposés qui semblaient devoir éterniser les choix d'une culture révolue, qu'il est significatif qu'elles puissent s'ouvrir à d'autres approches. Le monde fini des temps futurs ne permettra pas à notre science d'être étroitement occidentale, et cela d'autant plus que les réactions irrationalistes qui s'autorisent des « refus » de la science sont plus dangereuses que jamais. D'autre part, il faut bien dire que la rationalité scientifique a trop souvent servi à cautionner des décisions fondées sur de tout autres considérations. Une science débarrassée de ses illusions pourrait aussi être moins docile : plus lucide et plus exigeante lorsqu'il est question de « rationalité scientifique ».

Longtemps, le caractère absolu des énoncés scientifiques a été considéré comme un signe de rationalité universelle ; l'universalité serait dans ce cas négation et dépassement de toute particularité culturelle. Nous pensons que notre science s'ouvrira à l'universel lorsqu'elle cessera de nier, de se prétendre étrangère aux préoccupations et aux interrogations des sociétés au sein desquelles elle se développe, au moment où elle sera capable enfin d'un dialogue avec la nature, dont elle saura apprécier les multiples enchantements, et avec les hommes de toutes cultures, dont elle saura désormais respecter les questions.

L'histoire que nous allons conter est aussi celle de la nature, à la fois celle de nos conceptions de la nature et celle de nos rapports matériels avec elle, des effets que nous y produisons et des processus que nous y cultivons systématiquement, en la peuplant notamment de machines. Nous rencontrerons une nature automate, à laquelle l'homme qui décrit est aussi étranger qu'un horloger à son horloge. Nous verrons, au XIXe siècle, la nature mécanique se muer en une nature moteur, avec l'angoissante et nouvelle question de l'épuisement des ressources et du déclin, et aussi avec la perspective rivale du progrès — celui, précisément, qui a permis de passer de l'horloge à la machine à feu.

Où en sommes-nous aujourd'hui? Nous aurions aimé appeler ce livre « Le temps retrouvé ». Car la nature à laquelle notre science s'adresse aujourd'hui n'est plus celle qu'un temps invariant et répétitif suffisait à décrire, ni non plus celle dont une fonction monotone, croissante ou décroissante, résumait l'évolution. Nous explorons désormais une nature aux évolutions multiples et divergentes, qui nous donne à penser non pas un temps aux dépens des autres mais la coexistence de temps irréductiblement différents et articulés. Deux positions affrontées. Newton dans les *Principia* : « Le temps absolu, vrai et mathématique, en lui-même et de par sa propre nature, coule uniformément sans relation à rien d'extérieur, et d'un autre nom est appelé Durée. » Bergson, dans *L'Évolution créatrice* : « L'Univers dure. Plus nous approfondirons la nature du temps, plus nous comprendrons que durée signifie invention, création de formes, élaboration continue de l'absolument nouveau. » Désormais, ces deux dimensions s'articulent au lieu de s'exclure. Le temps aujourd'hui retrouvé, c'est aussi le temps qui ne parle plus de solitude, mais de l'alliance de l'homme avec la nature qu'il décrit.

LIVRE PREMIER

Le mirage de l'universel : la science classique

CHAPITRE PREMIER

LE PROJET DE LA SCIENCE MODERNE

1. *Le nouveau Moïse*

Nature and Nature's laws lay hid in night:
God said, let Newton be! and all was light[1].
A. Pope
(Projet d'épitaphe pour Isaac Newton,
mort en 1727.)

Le ton emphatique de Pope ne doit pas nous étonner. Aux yeux de l'Angleterre du XVIIIe, Newton est le « nouveau Moïse » à qui furent montrées les « tables de la loi ». Poètes, architectes, sculpteurs et autres artistes concourent autour de projets de monuments. Une nation se rassemble pour commémorer l'événement: un homme a découvert le langage que parle la nature — et auquel elle obéit.

« *Nature, compelled, his piercing Mind obeys,*
And gladly shows him all her secret Ways;
'Gainst Mathematicks she has no Defence,
And yields t' experimental Consequence[2]. »

1. « La nature et ses lois gisaient, cachées dans la nuit. Dieu dit: Que Newton soit! Et tout fut lumière. »

2. « La nature, contrainte, se soumet à son esprit perçant, et lui montre volontiers toutes ses voies secrètes; contre les mathématiques, elle ne peut se défendre, et elle cède au raisonnement expérimental. » DESAGULIERS J. T., *The Newtonian System of the World, The Best Model of Government: an Allegorical Poem,* 1728, cité in FAIRCHILD H. N., *Religious Trends in English Poetry,* vol. I, New York, Columbia University Press, 1939, p. 357.

La morale et la politique trouvent dans l'épisode newtonien matière à « fonder » leur argumentation. C'est ainsi que le Révérend Desaguliers transpose en « Esprit des Lois » le sens littéral de l'ordre naturel nouveau : la monarchie constitutionnelle est le meilleur des régimes en ce que le Roi, comme le Soleil, y voit son pouvoir limité.

> « *Like Ministers attending ev'ry Glance*
> *Six Worlds sweep round his Throne in Mystick Dance.*
> *He turns their Motion from his Devious Course,*
> *And bend their Orbits by Attractive Force;*
> *His Pow'r coerc'd by Laws, still leave them free,*
> *Directs, but not Destroys, their Liberty*[1] ; »

Newton lui-même, s'il ne s'est pas ainsi aventuré dans le domaine des sciences morales, n'a pas hésité à soutenir l'universalité en physique des lois exposées dans les *Principia.* La nature est « très conforme à elle-même », affirme-t-il dans la fameuse Question 31 de l'*Optique*, et cette ellipse vigoureuse couvre une prétention hyperbolique : combustion, fermentation, chaleur, cohésion, magnétisme..., il n'est de processus naturel qui ne soit produit par ces puissances actives, attraction et répulsion, qui règlent le cours des astres et la chute des corps.

Héros national dès avant sa mort, Newton deviendra près d'un siècle plus tard, notamment sous l'influence de la puissante école de Laplace, le symbole de la révolution scientifique européenne. Les astronomes ont scruté le ciel, où désormais la mathématique légifère et prédit. Fait absolument remarquable, le système newtonien a triomphé de tous les obstacles : mieux encore, il laissait la porte ouverte à des développements mathématiques qui ont permis de rendre compte des déviations apparentes et même, dans un cas célèbre, d'inférer de ces déviations la présence d'un corps céleste jusque-là inconnu. En ce sens, on peut dire que l'« invention » d'une nouvelle planète, Neptune, consacrait la puissance prophétique de la vision newtonienne, pendant que Laplace en déployait le pouvoir systématique.

À l'aurore du XIXe, le nom de Newton tend à rassembler tout ce

1. « Comme des ministres attentifs à chacun de ses regards, six mondes entourent son trône en une danse mystique. Il courbe la course divergente de leur mouvement, et contraint leurs orbites par des forces attractives ; ses pouvoirs, limités par des lois, les laissent pourtant libres, il dirige, mais ne détruit pas, leur liberté. » DESAGULIERS J.T., *op. cit.*, p. 358.

qui, d'acquis ou de promesse, a valeur de modèle pour les sciences. Mais curieusement la méthode reçoit à cette époque des interprétations divergentes.

Certains y voient avant tout l'idée d'un protocole d'expérience mathématisable. Pour eux, la chimie a eu son Newton avec Lavoisier, qui a consacré l'usage systématique de la balance, et défini une chimie quantitative comme étude des bilans invariants de masse au cours des transformations de la matière.

Pour d'autres, la stratégie newtonienne consiste, devant un ensemble de phénomènes, à isoler un fait central, irréductible et spécifique, dont tout se pourra déduire. À l'exemple de Newton, dont le trait de génie, selon cette interprétation, est précisément d'avoir renoncé à expliquer la force d'attraction, chaque discipline se donnera pour point de départ un fait de ce type, inexpliqué et base de toute explication. Des médecins se sont dès lors autorisés de Newton pour habiller d'un langage moderne le discours vitaliste, et parler d'une force vitale *sui generis.* C'est le même rôle que se trouvait appelée à jouer en chimie l'affinité, force d'interaction spécifique, irréductible aux lois du mouvement des masses.

De « vrais newtoniens » s'indignent et affirment l'universalité du pouvoir explicatif de la gravitation. Mais il est trop tard. Est désormais newtonien tout ce qui traite de système de lois, d'équilibre, tout ce qui réactive les mythes de l'harmonie où peuvent communiquer l'ordre naturel, l'ordre moral, social et politique. La réussite newtonienne rassemble dès lors les projets les plus divers. Certains philosophes romantiques de la nature trouvent dans le monde newtonien un univers enchanté, animé par les forces les plus diverses. Les physiciens plus « orthodoxes » y voient un monde mécanique et mathématisable réglé par une force universelle. Pour les positivistes, c'est la réussite d'une démarche.

Le reste est littérature — souvent newtonienne : l'harmonie qui règne dans la société des astres, les antipathies et les affinités qui produisent la vie sociale des composés chimiques, tous ces processus voient leurs effets reproduits, décalés, amplifiés dans l'univers ainsi rajeuni des sociétés humaines[1].

1. Gerd Buchdahl souligne et illustre l'ambiguïté du modèle newtonien, dans sa dimension à la fois empiriste *(Optique)* et systématique *(Principia)* dans *The Image of Newton and Locke in the Age of Reason,* Newman History and Philosophy of Sciences Series, Londres, Sheed and Ward, 1961. En ce qui concerne l'usage métaphorique des concepts newtoniens au début du XIXe siècle, renvoyons au beau livre de Judith SCHLANGER, *Les Métaphores de l'organisme* (Paris, Vrin, 1971), notamment p. 36-45 et 99-108.

Quoi d'étonnant qu'on ait parlé à propos de cette époque d'âge d'or de la science?

Aujourd'hui encore, la science newtonienne représente une réussite exemplaire. Les concepts dynamiques qu'elle a introduits constituent un acquis définitif que nulle transformation de la science ne pourra ignorer. Pourtant, l'âge d'or de la science classique est, nous le savons, révolu, et dans le même temps s'en est allée l'idée que la rationalité newtonienne — dont les diverses interprétations s'affrontent désormais ouvertement — peut suffire à unifier la connaissance.

L'histoire que raconte ce livre est d'abord celle du triomphe newtonien : de la découverte, jusqu'à nos jours, de domaines toujours nouveaux qui prolongent la pensée newtonienne. Mais c'est aussi l'histoire de la mise au jour des limites de cette science, des difficultés et des doutes qu'elle a suscités, et des tentatives de pallier ces insuffisances ou de penser une science autre. On peut dire que depuis près de cent cinquante ans nous sommes à la recherche d'une nouvelle conception cohérente de l'entreprise scientifique, et de la nature que décrit la science. Nous allons dire ici comment cette nouvelle conception se dégage du développement récent de la science et constitue aujourd'hui la promesse, voire la réalité, d'une métamorphose de la science.

2. *Le monde désenchanté*

> « ... *May God us Keep*
> *From Single Vision and Newton's Sleep!* »
>
> William Blake
>
> (in lettre à Thomas Butts,
> 22 novembre 1802[1].)

Nous avons choisi, pour illustrer le caractère instable de la synthèse scientifique et culturelle que réalisa la science newtonienne, de revenir d'emblée à notre époque, soit, par exemple, à cette introduction au colloque de l'Unesco consacré aux rapports entre science et culture : « Depuis plus d'un siècle, le secteur de l'activité scientifique a connu une telle croissance à l'intérieur de l'espace cul-

1. « ... Que Dieu nous garde de voir d'un œil unique et de dormir du sommeil de Newton! »

turel ambiant qu'il semble se substituer à l'ensemble de la culture. Pour certains, il n'y aurait là qu'une illusion produite par la vitesse de cette croissance, mais les lignes de force de cette culture ne tarderaient pas à surgir de nouveau pour la maîtriser au service de l'homme. Pour d'autres, ce triomphe récent de la science lui confère enfin le droit de régenter l'ensemble de la culture qui, d'ailleurs, ne mériterait plus son titre que pour autant qu'elle se laisserait diffuser à travers l'appareil scientifique. D'autres enfin, effrayés par la manipulation à laquelle l'homme et les sociétés sont exposés en tombant sous le pouvoir de la science, y voient se profiler le spectre de la déroute culturelle[1]. »

La science apparaît dans ce texte comme un corps étranger à l'intérieur de la culture, un corps dont la croissance cancéreuse menace de détruire l'ensemble de la vie culturelle; la question, de vie ou de mort, c'est de dominer la science, d'en maîtriser le développement, ou de se laisser asservir, anéantir par elle. En quelque cent cinquante ans, la science, de source d'inspiration, s'est muée en menace. Et, non seulement en menace pour la vie matérielle des hommes, mais, plus insidieusement, en menace de destruction des savoirs, des traditions, des expériences les plus enracinées de la mémoire culturelle : ce n'est pas telle ou telle retombée technique d'un résultat scientifique, mais l'« esprit scientifique » lui-même qui est accusé.

Que soient mis en cause un scepticisme global sécrété par la culture scientifique ou les conclusions concrètes des diverses théories scientifiques, l'affirmation est aujourd'hui répandue : la science désenchante le monde; tout ce qu'elle décrit se trouve, sans remède, ramené à un cas d'application de lois générales dépourvues d'intérêt particulier. Ce qui avait été pour des générations préservées une source de joie ou d'étonnement se tarit à son approche.

Cet effet supposé du progrès scientifique constitue, il est singulier de le constater, une thèse soutenue non seulement par beaucoup de ceux qui critiquent la science, mais par ceux qui la défendent ou la glorifient. Nous avons choisi comme typique à cet égard la conclusion apportée par Jacques Monod à son analyse des conséquences philosophiques de la biologie moderne : « Il faut bien que l'homme enfin se réveille de son rêve millénaire pour découvrir sa totale solitude, son étrangeté radicale. Il sait maintenant que, comme un Tzigane, il est en marge de l'univers où il doit vivre.

1. *La Science et la diversité des cultures,* UNESCO, Paris, P.U.F., 1974, p. 15-16.

Univers sourd à sa musique, indifférent à ses espoirs comme à ses souffrances ou à ses crimes[1]. »

L'exhortation de Monod, qui presse l'« homme » d'assumer son destin de solitude et de renoncer aux illusions où se réfugièrent les sociétés traditionnelles, mène de façon typique à identifier la science occidentale, telle qu'elle s'est développée depuis quelques siècles, avec une rationalité qui transcende toutes les cultures et toutes les époques. Le développement scientifique débouche alors sur un véritable choix métaphysique, tragique et abstrait; l'« homme » doit choisir entre la tentation, rassurante mais irrationnelle, de chercher dans la nature la garantie des valeurs humaines, la manifestation d'une appartenance essentielle, et la fidélité à une rationalité qui le laisse seul dans un monde muet et stupide.

Un autre thème mêle ses échos à celui du désenchantement, c'est celui de la domination : le monde désenchanté est en même temps un monde maniable. Si la science conçoit le monde comme soumis à un schéma théorique universel qui réduit ses richesses diverses aux mornes applications de lois générales, elle se donne par là même comme instrument de contrôle et de domination. L'homme étranger au monde se pose en maître de ce monde.

Figurent ici les thèses, plus que dangereuses, de Heidegger. Le projet scientifique accomplit ce qui s'annonçait depuis l'aube grecque : la volonté de puissance que cèlerait toute rationalité. La mainmise scientifique et technique qui selon Heidegger se déchaîne aujourd'hui à l'échelle planétaire révèle la violence cachée de tout savoir positif et communicable.

Mainmise technique : Heidegger n'entend pas récuser telle ou telle réalisation technique en particulier, il interroge l'essence de la technique, la dimension technique de l'insertion humaine dans la nature. Ce n'est pas le fait que la pollution industrielle mette en péril la vie animale dans le Rhin qui l'inquiète, c'est le fait même que celui-ci soit mis au service de l'homme moyennant un calcul : « La centrale électrique est mise en place dans le courant du Rhin. Elle le somme de livrer sa pression hydraulique, qui somme à son tour les turbines de tourner... La centrale n'est pas construite dans

1. Monod J., *Le Hasard et la nécessité*, p. 187-188. Voir aussi le livre de Gillipsie C. C., *The Edge of Objectivity* (Princeton, University Press, 1970), qui écrit une histoire des sciences axée sur le progrès de l'objectivité scientifique et la lutte contre différents mouvements antiscientifiques engendrés chaque fois par un désir de sécurité et d'appartenance.

le courant du Rhin comme le vieux pont de bois qui depuis des siècles relie la rive à la rive. C'est bien plutôt le courant qui est muré dans la centrale. Ce qu'il est aujourd'hui comme courant, à savoir fournisseur de pression hydraulique, il l'est de par la manière d'être de la centrale[1]. »

Mainmise scientifique : pas plus qu'un problème technique particulier, aucune théorie ne préoccupe particulièrement Heidegger ; chacune d'elles constitue un moment de la mise en œuvre du projet global qui accompagne et constitue l'histoire de l'Occident. L'homme de science, à la suite du technicien, est le siège d'une volonté de puissance déguisée en appétit de connaissance, son approche des choses est une violence systématique. Dans la visée théorique qui définit la science, Heidegger voit une interpellation des choses, qui les réduit à des objets asservis, offerts à la domination du regard : « La physique moderne n'est pas une physique expérimentale parce qu'elle dispose des appareils pour interroger la nature. C'est l'inverse : c'est parce que la physique — et ce déjà comme pure théorie — met la nature en demeure de se montrer comme un complexe calculable et prédictible de forces que l'expérimentation est commise à l'interroger, afin qu'on sache si et comment la nature ainsi mise en demeure répond à l'appel[2]. »

Cette hostilité radicale vise le travail technique comme tout le savoir communicable, le vieux pont sur le Rhin trouve grâce non comme témoignage d'un savoir-faire éprouvé, d'une observation laborieuse et précise, mais parce qu'il laisse s'écouler les courants du Rhin. Les révélations sensationnelles de Bergier et Pauwels dans *Le Matin des magiciens* s'accompagnent, elles aussi, d'un mépris déclaré pour la science officielle, jugée triviale et étouffante, comme pour l'égale trivialité des préoccupations quotidiennes de la majorité des hommes. Est annoncée en contraste une réalité « autre », une science pleine de mystères, réservée aux initiés, et qui renoue avec les pratiques ésotériques des alchimistes, thaumaturges et autres magiciens. « Tandis que des millions de civilisés ouvrent des livres, vont au cinéma ou au théâtre pour savoir comment Françoise sera émue par René mais, haïssant la maîtresse de son père, deviendra lesbienne par sourde vengeance, des chercheurs qui font

1. HEIDEGGER M., « Die Frage nach der Technik », in *Vorträge und Aufsätze*, Neske Verlag, 1954, p. 15 ; trad. franç. : « La question de la technique », in *Essais et conférences*, Paris, Gallimard 1958, p. 21-22.

2. *Ibid.* , p. 21 ; trad. franç. p. 29.

chanter aux nombres une musique céleste se demandent si l'espace ne se contracte pas autour d'un véhicule[1]. »

Scientisme triomphant, dira-t-on, la science est désormais maîtresse des destinées de l'humanité, elle mène le monde vers un avenir inconnu et inimaginable : « Si ma vie était à refaire, je ne choisirais certes pas d'être écrivain et d'écouler mes jours dans une société retardataire où l'aventure gîte sous les lits, comme un chien. Il me faudrait une aventure-lion. Je me ferais physicien théorique, pour vivre au cœur ardent du romanesque véritable[2]. »

Cette « aventure-lion » n'est cependant pas celle des efforts laborieux et publics des communautés scientifiques. La science qui nous est révélée est une science produite par des intuitions inhumaines de quasi-mutants, et non pas par la discussion critique et le lent travail expérimental, transmise plutôt dans le secret que dans les journaux et colloques scientifiques. Ce que Bergier et Pauwels, puis, plus récemment, Ruyer[3], nous invitent à penser, c'est que les préoccupations des hommes « moyens », et les savoirs axés sur ces préoccupations, appartiennent à un monde dépassé, dont nous restons les dupes. L'aventure selon eux est ailleurs, dans l'infiniment grand et dans l'infiniment petit. S'il suit Bergier et Pauwels, l'« homme du commun » peut tout au plus espérer que certains initiés daigneront un jour étudier les problèmes triviaux de l'organisation de nos sociétés, pulvérisant les théories poussiéreuses des sciences humaines à l'endroit desquelles aucun mépris n'est trop grand. Peut-être, insinue-t-on, cela a-t-il déjà eu lieu et, sans que nous le sachions, notre avenir est-il déjà déterminé par un petit nombre d'hommes qui « savent ».

Cette mystique d'une science ésotérique, d'« un monde où les cyclotrons sont comme les cathédrales, où les mathématiques sont comme un chant grégorien, où des transmutations s'opèrent non seulement au sein de la matière, mais dans les cerveaux »[4], annonce une « croisade » vers l'avenir. Cette croisade est, dans le contexte actuel, aussi dangereuse que le refus de la science ou l'exaltation des aurores grecques mythiques. Notre époque est confrontée à des problèmes matériels et techniques cruciaux. Nous savons que la gestion de nos sociétés dépend de plus en plus d'un bon usage de la

1. Pauwels L. et Bergier J., *Le Matin des magiciens*, Paris, Le Livre de Poche, 1970, p. 46.
2. Pauwels L. et Bergier J., *op. cit.*, p. 48-49.
3. Ruyer R., *La Gnose de Princeton*, Paris, Fayard, collection Pluriel, 1977.
4. Pauwels L. et Bergier J., *op. cit.*, p. 56.

science et de la technique. Dans ces conditions, un peu de lucidité ne sera pas de trop : chez les scientifiques face aux besoins et exigences socialement exprimés; chez les citoyens, pour les possibilités réelles de leurs savoirs respectifs. L'échappée vers le mythe d'une science mystérieuse et toute-puissante ne peut que contribuer à masquer la réelle difficulté des problèmes posés par l'histoire.

Il est un autre type de critique à propos de la science dont nous devons reconnaître la pertinence. Nous citerons ici en exemple la conclusion de Koyré à son étude sur la portée de la synthèse newtonienne : « Pourtant, il y a quelque chose dont Newton doit être tenu responsable ou, pour mieux dire, pas seulement Newton, mais la science moderne en général : c'est la division de notre monde en deux. J'ai dit que la science moderne avait renversé les barrières qui séparaient les Cieux et la Terre, qu'elle unit et unifia l'Univers. Cela est vrai. Mais, je l'ai dit aussi, elle le fit en substituant à notre monde de qualités et de perceptions sensibles, monde dans lequel nous vivons, aimons et mourons, un autre monde : le monde de la quantité, de la géométrie déifiée, monde dans lequel, bien qu'il y ait place pour toute chose, il n'y en a pas pour l'homme. Ainsi le monde de la science — le monde réel — s'éloigna et se sépara entièrement du monde de la vie, que la science a été incapable d'expliquer — même par une explication dissolvante qui en ferait une apparence "subjective".

« En vérité ces deux mondes sont tous les jours — et de plus en plus — unis par la praxis. Mais pour la theoria ils sont séparés par un abîme.

« C'est en cela que consiste la tragédie de l'esprit moderne qui "résolut l'énigme de l'Univers", mais seulement pour la remplacer par une autre : l'énigme de lui-même[1]. »

La critique de Koyré ouvre une nouvelle perspective : nous ne sommes plus réduits à l'alternative entre une science qui ferait de l'homme un étranger dans un monde désenchanté et une protestation antiscientifique, voire antirationnelle.

C'est dans cette perspective que nous nous situons. Nous voulons montrer que notre science n'est plus la science classique que critique Koyré et cela non pas, comme le pensent Bergier et Pauwels, parce que ses nouveaux objets seraient étranges, plus proche de la magie que de la pensée commune, mais parce qu'elle est désormais capable de comprendre et de décrire, au moins partiellement,

1. Koyré A., *Etudes newtoniennes*, Paris, Gallimard, 1968, p. 42-43.

les processus complexes qui constituent le monde *le plus familier*, le monde naturel où évoluent les êtres vivants et leurs sociétés.

Rétrospectivement, nous pouvons mieux comprendre à quel point la science classique se trouvait dans l'incapacité de comprendre le devenir naturel, de sorte que les extrapolations qu'elle tentait à partir de ses théories devaient immanquablement conduire à nier, en particulier, la possibilité d'évolutions créatrices de nouveauté et de complexité. Nous allons explorer la force et la faiblesse de la science newtonienne, la cohérence de son armature conceptuelle, et ses lacunes. Notre exposé trouvera son axe dans le problème du temps, qui constitue le point à propos duquel se met le mieux en évidence la dimension négatrice de la science « newtonienne ». C'est une quasi-évidence : le temps associé au devenir biologique ou à l'évolution des sociétés n'est *pas le même* que celui qui décrit le mouvement des planètes, ou du pendule idéal. Or, cette idée fondamentale, la science newtonienne se trouve dans l'impossibilité de l'intégrer. Et d'autre part, c'est autour des thèmes de l'irréversibilité, du processus d'organisation, et de l'innovation que se sont développées les théories qui nous permettent aujourd'hui de parler d'une métamorphose de la science.

L'une des perspectives les plus prometteuses ouvertes par cette métamorphose est la fin de la rupture culturelle qui fait de la science un *corps étranger* et qui lui donne les apparences d'une fatalité à assumer ou d'une menace à combattre. Nous voulons montrer que les sciences mathématiques de la nature, au moment où elles découvrent les problèmes de la complexité et du devenir, deviennent également capables d'entendre quelque chose de la signification de certaines questions exprimées par les mythes, les religions et les philosophies ; capables aussi de mieux mesurer la nature des problèmes propres aux sciences dont l'objet est l'homme et les sociétés humaines.

Un processus culturel nouveau, la constitution d'une « troisième culture » (pour reprendre l'expression de Snow, qui en signalait la naissance dans un supplément à son ouvrage sur la rupture culturelle de notre époque[1]), pourrait dès lors prendre une certaine importance. Une troisième culture : c'est-à-dire un milieu où puisse s'engager l'indispensable dialogue entre la démarche de modélisation mathématique et l'expérience conceptuelle et pratique de ceux,

1. Snow C. P., *The two Cultures and a Second Look*, Cambridge University Press, 1964, trad. franç. : *Les deux cultures*, Paris, Pauvert, 1968.

économistes, biologistes, sociologues, démographes, médecins, qui essaient de décrire la société humaine dans sa complexité. Qu'un tel milieu intellectuel puisse se développer — et un obstacle majeur à ce développement se trouve levé dès lors que les sciences physiques ont les moyens de reconnaître la validité des problèmes qui occupent les spécialistes d'autres sciences — conditionne sans aucun doute la mise en œuvre de nos ressources conceptuelles et techniques dans la crise contemporaine.

3. *La synthèse newtonienne*

Comment expliquer l'enthousiasme des contemporains de Newton, leur conviction qu'enfin le secret du monde, la vérité de la nature avaient été révélés?

Comme l'expriment les vers de Desaguliers, le triomphe newtonien établit à leurs yeux la réussite de la synthèse originale tentée par la science moderne entre plusieurs préoccupations, présentes semble-t-il dans toutes les civilisations humaines : elle manifeste que la nature ne peut résister à la procédure expérimentale, fruit de l'alliance nouvelle entre *théorie* et *pratique* de manipulation et de transformation.

La science newtonienne est une science *pratique*; l'une de ses sources est très clairement le savoir des artisans du Moyen Âge, le savoir des constructeurs de machines; elle-même donne, au moins en principe, les moyens d'agir sur le monde, de prévoir et de modifier le cours de certains processus, de concevoir des dispositifs propres à mettre en œuvre et à exploiter certaines des forces et des ressources matérielles de la nature.

En ce sens, la science moderne prolonge l'effort millénaire de nos sociétés pour organiser et utiliser le monde. Nous savons peu de choses de la préhistoire de ces efforts; nous pouvons cependant mesurer rétrospectivement la somme de connaissances et de savoir-faire que nécessite ce qu'on a appelé la révolution néolithique. Chasseur-cueilleur, l'homme apprenait à gérer certains domaines du milieu naturel et social grâce à de nouvelles techniques d'exploitation de la nature et de structuration de la société.

Nous vivons encore sur des techniques néolithiques — espèces animales et végétales créées ou sélectionnées, tissage, poterie, travail des métaux. Notre organisation sociale s'est longtemps contentée des mêmes techniques d'écriture, de géométrie et d'arithmétique qui furent nécessaires pour organiser les groupes sociaux différenciés et structurés hiérarchiquement des cités-États néolithiques[1]. Comment ne pas reconnaître la continuité entre les techniques néolithiques et les techniques scientifiques?

Il nous faut également admettre que le développement de ces techniques suppose pendant l'âge néolithique et les millénaires qui le précèdent la poursuite d'une activité d'exploration des ressources naturelles et de recherche empirique de méthodes de mise en œuvre de ces ressources; ce qui témoigne de l'existence non seulement d'individus dont l'esprit d'observation et d'invention devait bien valoir celui des grands hommes de notre histoire intellectuelle, mais encore de sociétés capables de susciter, d'accueillir, de conserver et de perfectionner l'œuvre de ces innovateurs.

La science moderne prolonge cet effort ancien, l'amplifie et lui confère un rythme accéléré. Mais le projet de mise en œuvre du milieu n'épuise pas la signification de la science dans le sens que la révolution newtonienne lui a donné, non plus que celle de la *pensée sauvage*.

On trouve dans toute société humaine des savoir-faire et des techniques, et aussi un ensemble de récits qui semblent expliquer ou interpréter l'organisation du monde et la situation de la société humaine au sein de la nature. Tout comme les mythes et les cosmologies, la science semble chercher à *comprendre* la nature du monde, la manière dont il s'est organisé, la place que les hommes y occupent.

Sur un point décisif, la pensée scientifique s'écarte cependant de l'interrogation mythologique qu'elle reprend. Elle a proclamé sa soumission aux procédures de la vérification et de la discussion critique[2]. Il faut toutefois se garder d'oublier que cette déclaration

1. Dans « Race et histoire » (*Anthropologie structurale 2*, Paris, Plon, 1973), Claude Lévi-Strauss a discuté les conditions sous lesquelles nous pouvons rapprocher révolution néolithique et révolution industrielle. Le modèle qu'il introduit à ce sujet, en termes de réactions en chaîne amorcées par des catalyseurs — processus marqués par leur cinétique singulière, avec phénomènes de seuils et points singuliers —, donne le gage d'une affinité possible entre les problématiques de stabilité et d'instabilité que nous exposons au chapitre VIII et certains thèmes de ce qu'on a appelé, d'un terme correct mais restrictif, l'approche structurale en anthropologie. Cette possibilité est l'objet d'un stimulant développement de Gilles Deleuze, dans un article consacré au structuralisme (in : CHATELET F., *Histoire de la philosophie*, vol. 8, Paris, Hachette, 1973). Elle fait l'objet des travaux de ceux que l'on appellera plus tard sans doute les structuralistes post-comtiens (A. Moles, M. Serres, et quelques autres, ouverts aux approches cinétique et statistique).

2. « Au sein de chaque société, l'ordre du mythe exclut le dialogue : on ne discute pas les mythes du groupe, on les transforme en croyant les répéter » (Claude LÉVI-STRAUSS,

d'intentions caractérise toute forme de pensée critique; et nous savons que Démocrite ou Aristote ne relèvent pas de la science moderne, quoi qu'il en soit de leur aptitude à discerner, par vérification et discussion, le vrai du faux. Nous aurons donc à distinguer soigneusement la pensée critique en général et la singularité qui s'introduit dans notre monde sous les espèces de la « science moderne ».

Il importe peu que les premières spéculations des penseurs présocratiques se déploient dans un espace semblable à celui du mythe de création hésiodique: polarisation initiale du ciel et de la terre, que féconde le désir éveillé par l'amour; naissance de la première génération de dieux, puissances cosmiques différenciées; combats et désordres, cycle d'atrocités et de vengeances, jusqu'à la stabilisation finale: la répartition des pouvoirs dans la soumission à la Justice (*dikè*). Le fait demeure qu'en l'espace de quelques générations, les présocratiques vont passer en revue — explorer et critiquer — quelques-uns des principaux concepts que notre science a retrouvés, et que nous essayons encore d'articuler pour penser les relations entre l'être, éternel et immuable, et le devenir, ou pour comprendre la genèse de ce qui existe à partir d'un milieu indifférencié[1].

Pourquoi l'homogène est-il instable et se différencie-t-il? Les choses, fragiles et mortelles, constituent-elles autant d'injustices, de déséquilibres qui enfreignent le rapport des forces qui règle l'affrontement entre puissances naturelles? Ou bien le moteur des choses leur est-il extérieur: actions rivales de l'amour et de la lutte qui déterminent naissance, développement, déclin et dispersion? Le changement est-il illusoire, ou est-ce la lutte mouvante des opposés qui constitue les choses? Les changements qualitatifs peuvent-ils être réduits aux mouvements dans le vide des configurations d'atomes, ou bien les atomes sont-ils une multitude de germes qualitativement différents, dont aucun ne ressemble aux autres? L'harmonie du monde est-elle mathématique? Les nombres donnent-ils la clef de la nature?

Mythologiques 4, Paris, Plon, 1971, p. 585). Le discours mythique se distingue donc des dialogues critiques (philosophiques ou scientifiques), mais c'est plus en fonction de ses conditions pratiques de reproduction qu'à cause d'une inaptitude foncière de tels ou tels émetteurs à penser rationnellement. On dira que la pratique du dialogue critique a imprimé aux discours cosmologiques vrais une accélération évolutive spectaculaire.

1. Nous nous inspirons dans les paragraphes qui suivent des analyses de Vernant J. P., *Mythe et pensée chez les Grecs*, Paris, Maspéro; et Detienne M., Vernant J. P., *Les Ruses de l'intelligence, la Métis des Grecs*, Paris, Flammarion, 1974.

La science numérique des sons construite par les pythagoriciens appartient toujours à nos théories acoustiques. Quant aux théories mathématiques développées par les Grecs, elles constituent dans l'histoire européenne la première théorie abstraite et rigoureuse dont les résultats se donnent comme communicables et restituables par tout être doué de raison, dont les démonstrations — qu'elles établissent la vérité ou l'erreur des thèses — ont un degré de certitude indépendant des convictions, des attentes et des passions.

Nous savons peu de choses sur cette philosophie des villes d'Ionie et de la Grande Grèce, peu de choses sur les rapports entre le développement des hypothèses théoriques et l'activité artisanale et technique florissante de ces villes. On rapporte qu'à la suite d'une réaction religieuse et sociale hostile, certains philosophes furent accusés d'athéisme, chassés ou tués. Cette histoire de « remise en ordre » met en lumière l'importance des thèmes du témoignage et du risque — du martyre — dans les récits sur la genèse et l'amplification des innovations conceptuelles. Expliquer le succès de la science moderne, ce sera *aussi* expliquer pourquoi les praticiens de la science moderne ne furent pas persécutés de manière massive, et leur approche théorique, étouffée au profit d'une organisation systématique du savoir selon des catégories conformes aux attentes collectives.

À l'époque de Platon et d'Aristote en tout cas, des limites sont arrêtées et canalisent la pensée dans des directions socialement acceptables. En particulier, la distinction entre *pensée théorique* et *activité technique* est fixée. Les mots que nous employons aujourd'hui, machine, mécanique, ingénieur, ont une histoire étymologique analogue : il n'est pas question de savoir rationnel, mais de ruse et d'artifice ; il ne s'agit pas simplement de *connaître* les processus naturels, il s'agit de tromper la nature, de *machiner* quelque chose, d'obtenir des merveilles, la création d'effets étrangers à l'ordre naturel. L'hétérogénéité entre le domaine de la manipulation pratique et celui de la connaissance rationnelle de la nature est frappante : Archimède n'aura statut que de mathématicien, d'ingénieur ; son analyse mathématique de l'équilibre des machines n'est pas considérée comme transférable au monde de la nature, du moins dans le cadre de la physique antique traditionnelle.

Autre hétérogénéité fermement établie, celle du ciel et de la terre, du monde des astres immuable et éternel, et du monde sublunaire où toutes choses sont changeantes, mortelles, soumises aux passions et à la corruption. L'un des traits les plus généraux que l'étude comparée des religions a proposé de lire dans les sociétés anciennes est la division entre espace profane et espace sacré; l'espace ordinaire, soumis aux aléas, à la dégradation, insignifiant, est séparé du monde sacré, signifiant, soustrait à la contingence et à l'histoire. C'est le même contraste que suppose Aristote entre le monde des astres et celui de la nature terrestre. Ce contraste se retrouve dans l'évaluation des possibilités d'appliquer les mathématiques à la description du monde. Parce que le mouvement des astres n'est pas un changement mais un état parfait et éternellement identique à lui-même, il peut être décrit (sans être pour cela expliqué) par les mathématiques. Mais en ce qui concerne le monde sublunaire, la description mathématique n'est pas pertinente. Les processus naturels, intrinsèquement imprécis, ne peuvent quant à eux faire l'objet de descriptions mathématiques qu'approximatives, abstraction faite de leur irréductible particularité.

Pour Aristote, la question intéressante n'est pas tellement *comment* un processus se produit que *pourquoi* il se produit — ou plutôt, ces deux questions ne peuvent être séparées. Nous reviendrons sur l'idée que l'une des sources de la pensée aristotélicienne fut l'observation du développement des embryons, processus organisé au cours duquel les événements s'enchaînent et se répondent malgré leur indépendance apparente, et participent à un processus d'ensemble qui semble obéir à un plan global. À l'exemple du développement embryonnaire, toute la nature aristotélicienne est organisée selon des causes finales qui donnent aussi la clef de l'intelligibilité. Les changements, s'ils répondent à la *nature* des choses, ont pour raison de réaliser chaque être dans la perfection de son *essence* intelligible. C'est donc cette essence — qui, pour les êtres vivants, est à la fois cause finale, formelle et efficiente — qu'il s'agit de comprendre.

L'une des lectures possibles de ce qu'on appelle la naissance de la science moderne fait de l'affrontement entre les aristotéliciens et Galilée un affrontement entre deux rationalités axées l'une sur le monde sublunaire (le monde organisé des vivants) et l'autre sur le monde des astres et des machines, associés par ce point décisif qu'ils sont mathématisables. En ce cas c'était bien là un affrontement sans remède puisque chacun devait définir de manière différente ce qui dans la nature est significatif, et ce qui constitue un effet secondaire, voire une illusion[1].

1. C'est le thème majeur de Koyré, notamment dans ses *Études galiléennes* (Paris, Hermann, 1966).

Pour Galilée, la question « pourquoi », prioritaire pour les aristotéliciens, doit être exclue de la science. Ces derniers, en revanche, *devaient* attribuer à un fanatisme irrationnel le type de rapport entretenu par Galilée avec le savoir empirique des ingénieurs : le mode d'interrogation expérimental.

4. *Le dialogue expérimental*

Nous arrivons ainsi à ce qui constitue pour nous la singularité de la science moderne : la rencontre entre la technique et la théorie, l'alliance systématique entre l'ambition de modeler le monde et celle de le comprendre.

Pour qu'une telle rencontre soit possible, il ne suffisait pas, contrairement à ce que des empiristes ont voulu croire, d'un rapport de *respect* à l'endroit des faits observables. Sur certains points, y compris la description des mouvements mécaniques, c'est bien la physique traditionnelle qui se soumettait avec le plus de fidélité à l'évidence empirique[1]. Le dialogue expérimental avec la nature, que la science moderne se découvre capable de mener de façon systématique, ne suppose pas une observation passive, mais une *pratique.* Il s'agit de manipuler, de mettre en scène la réalité physique jusqu'à lui conférer une proximité maximale par rapport à une description théorique. Il s'agit de préparer le phénomène étudié, de le purifier, de l'isoler jusqu'à ce qu'il ressemble à une *situation idéale*, physiquement irréalisable mais intelligible par excellence puisqu'elle incarne l'hypothèse théorique qui guide la manipulation. La relation entre expérience et théorie provient donc du fait que l'expérimentation soumet les processus naturels à une interrogation qui ne prend sens qu'en référence à une hypothèse concernant les principes auxquels ces processus sont soumis, et à un ensemble de présupposés concernant des comportements qu'il serait absurde d'attribuer à la nature.

Prenons l'exemple de la description du fonctionnement d'un système de poulies, classique depuis Archimède, généralisé par les modernes à l'ensemble des machines simples. Dans ce cas, il est remarquable que l'explication moderne élimine comme perturbation secondaire ce que précisément la physique aristotélicienne voulait

1. Alexandre Koyré a beaucoup insisté sur ce point : à ses débuts, la science moderne a dû lutter non seulement contre la tradition métaphysique régnante, mais contre la tradition empirico-technicienne (notamment dans « La dynamique de Nicolo Tartaglia », in *Études d'histoire de la pensée scientifique,* Paris, Gallimard, 1973). Précisons que cette remarque n'implique selon nous en aucune manière que le savoir artisanal développé au Moyen Âge ne soit pas une des racines du savoir scientifique moderne.

expliquer : le fait que, scénario typique, la pierre « résiste » au cheval qui la tire et que cette résistance puisse être « vaincue » si la traction se fait par l'intermédiaire d'un système de poulies. Selon le principe en fonction duquel Galilée juge la nature, celle-ci ne fait pas de cadeau, ne donne rien gratuitement, et il est impossible de la tromper ; il est absurde de penser qu'on puisse lui faire produire par ruse et artifice un travail *supplémentaire*[1]. Puisque le travail du cheval est le même, avec ou sans poulies, il *doit* produire le même effet. Tel sera le point de départ de l'explication mécanique nouvelle. Celle-ci se réfère à un monde idéal où l'effet « nouveau » (la pierre enfin mise en mouvement) est *secondaire*, la « résistance » de la pierre est expliquée par le frottement qui produit un échauffement. Ce qui par contre est désormais décrit avec précision, c'est la situation idéale où une relation d'équivalence unit la cause, le travail du cheval, et l'effet, le déplacement de la pierre. Dans ce monde idéal, *le cheval peut de toute façon déplacer la pierre*, et le système de poulies a pour seul résultat de modifier le mode de transmission des efforts de traction : au lieu de déplacer la pierre sur la même longueur *L* dont il se déplace lui-même en tirant la corde, le cheval ne la déplace que sur une longueur *L/n*, où *n* dépend du nombre de poulies. Les poulies, comme toute machine simple, ne sont qu'un dispositif passif, seulement capable de transmettre le mouvement, et non d'en produire.

Le dialogue expérimental constitue une démarche fort particulière. L'expérimentation interroge la nature, mais à la manière d'un juge, au nom de principes postulés. La réponse de la nature est enregistrée avec la plus grande précision, mais sa pertinence est évaluée en référence à l'idéalisation hypothétique qui guide l'expérience : tout le reste est bavardage, effets secondaires négligeables. La nature peut certes réfuter l'hypothèse théorique en question, mais celle-ci n'en constitue pas moins l'étalon qui mesure la portée et le sens de la réponse, quelle qu'elle soit. La démarche expérimentale constitue donc un *art*, c'est-à-dire qu'elle repose sur un savoir-faire et non sur des règles générales, et se trouve de ce fait sans garantie, exposée à la trivialité et à l'aveuglement ; aucune méthode ne peut lever le risque de persévérer, par exemple, dans une interrogation sans pertinence. Art d'élection, de discernement progressif, d'examen exhaustif de toutes les possibilités de réponses de la

1. Les efforts consacrés par des ingénieurs, jusqu'au XXe siècle, à la construction d'une machine à mouvement perpétuel témoignent de la persistance remarquable de cette idée : un dispositif rusé peut *tourner* les principes qui règlent nos échanges avec la nature. Voir ORD-HUME A., *Perpetual Motion. The History of an Obsession,* New York, St. Martin's Press, 1977.

nature dans une situation précise, l'art expérimental consiste à choisir un problème pour formuler une hypothèse théorique et à reconnaître dans la complexité proliférante de la nature un phénomène susceptible d'incarner les conséquences de ce décret général; il s'agit alors de mettre en scène le phénomène élu jusqu'à ce qu'on puisse décider de manière communicable et reproductible si oui ou non ce phénomène est déchiffrable selon le texte mathématique particulier que l'hypothèse a énoncé.

Procédure expérimentale, critiquée dès l'origine, minimisée par les descriptions empiristes de l'activité scientifique, attaquée comme torture, mise à la question de la nature, arraisonnement violent : c'est elle qui, à travers les modifications du contenu théorique des descriptions scientifiques, se maintient et définit le mode nouveau d'exploration mis en œuvre par la science moderne. Aujourd'hui encore, ce sont des « expériences de pensée », mises en scène imaginaires de situations expérimentales entièrement régies par des principes théoriques, qui ont permis d'explorer les conséquences des bouleversements conceptuels de la physique contemporaine : la relativité, la mécanique quantique. Ainsi, ce fameux train d'Einstein d'où un observateur peut mesurer la vitesse de propagation d'un rayon de lumière émis le long d'un « talus », c'est-à-dire se déplaçant avec une vitesse c dans un système de références par rapport auquel le train se déplace, lui, à vitesse v. Classiquement, l'observateur embarqué dans le train devrait attribuer à la lumière qui se déplace dans le même sens que lui une vitesse $c - v$; mais cette conclusion classique constitue précisément l'absurdité théorique nouvelle que l'expérience de pensée est conçue pour mettre en scène; en effet, la vitesse de la lumière apparaît désormais comme une *constante universelle* dans les lois de la physique; pour éviter que ces lois, et avec elles le comportement physique des corps, varient avec le mouvement de ces corps, il faut modifier le principe classique d'addition des vitesses, affirmer que, en ce qui concerne la lumière, quel que soit le système de référence d'où on l'observe, on lui mesurera toujours la même vitesse, c; et le train d'Einstein pourra dès lors parcourir les conséquences physiques de cette modification fondamentale.

La procédure expérimentale définit l'ensemble des dialogues avec la nature tentés par la science moderne; elle fonde l'originalité de cette science, sa spécificité et ses limites. Certes, c'est une nature simplifiée, préparée, parfois mutilée en fonction de l'hypothèse préalable, que l'expérimentation interroge; il n'empêche qu'elle garde en général les moyens de démentir la plupart des hypothèses. Einstein faisait remarquer que la nature, aux questions qu'on lui pose, répond le plus souvent *non*, et, parfois, *peut-être*. L'homme de science ne fait donc pas tout ce qu'il veut, ne fait pas dire à la nature ce qu'il veut, ne peut, au moins à terme, projeter sur elle n'importe lequel de ses désirs et attentes les plus chers. L'homme de science prend en fait des risques d'autant plus grands que sa tactique croit mieux cerner la nature, la met plus précisément au pied du mur[1]. Certes, comme le soulignent les critiques, quoi qu'elle dise, oui ou non, la nature est toujours acculée à confirmer le langage théorique dans lequel on lui parle. Mais ce langage lui-même évolue selon une histoire complexe où interviennent à la fois le bilan des réponses obtenues de la nature, la relation aux autres langages théoriques, et aussi l'exigence qui renaît sans cesse sous de nouvelles formes, en de nouvelles questions, de comprendre la nature selon ce que chaque époque définit comme pertinent. Relation complexe entre les règles spécifiques du jeu scientifique — et en particulier le mode expérimental de dialogue avec la nature qui constitue une contrainte majeure de ce jeu — et une culture à laquelle, même à son insu, l'homme de science appartient, qui influence ses questions, et que les réponses qu'il transcrit marquent en retour.

Le protocole du dialogue expérimental représente pour nous un acquis irréversible. Il garantit que la nature interrogée par l'homme sera traitée comme un être *indépendant*, qu'on force certes à s'exprimer dans un langage peut-être inadéquat, mais à qui les procédures interdisent de prêter les mots qu'on désirerait entendre. Il fonde aussi le caractère communicable et reproductible des résultats scientifiques; quel que soit le caractère partiel de ce qu'on somme la nature d'exprimer, une fois qu'elle a parlé dans des conditions reproductibles, chacun s'incline: puisqu'elle ne saurait nous tromper.

5. *Le mythe aux origines de la science*

La conviction caractéristique des fondateurs de la science moderne va beaucoup plus loin; Galilée et ses successeurs pensent

1. C'est cette passion du risque inséparable du jeu expérimental que Popper a traduit en principes normatifs dans *La logique de la découverte scientifique* lorsqu'il a énoncé que l'homme de science *doit* chercher les hypothèses les moins probables, c'est-à-dire les plus risquées, et tenter de les réfuter.

la science comme capable de découvrir la vérité *globale* de la nature. Non seulement la nature est écrite dans un langage mathématique déchiffrable par l'expérimentation, mais ce langage est unique; le monde est homogène, l'expérimentation locale découvre une vérité générale. Les phénomènes simples que la science étudie peuvent dès lors livrer la clef de l'ensemble de la nature dont la complexité n'est plus qu'apparente: le divers se ramène à la vérité unique des lois mathématiques du mouvement.

Il est possible que cette conviction, qui vient doubler la méthode expérimentale *et l'inspira en partie*, ait été nécessaire à la science moderne en ses débuts. Il fallait peut-être une nouvelle conception du monde, aussi globale que l'était la conception « biologique » du monde aristotélicien, pour briser le carcan de la tradition, donner aux partisans de l'expérimentation une conviction et une puissance polémique qui les rendent capables d'affronter la forme régnante du rationalisme. Il fallait peut-être une conviction « métaphysique » pour transmuter le savoir des artisans, des constructeurs de machines, en un nouveau mode d'exploration rationnelle de la nature, en une nouvelle forme de cette interrogation fondamentale qui traverse toutes les civilisations et toutes les cultures. Cela étant, on peut se demander quelle implication l'existence de ce type de conviction « mythique » entraîne en ce qui concerne le problème des origines du développement de la science à l'époque moderne. Sur cette question fort discutée[1], nous nous bornerons à avancer quelques remarques à seule fin de situer notre problème: le problème d'une recherche dont chaque progrès a pu être vécu comme désenchantement, découverte douloureuse de la stupidité automate du monde.

Il est certes difficile de nier que des facteurs sociaux et économiques (en particulier le développement des techniques artisanales dans des monastères où se conservent aussi les restes du savoir d'un

1. La question des débuts de la science moderne est l'un des points où l'insignifiance d'une histoire des sciences qui se limite aux facteurs scientifiques est la plus claire. Cela dit, comment ouvrir l'histoire des sciences? Deux traditions s'affrontent: celle des Needham, Bernal, Hogben, Haldane, historiens anglais pour qui la rencontre avec les historiens soviétiques en 1931 eut un rôle séminal (second congrès international d'histoire des sciences et de la technologie, Londres, 1931, publié sous le titre *Science at the Cross Roads*, réédité en 1971 à Londres, Frank Cass Edition); celle que fonda Koyré, pour qui la science, phénomène intellectuel, doit être expliquée par des facteurs intellectuels, et, en l'occurrence, par la renaissance d'une forme de platonisme. Pour le point sur cette situation, on consultera l'article de Rupert Hall, « Merton revisited » (in *Science and Religious Belief, a Selection of Recent Historical Studies*, éd. RUSSELL C. A., Londres, The Open University Press and University of London Press, 1973).

monde détruit, puis dans les villes dynamiques et commerçantes) aient joué un rôle prépondérant aux origines de la science expérimentale, savoir artisanal systématisé[1].

Il est vrai aussi qu'une analyse comparative comme celle de Needham[2] établit l'importance décisive des structures sociales en cette fin du Moyen Âge : la classe des artisans et des producteurs potentiels d'innovations techniques n'est pas une classe méprisée comme en Grèce, et, de plus, les intellectuels comme les artisans sont pour la plupart indépendants du pouvoir. Ce sont des entrepreneurs libres, des artisans inventeurs, à la recherche de mécènes, portés à amplifier au maximum les effets d'une nouveauté, à la diffuser et à en exploiter toutes les possibilités, dussent-elles porter atteinte à l'ordre social établi. En contraste, dit Needham, les scientifiques chinois étaient des fonctionnaires soumis aux règles de la bureaucratie, serviteurs d'un État dont l'objectif premier était de maintenir la stabilité et l'ordre. La boussole, l'imprimerie, la poudre, qui allaient contribuer à détruire les fondements de la société médiévale et à lancer l'Europe dans l'époque moderne, furent découvertes bien plus tôt en Chine, mais jamais ces inventions n'y déployèrent les mêmes effets déstabilisants. La société européenne, entreprenante et commerçante, était particulièrement apte à susciter et à nourrir le développement dynamique et innovateur de la science moderne à ses débuts.

Pourtant, la question resurgit. Nous savons que les constructeurs de machines utilisaient des descriptions et des concepts mathématiques : rapports entre les vitesses et les déplacements des différentes pièces agencées, géométrie de leurs mouvements relatifs — mais pourquoi la mathématisation ne s'est-elle pas limitée au fonctionnement des machines ? Pourquoi les mouvements naturels ont-ils été conçus à l'image de la machine rationalisée ? Cette même question peut être posée à propos de l'horloge, qui constitue l'un des triomphes de l'artisanat médiéval et, très rapidement, rythme la vie des premières communautés médiévales — pourquoi est-elle devenue presque immédiatement le symbole même de l'ordre du monde ? On peut voir ici l'indication d'une direction dans laquelle certains éléments de réponse pourraient être identifiés. L'horloge

1. Pierre Thuillier a insisté contre Koyré sur l'importance de la pratique des constructeurs de machines, notamment en ce qui concerne la conception d'un espace homogène et isotrope. Voir notamment « Au commencement était la machine », in *La Recherche*, vol. 63, janvier 1976, p. 47-57.

2. NEEDHAM J., *La Science chinoise et l'Occident. Le grand Titrage*, Paris, Seuil, collection Point, 1977, notamment le chapitre « Science et société à l'Est et à l'Ouest ».

est un mécanisme *construit*, soumis à une rationalité qui lui est extérieure, à un plan que ses rouages réalisent de manière aveugle. Le monde horloge constitue une métaphore qui renvoie au Dieu Horloger, ordonnateur rationnel d'une nature automate. De la même manière, un certain nombre de métaphores et d'évaluations de la science classique, de son but et de ses moyens, suggèrent qu'à ses débuts une *résonance* s'est établie entre un discours théologique et l'activité expérimentale de théorie et de mesure; une résonance qui pourrait avoir contribué à amplifier et à stabiliser la prétention selon laquelle les hommes de science sont en train de découvrir le secret de la « machine universelle ».

Ce terme de résonance recouvre bien sûr un problème d'une complexité extrême, qu'on nous pardonnera de signaler sans tenter de le résoudre. Nous n'avons en particulier ni les moyens ni le projet d'avancer qu'un discours religieux a *déterminé* de quelque façon la naissance de la science théorique, ou la « conception du monde » qui, historiquement, est venu doubler l'activité expérimentale. En parlant de résonance et d'amplification mutuelle entre deux populations de discours, nous voulons expressément user de termes qui ne supposent pas d'hypothèse sur lequel, du discours théologique ou du « mythe scientifique », vint le premier, ou enclencha l'autre[1].

Notons au passage que l'idée d'une origine chrétienne de la science occidentale a intéressé certains philosophes, non pas seulement pour tenter de comprendre comment a pu se trouver stabilisé le discours sur la nature automate et stupide, mais aussi pour mettre au jour une relation qu'ils voulaient plus essentielle entre la science et la civilisation occidentale. En ce qui concerne Alfred North Whitehead, cette relation est de l'ordre de la croyance : il « fallait » un Dieu législateur pour inspirer aux fondateurs de la science moderne la « foi scientifique » nécessaire à leurs premiers travaux : « Je veux dire la conviction invincible que chaque événement peut, dans tous ses détails, être mis en corrélation avec ses antécédents d'une manière tout à fait définie, application de principes généraux. Sans cette conviction, le labeur incroyable des savants serait sans espoir. C'est la conviction instinctive... : qu'il y a un secret qui peut

1. Le choix que nous avons fait ici de commenter le rôle de facteurs non scientifiques ne doit pas dissimuler le profond intérêt de la science médiévale, au cours de laquelle se préparent notamment la synthèse de l'arithmétique et de la géométrie devant quoi échouèrent les Grecs, la mathématisation du mouvement dans le monde sublunaire, et l'introduction de la causalité physique dans le monde céleste.

être dévoilé... Elle ne semble pouvoir trouver son origine que dans une source : l'insistance médiévale sur la rationalité de Dieu, conçue avec l'énergie personnelle de Jéhovah et avec la rationalité d'un philosophe grec[1]. » Cependant, même lorsqu'il invoque la continuité de l'idée du légalisme universel, que l'Empire romain puis l'Église chrétienne réalisèrent successivement dans le monde[2], Whitehead reste au niveau *psychologique* : l'inspiration chrétienne ne semble pas en mesure de justifier d'un point de vue *spéculatif* qu'on ait pu penser la réalité sensible comme susceptible de mesure et de calcul, qu'on ait pu penser que comprendre la nature c'est en découvrir la loi mathématique. Comment la nature pourrait-elle avoir l'idéalité des mathématiques? C'est cette question qu'évoque Alexandre Kojève lorsqu'il explique que le dogme de l'incarnation a forcé les chrétiens à penser que l'idéal peut se faire chair. Si un dieu s'est incarné et a souffert, les idéalités mathématiques, elles aussi, peuvent être passibles de mesure dans le monde matériel[3].

Nous n'entrerons pas dans ce genre de discussion; nous ne voyons aucun intérêt à « prouver » que la science moderne « devait » se développer en Europe. Nous n'avons même pas à nous demander si tous les fondateurs de la science moderne croyaient aux arguments théologiques qu'ils invoquaient; l'important est qu'ils avaient là le moyen de rendre leurs spéculations pensables et recevables, et cela continua à être le cas pendant une période qui varie selon les pays : les références religieuses abondent au XIXe siècle dans les textes des scientifiques anglais. On voit que cette question des origines de la science nous entraîne vers une problématique aux dimensions multiples. Les problèmes théologiques et scientifiques y sont associés à ce qu'on appelle l'histoire « externe » de la science, c'est-à-dire la description du rapport entre la forme et le contenu du corpus scientifique, et le contexte social. Seule nous intéresse ici la nature du discours scientifique qui se trouva amplifié par la résonance avec un discours théologique.

Needham[4] raconte l'ironie avec laquelle les lettrés chinois accueillirent, au XVIIIe siècle, l'annonce par les jésuites des triomphes de la science moderne; l'idée que la nature pouvait être soumise à

1. Whitehead A. N., *Science and the Modern World,* The Free Press, New York, Mac Millan, 1967, p. 12.
2. Whitehead A. N., *op. cit.,* et *Adventure of Ideas,* The Free Press, New York, Mac Millan, 1967.
3. Kojève A., « L'origine chrétienne de la science moderne », in *L'Aventure de l'esprit,* Mélange Koyré, Paris, Hermann, 1964.
4. Needham J., *op. cit.,* p. 221.

des lois simples et connaissables constituait pour les mandarins un exemple de naïveté anthropomorphique. Cette « naïveté », Needham lui voit des racines culturelles profondes. Pour illustrer la différence entre les conceptions occidentales et chinoises, il rappelle les procès d'animaux que connut le Moyen Âge. À plusieurs reprises, des monstres, tel un coq qui aurait pondu des œufs, furent solennellement condamnés et brûlés pour avoir contrevenu aux lois de la nature, identifiées aux lois de Dieu. En Chine, le même coq aurait eu toutes les chances de disparaître discrètement, non pas comme coupable de quoi que ce soit mais parce que son comportement monstrueux aurait traduit une dissonance dans l'harmonie naturelle, qui traduirait à son tour une situation de disharmonie au niveau social : le gouverneur de province, sinon l'empereur, pourrait se trouver mis en danger si le symptôme que constitue le coq venait à être connu. Selon une conception philosophique dominante en Chine, explique Needham, le cosmos est accord spontané, la régularité des phénomènes n'est due à aucune autorité extérieure, elle naît, dans la nature, la société et le ciel, de l'équilibre même entre ces processus, stables, solidaires, résonnant entre eux en une harmonie que nul ne dirige. S'il pouvait être question de loi à leur sujet, il s'agirait d'une loi que nul, dieu ou homme, n'a jamais pensée, exprimée dans un langage que l'homme ne peut déchiffrer, et non de la loi dite par un créateur conçu à notre image, projection sur la nature d'une convention humaine.

Et Needham de conclure par une question : « Dans la perspective de la science moderne, on ne trouve, évidemment, aucun résidu des notions de commandement et de devoir pour ce qui touche aux "lois" de la nature. On pense maintenant ces notions autrement : en termes de régularités statistiques, valables uniquement pour des temps et des lieux donnés, en termes de description et non de prescription... Le problème est de savoir si la reconnaissance de ces régularités statistiques et de leurs expressions mathématiques aurait pu être atteinte par une autre voie que celle qui fut effectivement la voie de la science occidentale. Peut-être cet état d'esprit qui fit qu'un coq pondant un œuf dût être poursuivi par la loi, était-il nécessaire dans une culture pour qu'elle fût, plus tard, susceptible de produire un Kepler[1] ? ».

Précisons-le pour éviter toute confusion, nul parmi ceux que nous citons ne soutient que le discours scientifique est la transposition

1. Needham J., *op. cit.*, p. 243.

d'un discours religieux. Le monde décrit par la physique classique n'est pas le monde de la *Genèse*, au sein duquel Dieu créa successivement la lumière, le ciel et la terre, puis les espèces vivantes, au sein duquel sa Providence ne cesse d'agir et de provoquer l'homme à une histoire où se joue son salut. Au contraire, nous le verrons, c'est un monde atemporel, qui, s'il a été créé, a dû l'être d'un seul coup, comme un ingénieur construit un automate qu'il laisse ensuite fonctionner. En ce sens, il faut dire que la physique s'est constituée aussi bien contre la religion que contre les philosophies traditionnelles. Et pourtant, un dieu chrétien fut bel et bien appelé à garantir l'intelligibilité du monde, en une rencontre qui n'eut rien d'innocent. Nous pouvons même supposer qu'il y eut en quelque sorte une « convergence » entre l'intérêt de théologiens pour qui le monde devait, par sa soumission totale, manifester la toute-puissance de Dieu, et celui de physiciens à la recherche d'un monde de processus mathématisables.

Le monde naturel aristotélicien, que détruisit la science moderne, n'était acceptable ni pour ces théologiens, ni pour ces physiciens. Ce monde en ordre, harmonieux, hiérarchique et rationnel était un monde trop autonome, les êtres y étaient trop puissants et actifs, leur soumission au Souverain absolu restait suspecte et limitée[1]. Il était d'autre part trop complexe et différencié qualitativement pour être mathématisable.

La nature « mécanisée » de la science moderne, nature régie selon un plan qui la domine mais qu'elle ne connaît pas, et qui ne peut donc honorer que son créateur, remplit quant à elle parfaitement les exigences des uns et des autres. Leibniz avait bien tenté de montrer que la mathématisation est en principe compatible avec un monde multiple, au comportement actif et qualitativement différencié, mais hommes de science et théologiens se rencontrent pour décrire la nature comme une mécanique stupide et passive, essentiellement étrangère à la liberté et à la finalité de l'esprit humain. *« A dull affair, soundless, scentless, colourless, merely the hurrying of matter, endlessly, meaninglessly »*[2], commente Whitehead. Et c'est

1. R. HOOYKAAS a souligné cette « dé-divinisation du monde » opérée par la métaphore chrétienne du monde-machine dans *Religion and the Rise of Modern Science*, Édimbourg et Londres, Scottish Academic Press, 1972, notamment p. 14-16. Jacques ROGER (*Les Sciences de la vie dans la pensée française du XVIIIe siècle*, Paris, Armand Colin, 1971) a décrit l'affinité en biologie entre l'augustinisme et le mécanisme qui, tous deux, reviennent à « tout ôter à la nature pour tout donner à Dieu ».

2. « Une affaire morne, dépourvue de son, d'odeur, de couleur, simplement de la matière qui se hâte sans fin, sans signification », WHITEHEAD A.N., *Science and the Modern World*, p. 54.

bien comme telle que la nature réalise cette convergence d'intérêts que nous évoquions. La nature qui laisse l'homme face à Dieu est aussi celle qu'un langage unique — et non les mille voix mathématiques qu'y percevait Leibniz — suffit pour décrire. Cette nature, dépouillée de ce qui permettait à l'homme de s'identifier par sa participation à l'harmonie ancienne des choses, est aussi celle à qui une question bien conçue peut faire avouer d'un seul coup la vérité unique qui l'épuise.

Dès lors, l'homme qui décrit la nature ne peut lui appartenir, il la domine de l'extérieur. Là encore, une théologie peut permettre de justifier l'étrange position de l'homme qui, selon la science moderne, est capable de déchiffrer — mais laborieusement, par calculs et mesures — la loi physique du monde. Galilée explique que l'âme humaine, créée à l'image de Dieu, est capable d'atteindre les vérités intelligibles qui gouvernent le plan de la création. Elle peut donc progresser peu à peu vers une connaissance du monde que Dieu, quant à lui, possède de manière intuitive, pleine et entière[1].

Contrairement aux atomistes de l'Antiquité persécutés pour athéisme et contrairement à Leibniz soupçonné parfois de nier la grâce et la liberté humaine, les scientifiques modernes ont donc réussi à découvrir pour leur entreprise une définition culturellement acceptable. L'esprit humain, qui habite un corps soumis aux lois de la nature, est capable d'accéder par le déchiffrement expérimental au point de vue de Dieu sur le monde, au plan divin que ce monde exprime globalement et localement. Mais cet esprit échappe à sa propre entreprise. Le scientifique peut définir comme qualités secondaires (n'appartenant pas objectivement à la nature mais projetées sur elle par l'esprit) tout ce qui fait la texture même de cette nature, les parfums, les couleurs, les odeurs, il n'en est pas pour autant amoindri. Au contraire, sa singularité éminente s'en trouve renforcée : plus est abaissée la nature, plus se trouve glorifié celui qui y échappe.

On comprend le sens que put revêtir la découverte de la gravitation universelle : réussite apparente, intégrale, du projet de faire avouer d'un seul coup sa vérité à la nature, de découvrir le point de vue d'où, d'un seul coup d'œil dominateur, on peut la contempler, offerte et sans mystère.

1. Le texte célèbre de Galilée à propos de la nature écrite en caractères géométriques figure dans *Il Saggiatore* et est cité par Koyré dans son « Galilée et Platon » in *Études d'histoire de la pensée scientifique*, p. 186. Voir aussi *Dialogues des deux grands systèmes du monde* et l'étude de Koyré sur ce texte dans *Études galiléennes*, p. 277-290.

6. *Le mythe scientifique aujourd'hui*

Nous avons essayé d'esquisser une situation où la pratique scientifique a pu se doubler d'une conviction métaphysique — Galilée et ses successeurs posent les problèmes des constructeurs des machines médiévales mais s'arrachent à leur savoir trop fidèle à la complexité empirique pour décréter, avec l'aide de Dieu, la simplicité du monde et l'universalité des idéalisations que met en scène la procédure expérimentale. Cependant, si le mythe fondateur de la science moderne fut un effet du complexe singulier que créa, à la fin du Moyen Âge, la mise en résonance et l'amplification mutuelle de facteurs économiques, politiques, sociaux, religieux, philosophiques et techniques, la décomposition de ce complexe devait assez rapidement laisser isolés, au sein d'une culture transformée, la science et son mythe désormais inavouable.

La science classique est née dans une culture que dominait l'alliance entre *l'homme*, situé à la charnière entre l'ordre divin et l'ordre naturel, et *le Dieu* législateur rationnel et intelligible, architecte souverain que nous avions conçu à notre image. Elle a survécu à ce moment d'accord ambigu[1] qui avait permis à des philosophes et à des théologiens de faire de la science, et à des scientifiques de déchiffrer et de commenter la sagesse et la puissance divines à l'œuvre dans la création.

Avec l'appui de la religion et de la philosophie, les hommes de science avaient conçu leur démarche comme autosuffisante, comme susceptible d'épuiser toutes les possibilités d'une approche rationnelle des phénomènes de la nature. Le rapport entre description scientifique et philosophie de la nature n'avait pas en ce sens à être pensé : il allait de soi que la science et la philosophie convergeaient, que la science découvrait les principes d'une authentique philosophie naturelle. Ce sentiment d'autosuffisance survivra chez les

1. Maurice Merleau-Ponty a souligné l'unité culturelle de cette époque, unité dont la science fait partie intégrante : « Le XVIIe siècle est ce moment privilégié où la connaissance de la nature et de la métaphysique ont cru trouver un fondement commun. Il a créé la science de la nature et n'a pourtant pas fait de l'objet de la science le canon de l'ontologie... L'Être n'est pas rabattu en entier ou aplati sur le plan de l'Être extérieur. Il y a aussi l'être du sujet ou de l'âme, et l'être de ses idées, et les relations des idées entre elles, et cet univers-là est aussi grand que l'autre... Tous les problèmes qu'une ontologie scientiste supprimera en s'installant sans critique dans l'être extérieur comme milieu universel, la philosophie du XVIIe siècle ne cesse, au contraire, de les poser » (*Éloge de la philosophie*, Paris, Gallimard, collection Idées, 1960, p. 218-219).

hommes de science au retrait du Dieu classique, à la disparition de la garantie épistémologique qu'offrait la théologie. Certes, le scientifique se retrouve seul sur terre, mais la science dont il hérite *n'est plus celle qui devait défendre sa démarche contre les aristotéliciens.* C'est désormais la science triomphante du XVIIIe siècle[1]; elle a découvert les lois du mouvement des corps célestes et terrestres; d'Alembert et Euler ont pu tenter d'en formuler les principes en un système complet et cohérent; Lagrange va en retracer l'histoire comme un accomplissement logique vers la perfection; c'est la science qu'honorent les Académies fondées par les souverains absolus, Louis XIV, puis Frédéric II et Catherine de Russie[2]; c'est la science qui a fait de Newton un héros national. Bref, c'est une science *qui a réussi*, qui croit avoir *démontré* que la nature est transparente et peut être exposée comme telle. « Je n'ai pas besoin de cette hypothèse », répond Laplace à Napoléon qui lui demande où est Dieu dans son Système du Monde.

En même temps que ses prétentions, survivront les implications dualistes de la science moderne. Pour la science de Laplace, qui est encore à bien des égards notre science, une description est d'autant plus objective qu'elle élimine l'observateur, qu'elle se fait d'un point de vue extérieur au monde — c'est-à-dire, en fait, du point de vue divin auquel l'âme humaine, créée à l'image de Dieu, avait accès aux premiers temps. La science classique vise toujours à découvrir la vérité unique du monde, le langage unique qui déchiffre la totalité de la nature — aujourd'hui, nous dirions *le niveau fondamental de description* — à partir duquel tout ce qui existe peut, en principe, être déduit. La science classique postule toujours la monotone stupidité du monde qu'elle interroge.

Citons, sur ce point essentiel, un texte d'Einstein qui traduit en

1. Triomphante en tout cas en France et dans les Académies imposées en Prusse et en Russie par des Souverains absolus. Ben David (*The Scientist's role in Society. A Comparative Study*, Foundations of Modern Sociology Series, Englewood Cliffs, New Jersey, Prentice Hall, 1971) a insisté sur la différence entre la situation des physiciens-mathématiciens de ces pays, qui se consacrent à la science pure, activité prestigieuse mais purement théorique, et celle des physiciens anglais immergés dans une multitude de problèmes empiriques et techniques. Ben David propose une corrélation entre la fascination pour une science purement théorique et le maintien loin du pouvoir de la classe sociale qui nourrit le « mouvement scientiste » et voit dans la science la promesse d'un progrès social et matériel.

2. Dans sa biographie de d'Alembert (*Jean d'Alembert, Science and Enlightment*, Oxford, Clarendon Press, 1970), Thomas Hankins a souligné le caractère très restreint, et fermé déjà, de la première vraie communauté scientifique au sens moderne, celle des physiciens-mathématiciens du XVIIIe siècle, et les relations étroites qu'elle a entretenues avec les souverains absolus.

langage moderne cela même que nous avons nommé le mythe fondateur de la science moderne :

« Quelle est la position qu'occupe, parmi toutes les images possibles du monde, celle du théoricien de la physique ? Cette image comporte les exigences les plus grandes au sujet de la rigueur et de l'exactitude de représentation des rapports, comme seul l'emploi du langage mathématique peut le procurer. Mais, en revanche, le physicien doit matériellement d'autant plus se limiter, et se contenter de représenter les phénomènes les plus simples qu'on peut rendre accessibles à notre expérience, tandis que tous les phénomènes plus complexes ne peuvent pas être reconstitués par l'esprit humain avec cette précision subtile et cet esprit de suite qu'exige le théoricien de la physique. L'extrême netteté, la clarté, la certitude ne s'obtiennent qu'aux dépens de l'intégralité. Mais quel attrait peut avoir le fait de saisir avec exactitude une portion aussi petite de la nature, en laissant de côté, avec timidité et sans courage, tout ce qui est plus délicat et plus complexe ? Le résultat d'un effort aussi résigné mérite-t-il ce nom fier d'"image du monde" ?

« Je crois que ce nom est bien mérité, car les lois générales, qui servent de base à la construction de la pensée du théoricien de la physique, ont la prétention d'être valables pour tous les événements de la nature. Au moyen de ces lois, on devrait pouvoir trouver, par la voie de la déduction purement logique, l'image, c'est-à-dire la théorie de tous les phénomènes de la nature, y compris de ceux de la vie, si ce processus de déduction ne dépassait pas de loin la capacité de la pensée humaine. Ce n'est donc pas par principe qu'on renonce à l'intégralité de l'image physique du monde[1]. »

Pendant un temps, nous l'avons dit, l'illusion avait pu être maintenue chez certains que l'attraction, que met en formules la loi de la gravitation, permettrait d'attribuer à la nature une animation intrinsèque et, généralisée, expliquerait la genèse de formes d'activité de plus en plus spécifiques et électives, jusqu'aux interactions qui constituent la société humaine. Cet espoir que les forces newtoniennes permettraient de délivrer le monde de sa soumission mécanique fut rapidement détruit. Le monde des forces n'était pas capable de répondre aux attentes romantiques et ne permettait pas au scientifique d'échapper à la position d'observateur désincarné au sein d'une nature postulée comme intelligible et transparente.

1. EINSTEIN A., *op. cit.*, p. 108-109 (trad. franç. : p. 140-141).

Cet échec et l'échec d'autres tentatives de reprendre les ambitions de la science en niant son mythe nous enseignent la cohérence redoutable de la vision classique. La seule interprétation capable de lui échapper semblait bien la dénégation positiviste du projet de comprendre, pour le seul projet de manipuler et de prévoir. La vérité est triste, croit découvrir le XIXe siècle, le progrès de la science revient, quelles que soient les convictions personnelles du scientifique, toujours au même; ce que la science classique touche se dessèche et meurt, meurt à la diversité qualitative, à la singularité, pour devenir la simple conséquence d'une loi générale. Ce qui avait été *conviction* inspiratrice pour certains des fondateurs de la science moderne apparaît désormais comme *conclusion* de la science elle-même, imposée par son succès[1] et, semble-t-il, imposée par la rationalité et l'objectivité scientifiques. Au moment où il veut expliquer la signification générale de ses résultats, les situer dans une perspective culturellement pertinente, le physicien n'a d'autre langue que celle du mythe, seul discours cohérent qui réponde à l'exigence profonde de l'activité scientifique : comprendre la nature et la manière dont les sociétés humaines s'y insèrent.

Nous sommes revenus à notre point de départ, à cette idée que c'est la science *classique*, en tant que produite par une culture, symbole même pendant un temps d'une unanimité culturelle, et non la science en général, qui a pu déterminer la crise culturelle que nous avons décrite. La science classique n'a pu produire, au sein du monde nouveau en interaction avec lequel elle se développait, une cohérence nouvelle qui fasse droit à sa double ambition : comprendre le monde et agir sur lui. Le scientifique s'est trouvé réduit à une oscillation perpétuelle entre le mythe scientifique et le silence du « sérieux scientifique », entre l'affirmation du caractère absolu et global de la vérité scientifique et le repli vers une conception de la théorie scientifique comme simple recette pragmatique permettant une intervention efficace dans les processus naturels. Pour le désarroi culturel de notre époque, les sciences de la nature sont finalement devenues une réalité qui semble se dérober à l'analyse. Simultanément, les autres activités intellectuelles, arts, philosophies, sciences de l'homme et des sociétés, ont non seulement perdu l'une des sources les plus riches de leur inspiration mais, si elles veulent

1. De ce point de vue, nous le verrons au chapitre III, le succès d'un certain kantisme, c'est la justification des interprétations les plus triomphalistes du progrès scientifique dans le cadre d'une nouvelle cohérence dont l'homme, et non Dieu, est désormais le centre.

affirmer leur originalité propre, doivent lutter pour échapper au modèle, d'autant plus fascinant qu'il reste obscur, des sciences de la nature.

Nous l'avons dit, notre thèse est que la science classique a aujourd'hui atteint ses propres limites; et l'un des aspects de cette transformation théorique est, nous le verrons, la découverte des limites de concepts classiques qui impliquaient, pour ceux qui croyaient à leur validité universelle, la possibilité d'une connaissance complète du monde. Car si les êtres omniscients, démon de Laplace, de Maxwell, dieu d'Einstein, abondent aujourd'hui encore dans les textes scientifiques, ce n'est pas là archaïsme, simple naïveté ou « philosophie spontanée de savant ». Le contenu théorique de la science classique a bel et bien contribué à stabiliser le mythe d'un savoir omniscient. C'est pourquoi à notre tour nous utiliserons des références de ce type, tant pour en analyser le contenu théorique que pour étudier ce qui, aujourd'hui, les rend impossibles : elles représentent pour nous un indicateur très sûr permettant d'identifier les théories qui appartiennent à cette science classique dont les métamorphoses actuelles signifient la fin.

À la veille de la synthèse newtonienne, John Donne pleurait le cosmos aristotélicien détruit par Copernic :

> « *And new Philosophy calls all in doubt,*
> *The Element of fire is quite put out,*
> *The Sun is lost, and th' earth, and no man's wit*
> *Can well direct him where to look for it.*
> *And freely men confess that this world's spent,*
> *When in the Planets and the Firmament,*
> *They seek so many new, then they see that this*
> *Is crumbled out again to his Atomies*
> *'T is all in Pieces, all coherence gone*[1]. »

Dans les pièces éparses et les blocs disjoints qui constituent aujourd'hui notre culture, se découvre, comme à l'époque de Donne, la possibilité d'une nouvelle cohérence. La science clas-

1. « La philosophie nouvelle met tout en doute. L'élément du feu est entièrement éteint, le soleil est perdu, et la terre aussi, et nul homme ne sait où aller le chercher. Et les hommes proclament sans contrainte que ce monde est épuisé lorsqu'ils cherchent tant de nouveautés dans les planètes et dans le firmament, ils voient alors que tout est à nouveau pulvérisé en atomes, tout est en pièces, il n'y a plus de cohérence. » DONNE J., *An Anatomy of the world*, 1611.

sique, la science mythique d'un monde simple et passif, est en train de mourir, tuée non pas par la critique philosophique, non pas par la résignation empiriste, mais par son développement même.

Nous sommes aujourd'hui à un point de convergence au moins partiel des tentatives d'abandonner le mythe newtonien sans renoncer à comprendre la nature. Nous allons le montrer, cette convergence dessine avec clarté quelques thèmes fondamentaux : il s'agit du temps, que la science classique décrit comme réversible, comme lié uniquement à la mesure du mouvement auquel elle ramène tout changement ; il s'agit de l'activité innovatrice, que la science classique nie en lui opposant l'automate déterministe ; il s'agit de la diversité qualitative sans laquelle ni devenir ni activité ne sont concevables, et que la science classique réduit à une simple apparence. Nous pensons que la science d'aujourd'hui échappe au mythe newtonien parce qu'elle a conclu *théoriquement* à l'impossibilité de réduire la nature à la simplicité cachée d'une réalité régie par des lois universelles. La science d'aujourd'hui ne peut plus se donner le droit de nier la pertinence et l'intérêt d'autres points de vue, de refuser en particulier, d'entendre ceux des sciences humaines, de la philosophie, de l'art.

Nous avons parlé de résonance entre discours scientifiques et théologiques. On peut parler aujourd'hui d'une autre résonance, entre les sciences et la domination « laïque » d'un monde industrialisé, doublée de l'affinité que l'on sait entre la mise en œuvre de cette domination et la pratique cloisonnée et muette de la science. Nous pensons qu'avec la science métamorphosée, le dialogue culturel est à nouveau possible et, inséparablement, qu'une nouvelle alliance peut se nouer avec la nature au devenir de laquelle participent le jeu expérimental et l'aventure exploratoire de la science. Ce n'est là bien sûr qu'un possible. Si la science elle-même invite aujourd'hui le scientifique à l'intelligence et à l'ouverture, si les alibis théoriques au dogmatisme et au mépris ont disparu, il reste la tâche concrète, politique et sociale, de créer les circuits d'une culture.

CHAPITRE II

L'IDENTIFICATION DU RÉEL

1. *Les lois de Newton*

Nous allons maintenant pénétrer dans cette science classique afin d'en comprendre les points forts, ce que, de la nature, elle a réussi à éclairer, et cela une fois pour toutes, afin aussi d'en comprendre les faiblesses, tout ce qu'elle a dû nier et qui maintenant fait retour sur elle.

Depuis Galilée, un problème central, on pourrait presque dire le problème central de la physique, est le problème de l'accélération des corps; c'est en demandant à la nature compte des changements subis par l'état de mouvement et de repos des corps que l'on a réussi à obtenir d'elle des réponses mathématiques. Galilée a découvert qu'il ne faut pas demander à la nature la *cause* de son état de mouvement si celui-ci est uniforme, pas plus qu'il ne faut lui demander la cause de son état de repos: le mouvement et le repos se maintiennent d'eux-mêmes, éternellement, si rien ne vient les perturber. En revanche, on lui demandera raison pour tout passage du repos au mouvement, du mouvement au repos, pour tout changement de vitesse. On ne demandera cependant pas pourquoi le corps accélère; on demandera comment s'effectue cette transformation afin de pouvoir la décrire, afin d'en énoncer la loi mathématique.

La formulation des lois newtoniennes du mouvement accomplit la synthèse de deux développements convergents, celui de la physique — la description du mouvement, avec les lois de Kepler et celles de la chute des corps formulées par Galilée — et celui des mathématiques aboutissant au calcul « infinitésimal ».

Comment décrire une vitesse qui varie de manière continue? Comment décrire l'évolution, d'instant en instant, des diverses grandeurs, position, vitesse, accélération, qui caractérisent l'état instantané d'un mobile? Les mathématiciens ont introduit le concept de quantité infinitésimale pour répondre à de telles questions. Une quantité infinitésimale résulte d'un *passage à la limite*, c'est la variation d'une grandeur entre deux instants successifs lorsque l'intervalle entre ces deux instants tend vers zéro. La description infinitésimale peut ainsi décomposer le changement en une série infinie de changements infiniment petits, alors que, précédemment, on ne pouvait le décrire que comme le résultat d'un nombre fini de transitions de grandeur finie juxtaposées comme les perles d'un collier.

En chaque instant la description de l'état d'un mobile comprend non seulement sa position, que nous noterons *r*, mais encore sa « tendance instantanée » à changer de position, c'est-à-dire sa vitesse *v* en cet instant, et sa tendance à modifier cette vitesse, c'est-à-dire son accélération *a*. Vitesse et accélération instantanées sont des « concepts limites » mesurant une variation instantanée comme le rapport entre deux quantités infinitésimales: la variation de la grandeur position ou vitesse, pendant un intervalle de temps Δt qui tend vers zéro, et cet intervalle Δt lui-même. On appelle de telles grandeurs des « dérivées par rapport au temps ». On écrit, depuis Leibniz, $v = dr/dt$. Quant à l'accélération, $a = dv/dt = d^2r/dt^2$ dérivée d'une dérivée, c'est une *dérivée* « seconde ».

Le problème sur lequel se concentre la physique newtonienne, c'est le calcul de la dérivée seconde, de l'accélération subie en chaque instant par les différents points d'un système matériel. Le mouvement de chacun de ces points pendant un intervalle de temps fini sera alors calculable par *intégration*, c'est-à-dire sommation des variations infinitésimales de vitesse subies pendant cet intervalle. Le cas le plus simple est celui où *a* est une constante (ainsi, par exemple, pour la chute d'un corps, *a* est la constante gravitationnelle *g*). Généralement, l'accélération elle-même varie au cours du temps, et le travail du physicien est précisément de déterminer la nature de cette variation.

Dans le langage newtonien, étudier l'accélération, c'est déterminer les différentes « forces » qui agissent sur les points du système étudié. Ce qu'on appelle traditionnellement la seconde loi de Newton, $F = ma$, exprime l'égalité en chaque instant entre la force appliquée à un point et l'accélération qu'elle engendre, proportionnelle à la masse. Cette équivalence entre force et accélération donne la version mathématique de la structure causale propre au monde de la dynamique : monde où rien ne se produit, où aucun mouvement ne commence, ne varie ou ne se termine si ce n'est comme l'effet d'une force, et cela en chaque instant.

Dans le cas d'un système de points matériels, le problème est compliqué par le fait qu'en chaque instant, les valeurs des forces appliquées varient en fonction des accélérations que ces forces ont déterminées l'instant précédent. Les forces étudiées par la physique newtonienne sont en effet fonction de la configuration spatiale du système de corps entre lesquels elles agissent, et varient donc lorsque les distances entre ces corps varient.

Un problème dynamique est posé sous la forme d'un système d'équations différentielles ; l'état instantané de chacun des points du système est décrit par sa vitesse et son accélération, c'est-à-dire par des dérivées premières et secondes. Ce système d'équations décrit la situation suivante : en chaque instant, un ensemble de forces, fonction de la distance entre les points du système (fonction donc de r) engendre une accélération particulière dv/dt pour chacun de ces points ; l'ensemble de ces accélérations détermine à son tour la modification des distances entre les points, et donc les résultantes de l'ensemble des forces agissant à l'instant suivant.

Alors que l'ensemble de ces équations différentielles *pose* le problème dynamique, leur « intégration » en constitue la *solution*. L'intégration des équations du mouvement aboutit au calcul de l'ensemble des *trajectoires* $r(t)$ des points du système. Les trajectoires spatio-temporelles d'un ensemble de points en interaction contiennent la totalité des informations que la dynamique reconnaît comme pertinentes ; elles constituent la description complète du système dynamique.

Toute description dynamique implique donc deux types de données empiriques : d'une part, *la description des positions et des vitesses* de chacun des points d'un système *en un instant donné*, souvent appelé instant initial puisque l'intégration des équations dynamiques déploiera à partir de l'« état initial » ainsi décrit la succession des états, c'est-à-dire l'ensemble des trajectoires ponctuelles ; d'autre part, *la nature des forces dynamiques*, c'est-à-dire, la manière dont les accélérations instantanées qu'elles engendrent peuvent être déduites de l'état instantané du système.

En ce qui concerne le second point, on sait que le triomphe de la science newtonienne, c'est la découverte qu'une seule force, la force de gravitation, détermine le mouvement des planètes, des comètes, et des corps qui tombent sur la Terre. Quel que soit le couple de corps matériels, leur distance et leurs masses respectives, le système newtonien implique qu'une force d'attraction les unit, qu'ils sont attirés l'un vers l'autre par cette force, proportionnelle au produit de leurs masses et inversement proportionnelle au carré de la distance qui les sépare.

La dynamique newtonienne se présente donc comme doublement universelle. La définition de la loi de gravitation qui décrit comment les masses tendent à se rapprocher les unes des autres ne contient aucune référence à l'échelle des phénomènes. Elle s'applique aussi bien au mouvement des atomes, à celui des planètes, aux étoiles d'une galaxie : tout corps, quelle que soit sa dimension, a une masse, c'est-à-dire, est soumis aux forces d'interaction newtoniennes. D'autre part, si on définit un système dynamique par ce fait que le mouvement de chacun de ses points est déterminé en chaque instant par la position et la vitesse de l'ensemble des points matériels qui le constituent, le seul système dynamique, à rigoureusement parler, est l'Univers tout entier. Puisque les corps interagissent dans l'Univers quelle que soit la distance qui les sépare, les systèmes dynamiques locaux, comme le système planétaire, ne peuvent être définis que par approximation, en négligeant l'ensemble des forces petites par rapport à celles dont on calcule l'effet.

Insistons sur ce point : quel que soit le système dynamique, la forme des lois du mouvement, $F = ma$, reste valable. D'autres types de forces que la force de gravitation pourraient être découvertes — et ont effectivement été découvertes : les forces d'attraction et de répulsion électriques pour ne citer qu'elles —, et viendraient alors modifier le contenu empirique des lois du mouvement ; elles n'en modifieraient pas *la forme*, qui définit ce qu'est, fondamentalement, le monde de la dynamique, ce que signifie la réduction du changement à un ensemble de trajectoires. Cette signification tient dans les trois attributs de la trajectoire dynamique : la *légalité*, le *déterminisme*, la *réversibilité*.

La loi dynamique qui régit la trajectoire déduit l'ensemble des accélérations instantanées des forces d'interaction entre les points du système. Elle suppose donc déterminée la nature des forces, la manière dont elles varient avec la distance entre ces points. Elle ne suffit pourtant pas à décrire telle ou telle évolution dynamique particulière, mais seulement à définir toutes les évolutions possibles. Pour calculer une trajectoire, il faut adjoindre à la connaissance de la loi du mouvement la connaissance empirique d'un état instantané quelconque du système. La loi générale déduit alors de cet « état initial » la succession des états que traverse le système, tout comme un raisonnement logique déduit la conclusion à partir des prémisses. Il est remarquable que, la loi étant connue, n'importe quel état particulier suffit à définir entièrement le système, et non seulement son évolution à venir, mais celle, appartenant au passé, qui a abouti à cet état. En chaque instant donc, tout est donné. La dynamique définit tous les états comme équivalents puisque chacun permet de déterminer tous les autres, de prédire la totalité des trajectoires qui constituent l'évolution du système.

« Tout est donné », cette expression souvent méditée par Bergson résume la dynamique et la réalité qu'elle décrit; tout est donné avec la donnée initiale; la loi générale d'évolution dynamique ne permet aucune prédiction particulière tant qu'un des états du système n'est pas défini; dès lors qu'il l'est, la loi détermine complètement le système, permet de déduire son évolution, de calculer son état pour n'importe quel instant antérieur ou ultérieur.

Tout est donné, mais aussi, tout est possible. L'être qui aurait le pouvoir de manipuler un système dynamique a la liberté d'imaginer pour ce système n'importe quel état; du moment que cet état est compatible avec la définition dynamique du système, il est possible de calculer un état initial tel que le système aboutisse « spontanément » à l'état choisi au moment choisi. À la généralité des lois dynamiques répond l'arbitraire des conditions initiales, et donc l'arbitraire des évolutions particulières.

La *réversibilité* de la trajectoire dynamique fut, quant à elle, implicitement affirmée par tous les fondateurs de la dynamique, et entre autres par Galilée et Huyghens : chaque fois qu'ils voulaient mettre en lumière la relation d'équivalence entre cause et effet sur laquelle ils entendaient fonder leur description mathématique du mouvement, ils évoquaient une opération imaginaire, qu'illustre au mieux une balle parfaitement élastique qui rebondit sur le sol; ils imaginaient l'inversion instantanée de la vitesse du mobile étudié, et décrivaient son retour vers la position initiale avec restauration simultanée de ce qui avait produit le mouvement accéléré entre l'instant initial et l'instant de l'inversion. La balle, par exemple, remonte à son altitude initiale.

La dynamique fait de la réversibilité la propriété de toute évolution dynamique. L'ancienne expérience imaginaire était en fait la mise en scène d'une propriété mathématique générale des équations dynamiques : la structure de ces équations implique que si les vitesses de tous les points d'un système sont instantanément renversées, tout se passe comme si le système « remontait dans le temps ». Il parcourt en effet en sens inverse tous les états par lesquels son évolution antérieure l'a fait passer. La dynamique définit comme *mathématiquement équivalentes* les transformations $t \to -t$, c'est-à-dire l'inversion du sens de l'écoulement du temps, et $v \to -v$, le renversement des vitesses. Ce qu'une évolution dynamique a accompli, une autre évolution, définie par le renversement des vitesses, peut le défaire et restaurer une situation identique à la situation initiale.

Cette dernière propriété de réversibilité de la dynamique conduit à une difficulté dont le caractère fondamental ne s'imposera qu'avec la mécanique quantique. Toute intervention, manipulation, mesure, est, par essence, irréversible. La science *active* se trouve ainsi par définition étrangère au monde réversible qu'elle décrit, quel que soit par ailleurs le degré de plausibilité intrinsèque d'une telle description. Mais, de ce dernier point de vue également, la réversibilité peut être prise comme symbole de l'étrangeté du monde décrit par la dynamique. Chacun connaît l'impression d'absurdité que provoquent les films projetés à l'envers, le spectacle d'une allumette que sa flamme reconstitue, des encriers brisés qui se rassemblent et remontent sur une table après que l'encre s'y est concentrée, des rameaux qui rajeunissent et redeviennent bourgeons. Le monde dynamique définit de telles évolutions comme possibles au même titre que leurs inverses que nous connaissons.

2. *Mouvement et devenir*

On sait qu'Aristote avait fait du temps la mesure du changement. Mais il avait reconnu la multiplicité qualitative des changements de la nature. Pour la dynamique également, le temps est la mesure du changement : c'est le paramètre en terme duquel la loi déploie ses effets, déploie la succession infinie des états dynamiques. Mais le temps — mesure de la dynamique — n'est pas un temps général, commun à l'ensemble des évolutions qualitativement diverses, dont chacune posséderait sa propre raison, son propre rythme ; le temps dynamique constitue non seulement une mesure du devenir, mais le devenir dynamique lui-même, auquel, on le postule, se ramène en principe l'ensemble des processus naturels. La diversité qualitative des changements est réduite à l'écoulement homogène et éternel d'un temps unique, *mesure* mais aussi *raison* de tout processus. Comment comprendre cette conception nouvelle du devenir naturel ?

Il est intéressant d'introduire ce problème en comparant le devenir dynamique avec la conception atomiste du changement, très puissante au moment où Newton formula ses lois. Il apparaît en fait que non seulement Descartes, Gassendi et d'Alembert, mais Newton lui-même, pensaient que les collisions entre atomes durs constituaient une source ultime, sinon la seule, du changement de mouvement[1]. Pourtant, la description dynamique, que ceux que nous venons de citer ont contribué à fonder, s'oppose presque point par point à celle qui découle de l'hypothèse atomiste.

Au caractère continu de l'accélération décrite par les équations dynamiques s'oppose le choc discontinu, collision instantanée entre particules dures, dont Newton déjà avait vu que, en contradiction avec la dynamique, il entraîne une perte de mouvement irréversible. La seule collision réversible, c'est-à-dire la seule qui soit d'accord avec les lois de la dynamique, est la collision élastique. Mais comment attribuer la propriété complexe d'élasticité aux atomes dont on entend faire les éléments premiers de la nature ?

D'autre part, et sur un plan moins technique, à la loi générale du mouvement dynamique s'oppose le caractère aléatoire généralement attribué aux collisions entre atomes. Déjà, les philosophes de l'Antiquité avaient souligné que chaque processus naturel, interprété en termes du mouvement et des collisions des atomes dans le vide, peut faire l'objet d'explications multiples, toutes plausibles, toutes différentes. Ce qui importe peu pour le philosophe atomiste puisque son but c'est, avant tout, de montrer la suffisance de ce type d'explication, l'inutilité du recours au surnaturel, c'est de décrire un monde sans dieu ni normes, un monde où l'homme est libre et n'a à attendre de châtiment ou de récompense d'aucun ordre, divin ou naturel. Mais quel rapport entre ce monde mortel, ce monde instable où, sans cesse, les atomes s'unissent et se défont,

1. Sur ce point, voir HANKINS T., « The Reception of Newton's Second Law of Motion in the Eighteenth Century », in *Archives internationales d'Histoire des Sciences*, vol. XX, 1967, p. 42-65 ; COHEN B. I., « Newton's Second Law and the Concept of Force in the Principia », in *The Annus Mirabilis of Sir Isaac Newton, Tricentennial Celebration, The Texas Quaterly*, vol. X, nº 3, 1967, p. 125-157.

Les quatre paragraphes qui suivent s'inspirent, en ce qui concerne le problème de l'atomisme et de la conservation, de SCOTT W. L., *The Conflict between Atomism and Conservation Theory*, Londres, Mac Donald, 1970.

les êtres naissent et meurent, et le monde immuable de la dynamique, régi par une formule mathématique unique, vérité éternelle se déployant en un devenir tautologique? La science moderne, science d'ingénieurs et d'astronomes, est une science d'intervention et de prévision, la conviction générale que tout est explicable par les atomes ne peut lui suffire. La loi mathématique constitue, elle, la possibilité concrète de prévoir et de manipuler. La nature sera légale, soumise et prévisible, et non chaotique, irrégulière, stochastique.

Nous retrouverons au XXe siècle le contraste entre le déterminisme légal et l'événement aléatoire, dont Koyré a montré qu'il avait tourmenté Descartes[1]. En effet, dès la fin du XIXe siècle, avec la théorie cinétique des gaz, le chaos des atomes a réintégré la physique : il est apparu que le comportement chaotique d'une population nombreuse, comme celle des molécules d'un gaz, est le comportement prévisible par excellence. Dès lors, le problème du rapport entre loi dynamique et description statistique s'est installé au cœur de la physique, et constitue la clef du renouveau actuel de la dynamique (voir *infra*, livre III).

Au XVIIIe siècle, cependant, l'affrontement semblait sans issue, ce qui, remarquons-le au passage, contribue à expliquer le scepticisme de la plupart des physiciens *de cette époque* quant à la portée effective de la description dynamique. Ces physiciens, en effet, savaient que la description dynamique infinitésimale laissait dans l'ombre le processus de collision, la seule source pour eux intelligible du changement de mouvement. Ils savaient aussi que, dans la nature, dès qu'il y a heurt, frottement, mise en contact brusque entre corps de vitesses différentes, du mouvement se perd, et en concluaient que, dans ces cas non idéaux, l'énergie ne se conserve pas (voir aussi chapitre IV, 3). Il était donc impossible, aux atomistes comme aux ingénieurs soucieux de rendement, de voir dans la dynamique autre chose qu'une idéalisation, qu'un modèle partiel exprimé dans un langage cohérent. Les physiciens du Continent ont ainsi longtemps résisté aux séductions du newtonianisme. Et, remarquons-le, la victoire de cette doctrine en France coïncide, ce n'est pas un hasard, avec la séparation professionnelle entre physiciens et ingénieurs, que favorisèrent les institutions académiques post-révolutionnaires.

Mais où retrouver les racines de la synthèse newtonienne et de

1. KOYRÉ A., *Études galiléennes*, p. 127-136.

sa conception du changement? Synthèse[1] entre la science des machines idéales, où le mouvement se communique entre pièces déjà en contact, sans heurts ni frottements, et la science des astres qui interagissent à distance, cette conception s'est bien réalisée *contre* l'atomisme, la science du hasard et des collisions. Faut-il pour autant donner raison à ceux qui croient que la dynamique newtonienne, en ce qu'elle attribue aux interactions à distance la responsabilité exclusive de tous les processus naturels, représente une réelle nouveauté, une rupture radicale dans l'histoire de la pensée? C'est ce que l'histoire positiviste nous a toujours donné à croire, qui nous raconte comment Newton a eu le courage d'induire, de l'étude mathématique du mouvement planétaire et des lois de la chute des corps, l'action d'une « force » qui permettait de donner une formulation commune à des phénomènes d'abord disparates. La vérité historique apparaît cependant moins conforme aux normes positivistes. Elle fut presque entièrement ignorée par les contemporains de Newton, qu'elle aurait scandalisés.

Qu'auraient dit ceux qui, sur le Continent, accueillaient avec suspicion, sinon avec indignation, cette « force » étrangement semblable aux qualités occultes, aux préférences et aux attractions de l'ancienne physique, qu'auraient dit les défenseurs de la rationalité et de la rigueur mécaniste s'ils avaient connu l'étrange histoire de la force newtonienne? Car, derrière les déclarations prudentes de Newton (je ne forge pas d'hypothèse quant à la nature des forces) se dissimulait la passion d'un alchimiste[2]. Parallèlement à ses études mathématiques, Newton, pendant trente ans, avait étudié les anciens écrits alchimiques et exploré dans des études de laboratoire

1. Dans son ouvrage sur l'histoire de la mécanique *(Die Mechanik in Ihrer Entwicklung)*, Mach a beaucoup insisté sur la double filiation de la dynamique moderne : science des trajectoires et science des bilans.

2. C'est du moins ce que concluent les historiens contemporains qui ont commencé l'étude de l'impressionnante masse des « papiers alchimiques » de Newton, ignorés ou méprisés comme « non scientifiques » jusque-là. Lord Keynes, qui a joué un rôle décisif dans leur rassemblement, résume le bouleversement que suscita leur découverte : « Newton ne fut pas le premier de l'Âge de la Raison. Il fut le dernier des magiciens, le dernier des Babyloniens et des Sumériens, le dernier grand esprit qui ait regardé le monde visible et le monde intellectuel avec les mêmes yeux que ceux qui ont commencé à construire notre héritage intellectuel il y a un peu moins de dix mille ans »; cité dans Dobbs B. J., *The Foundations of Newton's Alchemy*, Cambridge, University Press, 1975, p. 13; Westfall R. S., « Newton and the Hermetic Tradition », in *Science, Medicine and Society*, éd. Debus A. G., Londres, Heinemann, 1972; et Westfall R. S., « The Role of Alchemy in Newton's Career », in *Reason, Experiment and Mysticism*, éd. Righini Bonelli M. L. et Shea W. R., Londres, Mac Millan, 1975.

minutieuses et acharnées la possibilité de réaliser le grand œuvre, la synthèse de l'or.

La synthèse newtonienne, l'unification du ciel et de la terre, fut l'œuvre, non d'un astronome mais d'un chimiste. Ce qui inspira la force newtonienne qui anime la matière inerte et constitue, au sens fort, l'activité de la nature, il semble bien que ce sont les forces que Newton chimiste observait entre les corps, forces d'attraction, de répulsion qui règlent la « vie sociale » de la matière, déterminent chaque corps à former des couples stables avec certains autres, à provoquer par répulsion la dissolution de composés, à servir de médiateurs[1] permettant le rapprochement et l'accouplement d'autres corps.

Certes, l'étude des trajectoires célestes joua un rôle décisif. Newton, à l'origine, vers 1679, semble avoir eu pour seul espoir d'y trouver l'action de nouvelles forces attractives, *analogues* aux forces chimiques, plus simples à étudier mathématiquement. Quelque six ans plus tard, cette étude mathématique avait abouti à une conclusion inattendue : il n'y a pas seulement similarité entre les forces qui unissent les planètes et celles qui accélèrent la chute des graves, il y a identité ; l'attraction n'est pas spécifique à chaque planète, c'est la même, qu'il s'agisse de la Lune autour de la Terre, des planètes, et même des comètes qui traversent le système solaire. Newton cherchait dans le ciel des forces analogues aux forces chimiques, aux affinités qui constituent des propriétés spécifiques, différentes pour chaque composé chimique, leur conférant à chacun une activité qualitativement différenciée, il découvrit une loi universelle, dont il affirma désormais la validité pour tous les phénomènes, chimiques, mécaniques, célestes.

La synthèse newtonienne n'est donc pas une rupture, c'est une *surprise.* C'est une découverte inattendue, bouleversante, que la culture commémore en faisant de Newton le symbole même de la science moderne. Cette science supposait un ordre universel, supposait qu'une méthode laborieuse de mesure et de manipulation pourrait découvrir la vérité du monde. Et voilà qu'en effet la nature se laisse déchiffrer, voilà qu'elle répond, et bien au-delà des espérances de celui qui l'interrogeait.

Pendant longtemps, cette prolixité soudaine de la nature, ce

1. Dobbs (*op. cit.*, p. 204-210) étudie le rôle du « médiateur », ce « troisième corps » qui rend sociables deux autres corps. On rappellera à ce propos l'importance du personnage du médiateur dans *Les Affinités électives* de Goethe, pas si éloigné de Newton en ce qui concerne la chimie.

triomphe du « Moïse » anglais constitua une sorte de scandale intellectuel pour les rationalistes du Continent. L'œuvre de Newton fut assimilée à une découverte purement empirique dont nul ne serait trop surpris qu'elle se trouvât empiriquement réfutée. Ainsi, en 1747, Euler, Clairaut et d'Alembert, sans conteste les plus grands hommes de science de l'époque, arrivent à la même conclusion : Newton a eu tort ; pour rendre compte du mouvement de la Lune, il faut donner une forme mathématique plus complexe à la force d'attraction, en faire la somme de deux termes. Dès lors, et pendant deux ans, chacun croit que, finalement, la nature a donné tort à Newton, et cette croyance est source d'excitation mais non de désarroi. Très loin de l'identifier à la science physique elle-même, les physiciens envisagent sans trop de regret de renoncer à la découverte newtonienne. D'Alembert va jusqu'à afficher des scrupules à chercher encore des preuves contre Newton, à lui « donner le coup de pied de l'âne »[1].

Un seul avait eu l'audace de s'élever contre le verdict des physiciens, de protester contre la légèreté avec laquelle ces physiciens proposaient d'abandonner l'universalité de la force de gravitation ; ce newtonien convaincu, c'était Buffon, qui écrivait en 1748 : « Une loi en physique n'est loi que parce que sa mesure est simple, et que l'échelle qui la représente est non seulement toujours la même, mais encore qu'elle est unique... M. Clairaut a proposé une difficulté contre le système de Newton, mais ce n'est tout au plus qu'une difficulté qui ne doit ni ne peut devenir un principe, il faut chercher à la résoudre et non pas en faire une théorie dont toutes les conséquences ne sont appuyées que sur un calcul ; car, comme je l'ai dit, on peut tout représenter avec un calcul et on ne réalise rien ; et si on se permet de mettre un ou plusieurs termes à la suite d'une loi physique, comme l'est celle de l'attraction, on ne nous donne plus que l'arbitraire au lieu de nous représenter la réalité[2]. »

Plus tard, Buffon proclamait ce qui deviendra bientôt, mais pour peu de temps, le programme de recherche de la chimie : « Les lois d'affinité par lesquelles les parties constituantes des différentes substances se séparent des autres pour se réunir entre elles et former des matières homogènes sont les mêmes que la loi générale par

1. L'histoire de l'« erreur » de Newton est racontée par HANKINS (*Jean d'Alembert ; Science and Enlightment*, p. 29-35).

2. BUFFON G. L., *Réflexions sur la loi d'attraction*, appendice à l'*Introduction à l'Histoire des Minéraux* publiée en 1774, tome IX des *Œuvres complètes*, Paris, Garnier Frères, p. 75 et 77.

laquelle tous les corps célestes agissent les uns sur les autres : elles s'exercent également et dans les mêmes rapports des masses et des distances ; un globule d'eau, de sable ou de métal agit sur un autre globule comme le globe de la Terre agit sur celui de la Lune ; et si, jusqu'à ce jour, l'on a regardé les lois d'affinité comme différentes de celles de la pesanteur, c'est faute de les avoir bien conçues, bien saisies, c'est faute d'avoir embrassé cet objet dans toute son étendue. La figure qui, dans les corps célestes, ne fait rien ou presque rien à la loi de l'action des corps les uns sur les autres, parce que la distance est très grande, fait au contraire presque tout lorsque la distance est très petite ou nulle... Nos neveux pourront, à l'aide du calcul, s'ouvrir ce nouveau champ de connaissances »[1], c'est-à-dire, déduire de la figure des corps élémentaires, leur loi d'interaction.

L'histoire donna raison au naturaliste, pour qui la force n'était pas un simple artifice mathématique mais le fondement d'une nouvelle science de la nature : les physiciens durent reconnaître l'erreur commise. Cinquante ans plus tard, Laplace pouvait écrire le *Système du Monde*, la loi de gravitation universelle avait victorieusement résisté, les nombreux cas où elle semblait réfutée s'étaient transformés en démonstration éclatante de sa validité et de sa fécondité. Parallèlement, notamment sous l'influence de Buffon, les chimistes français redécouvraient l'étrange analogie entre l'attraction physique et les affinités chimiques[2] ; malgré les sarcasmes des d'Alembert, Condillac, Condorcet dont le rationalisme rigoureux s'accommodait mal de ces « analogies » obscures et stériles, ils refaisaient en sens inverse le parcours de Newton, des astres à la matière.

Au début du XIXe siècle, le programme newtonien, la réduction de l'ensemble des phénomènes physico-chimiques à l'action des forces — certains ont ajouté à l'attraction gravitationnelle la force

1. BUFFON G. L., *Histoire Naturelle. De la Nature, Seconde Vue*, 1765, cité in METZGER H., *Newton, Stahl, Boerhaave et la doctrine chimique*, Paris, Blanchard, 1974, p. 57-58.

2. A. Thackray décrit ce devenir-buffonien d'une partie des chimistes français dans *Atoms and Power, An Essay on Newtonian Matter Theory and the Development of Chemistry*, Cambridge Massachusets, Harvard University Press, 1970, p. 199-233. La *Statique chimique* de Berthollet constitue l'accomplissement du programme buffonien en chimie, et sa clôture ; les élèves de Berthollet abandonnèrent l'ensemble des concepts par lesquels ce dernier avait fait du processus de réaction chimique une transformation compatible avec les exigences de la science des forces et des trajectoires et, notamment, l'idée que l'association chimique en proportions définies constitue non la règle mais un cas très particulier. Comment en effet les forces newtoniennes auraient-elles pu expliquer que deux atomes s'associent sans qu'un troisième puisse, lui aussi attiré, prendre quelque part à cette association ?

répulsive de la chaleur qui dilate les corps et facilite la dissolution, ainsi que les forces électriques et magnétiques —, est devenu le programme officiel du groupe scientifique le plus puissant et le plus prestigieux, l'École de Laplace qui domine le monde scientifique au moment où l'Empire domine l'Europe[1].

Au début du XIXe siècle, les grandes écoles françaises se créent, et l'Université se réorganise. C'est le moment où les hommes de science deviennent des enseignants et des chercheurs professionnels, à qui est systématiquement confiée la formation de leurs successeurs[2]. Le savoir tente de se synthétiser, de s'unifier en manuels et en ouvrages de vulgarisation. La science ne se discute plus dans les salons, elle s'enseigne ou se diffuse; elle n'est plus objet de critiques, ni soumise aux intérêts mondains[3], elle est objet de consensus; et ce consensus, nous l'avons vu au chapitre précédent, fut d'abord newtonien. Buffon, pourrait-on dire, a triomphé du Siècle des Lumières.

Un siècle après l'apothéose de Newton en Angleterre, l'emphase des vers du fils d'Ampère fait écho à celle de l'épitaphe de Pope[4] :

> *« Du Christ de la science annonçant la venue,*
> *Kepler, du tabernacle avait ouvert la nue;*
> *Alors, du dieu voyant adoré par Platon,*
> *Le verbe se fit homme, il s'appela Newton.*
> *Il vint, il révéla le principe suprême,*

1. Il n'est pas question ici d'expliquer ni le triomphe du newtonianisme en France, ni sa chute, mais de souligner quelques points, et d'abord la corrélation au moins chronologique entre ces événements et diverses étapes de la professionnalisation de la science en France. Voir à ce sujet CROSLAND M., *The Society of Arcueil, a View of French Science at the Time of Napoléon,* Londres, Heinemann, 1960, ainsi que sa biographie de Gay-Lussac, aux Cambridge University Press, 1978.

2. On sait que Thomas Kuhn a fait de cette fonction des institutions scientifiques modernes de prendre en charge la formation des futurs chercheurs, c'est-à-dire d'assurer leur propre reproduction, une caractéristique fondamentale de l'activité scientifique telle que nous la connaissons depuis le XIXe siècle. Ces problèmes commencent à être étudiés par des historiens des sciences, voir notamment les études de CROSLAND M., HAHN R. et FARRAR W. dans *The Emergence of Science in Western Europe,* éd. CROSLAND M., Londres, Mac Millan, 1975.

3. Gaston Bachelard accorde une grande importance à cette isolation du « corps scientifique », dont il fait un progrès décisif; on pourrait même avancer qu'en un sens toute son œuvre a pour axe cette mise en ordre institutionnelle et ses conséquences dans l'ordre de la connaissance, depuis la science mondaine *(La Formation de l'esprit scientifique)* jusqu'à la « cité scientifique » *(Le Rationalisme appliqué).* Par-delà les dimensions trop facilement ridiculisables des discussions de salon, l'ouverture de la science du XVIIIe siècle, la multiplicité des cercles académiques, la pratique non professionnelle d'une activité de recherche curieuse et critique, pourraient pourtant nous être une source d'inspiration aujourd'hui bien nécessaire.

4. Cité dans SCHLANGER J., *Les Métaphores de l'organisme,* Paris, Vrin, 1971, p. 108.

Constant, universel, un comme Dieu lui-même.
Les mondes se taisaient, il dit : ATTRACTION.
Ce mot, c'était le mot de la création. »

Pour un temps bref mais qui marquera les scientifiques d'une nostalgie durable, la science triompha, reconnue et honorée par un État puissant, détentrice d'une conception globale et cohérente du monde. Newton, vénéré par Laplace, devint le symbole, l'expression même de la vérité de cette science de l'âge d'or, de l'heureux moment où les scientifiques furent identifiés et se reconnurent eux-mêmes comme les participants d'une entreprise collective, entretenue et encouragée par la société et fondée sur une unanimité théorique féconde.

Le programme de Laplace est mort en même temps que l'Empire, débordé par la découverte de nombreux phénomènes qu'il fut incapable d'assimiler. Pouvons-nous dire pour autant que le mécanisme est mort, le monde newtonien abandonné ? Bien sûr, un certain mécanisme naïf est mort — comme il était mort déjà avec le remplacement des concepts géométriques par les concepts infinitésimaux, et avec l'introduction de forces agissant à distance. En ce sens, le mécanisme n'a jamais cessé de mourir, à chaque bouleversement des sciences physiques ; ce qui signifie qu'il leur a survécu à tous, spectre sans cesse renaissant, sans cesse exorcisé à nouveau.

Que signifie donc aujourd'hui, après les théories des champs, la relativité, la mécanique quantique, la synthèse newtonienne ? C'est un problème complexe, sur lequel nous aurons à revenir. Nous savons aujourd'hui que la nature n'est pas toujours conforme à elle-même. Dans le domaine du microscopique, les lois de la mécanique quantique remplacent celles de la mécanique classique. De même à l'échelle de l'Univers, la physique relativiste prend la relève de la physique newtonienne. Cependant celle-ci reste le repère par excellence, toujours valable à notre échelle. On peut même dire qu'au sens où nous l'avons définie : description de trajectoires déterministes, réversibles, statiques, la dynamique newtonienne est restée au cœur de la physique. De plus, elle a constitué le terrain de prédilection des plus grands mathématiciens et physiciens (parmi eux, Hamilton, Poincaré). C'est ainsi qu'elle est devenue une langue formelle cohérente et abstraite, et c'est en tant que telle que nous allons maintenant la décrire et expliciter la conception du changement qu'elle présuppose.

3. *Le langage de la dynamique*

La formalisation de la dynamique répond d'abord à cette exigence : découvrir le « bon » ensemble de variables, qui définisse le système de manière telle que la description ait le maximum de simplicité et d'économie, telle que les principes de la dynamique, et en particulier le *principe de la conservation de l'énergie*, puissent apparaître en toute clarté.

Le principe de la conservation de l'énergie, de la conservation de la somme des énergies potentielle et cinétique, constitue la traduction, sous forme de règle syntaxique du langage dynamique, de ce qui avait été l'évidence à la base de la science moderne des machines simples (voir, déjà, chapitre 1er, 4) : dans le monde idéalisé, sans choc ni frottement, le rendement des machines égale un, le dispositif réalisé par une machine se borne à transmettre l'intégralité du mouvement qu'il reçoit. La machine à laquelle une certaine quantité d'énergie potentielle est conférée (ressort tendu, poids élevé, air comprimé, etc...) produit un mouvement correspondant à une quantité égale d'énergie cinétique. Celle-ci est, à son tour, exactement suffisante pour restituer à la machine l'énergie potentielle épuisée dans la production de mouvement.

Le cas le plus simple est celui où la seule force à prendre en considération est la force de gravitation, ce qui est le cas des machines simples (poulies, leviers, treuils, etc...). Dans ce cas, une relation globale d'équivalence entre cause et effet est facile à établir ; seule la hauteur h descendue par le corps en un instant donné détermine la vitesse acquise lors de cette descente. Que la chute du corps de masse m soit verticale, qu'il suive un plan incliné ou un parcours en montagnes russes, de toute façon, la vitesse (v) qu'il acquiert, et l'énergie cinétique ($mv^2/2$), ne dépendent que de la dénivellation, h, parcourue ($v = \sqrt{2gh}$) et rendent le corps capable de remonter à son altitude initiale (selon n'importe quelle voie encore une fois) ; le travail contre la force de gravitation qu'implique une telle remontée restitue au système l'énergie potentielle, mgh, que sa chute lui avait fait perdre. Que l'on pense également au mouvement pendulaire au cours duquel les énergies cinétique et potentielle s'épuisent tour à tour et atteignent tour à tour des valeurs maximales.

Bien sûr, lorsqu'il s'agit non plus d'un corps grave et de la Terre, mais d'un système de corps en interaction, l'équivalence réversible entre cause productrice et effet produit est moins facile à visualiser ; en chaque instant, les distances entre les masses du système, et donc les forces d'interaction entre ces masses, et donc l'accélération de chaque point du système, varient. L'accélération en chaque point, comme la variation d'énergie potentielle entraînée par cette accélération, sont fonction, en chaque instant, *de l'état global du système.* La trajectoire suivie par chaque point reflète et exprime d'un point de vue local l'évolution globale du système. Et c'est donc au niveau global que l'équivalence réversible entre cause et effet peut être établie. En chaque instant, la variation globale d'énergie cinétique, bilan des accélérations subies en chaque point du système, compense exactement la variation de l'énergie potentielle déterminée par l'ensemble des variations des distances entre les points du système. D'où ce principe dynamique fondamental : l'évolution dynamique d'un système isolé conserve l'énergie de ce système.

L'énergie potentielle (ou « potentiel », traditionnellement symbolisé *V*), qui dépend des positions relatives des points matériels, constitue une généralisation de la grandeur qui permettait aux mécaniciens de mesurer le mouvement qu'une machine devenait capable de produire à la suite d'une transformation imposée à sa configuration spatiale (par exemple, un changement d'altitude d'une masse *m* appartenant à la machine confère à cette machine une énergie *mgh*). Mais l'énergie potentielle ne permet pas seulement aux ingénieurs de faire des bilans. Elle permet aussi de décrire l'ensemble des forces appliquées en chaque instant aux différents points du système : en chaque point, la dérivée du potentiel par rapport à une coordonnée spatiale *q* mesure la force appliquée en ce point dans la direction de cette coordonnée. Dès lors, les lois newtoniennes du mouvement peuvent se formuler en adoptant non plus la force mais la fonction potentielle comme grandeur centrale : la variation en chaque instant de la vitesse d'une masse ponctuelle (ou du moment *p*, produit de la masse par la vitesse) est mesurée par la dérivée du potentiel par la coordonnée *q* de cette masse.

Le XIXe siècle allait généraliser la description dynamique, notamment en introduisant une nouvelle fonction, la fonction hamiltonienne *H*, qui est simplement la somme des énergies potentielle et cinétique du système, mais exprimée en termes de ce qu'on appelle des « variables canoniques ». Les équations dynamiques posant un problème dans l'espace « intuitif », en termes des positions et des dérivées par rapport au temps des positions, ont la même diversité que ces problèmes; les équations *canoniques*, elles, permettent de dépasser cette particularité et de formuler tous les problèmes dynamiques sous une forme identique. La position canonique du problème dynamique est très abstraite : elle n'implique plus dès le départ qu'on ait affaire à des positions et à des vitesses, dérivées de ces positions. Les variables canoniques q et p (appelées, par analogie avec la position q et le moment $p = m\, dq/dt$, coordonnées de position et de moment) sont définies comme des grandeurs *indépendantes l'une de l'autre.* Le moment canonique ne peut plus être calculé à partir de la position, mais l'évolution dans le temps de la position *et* du moment — et donc la trajectoire des points matériels dans l'espace mesuré par ces variables — sont déductibles de la fonction hamiltonienne qui contient ainsi, sous sa forme canonique, la vérité dynamique du système. Certes, dans les cas simples (pendule, ressort, boulet de canon) les variables canoniques sont les variables usuelles, mais ce n'est plus désormais qu'une question d'opportunité, non une obligation.

L'Hamiltonien $H(p, q)$ constitue donc la grandeur fondamentale, dont peut être déduite la description du système et de son évolution. Poser un problème dynamique dans le cadre du formalisme hamiltonien, c'est d'abord choisir la meilleure représentation canonique du système, choisir des variables canoniques p, q telles que l'Hamiltonien exprimé en termes de ces variables aura la structure la plus propre à la résolution du problème, à l'intégration des équations. Il existe un nombre infini de représentations d'un système dynamique donné, dont chacune peut constituer bien plus qu'une simple transformation géométrique de la représentation « intuitive » du système : les variables canoniques peuvent être des fonctions très complexes à la fois des positions et des vitesses « intuitives ». Mais l'essentiel est que toutes les représentations canoniques sont équivalentes, chaque point de vue canonique sur le système détient la vérité complète de ce système. Dès qu'on connaît l'Hamiltonien exprimé en termes des variables choisies, on peut calculer, pour chaque point, la dérivée de cette fonction par rapport à la variable de position et à la variable de moment, $H(p,q)/\partial q$ et $\partial H(p,q)/\partial p$[1]. Ces dérivées ont un sens physique. La première donne la variation au cours du temps de p, dp/dt, et la seconde, la variation au cours du temps de q, dq/dt. L'Hamiltonien constitue donc la loi du mouvement du système étudié ; quelle que soit la représentation choisie, l'évolution dans le temps des variables canoniques correspondantes peut être déduite de l'Hamiltonien par *les mêmes* équations canoniques.

1. Le ∂ indique qu'il s'agit de dérivées *partielles.* H est fonction à la fois de p et de q, mais est dérivé seulement par rapport à l'une des deux variables.

Les équations canoniques constituent sans doute l'un des accomplissements les plus remarquables de l'histoire des sciences. Leur portée ne s'est pas, en effet, limitée à la dynamique. Elles jouent un rôle fondamental notamment en mécanique « statistique », applicable à des systèmes formés d'un grand nombre de particules en interaction, ou en mécanique quantique, applicable aux molécules et aux atomes. Il est vrai que la signification des équations d'Hamilton s'y trouve généralisée, abstraite. En mécanique quantique, nous le verrons, l'Hamiltonien fonction des coordonnées et moments est remplacé par un être d'un genre nouveau, un *opérateur*. Cependant, les équations hamiltoniennes subsistent; elles constituent ce qu'on pourrait appeler le langage éternel de la dynamique et font partie, à titre définitif, de notre science.

L'Hamiltonien est, nous l'avons dit, la somme des énergies cinétique et potentielle exprimées en termes des variables canoniques choisies pour décrire le système.

Alors que la définition de l'Hamiltonien donne son contenu physique particulier à chaque problème, la structure des équations canoniques contient les propriétés *a priori* de toute évolution dynamique. Les équations canoniques sont bien *réversibles*: le renversement du temps est mathématiquement équivalent à un renversement des vitesses. Elles sont *conservatives*: l'Hamiltonien, qui exprime l'énergie du système dans le couple de variables canoniques choisies, est lui-même conservé par l'évolution au cours du temps qu'il détermine; en chaque instant de cette évolution, la variation de l'énergie potentielle compense exactement celle de l'énergie cinétique. L'énergie du système engendre à proprement parler une évolution qui la maintient invariante.

Le langage abstrait de la dynamique hamiltonienne fait, peut-on dire, advenir la conception dynamique du mouvement à sa vérité. Il traite en fait la succession d'états qui se déploie au cours du temps comme une succession de points de vue équivalant les uns aux autres sur la vérité invariante du système que représente l'Hamiltonien. Il est remarquable que, du point de vue hamiltonien, il soit indifférent de considérer que l'évolution dynamique décrit, depuis un point de vue donné, la transformation d'un système, ou qu'elle décrit la modification apportée à la description d'un système invariant lorsque le point de vue, et donc la définition des variables canoniques, change de manière continue.

Nous avons dit que toutes les représentations d'un même système sont équivalentes; elles sont articulées entre elles par des transformations canoniques (transformations unitaires en mécanique quantique) qui conservent la forme hamiltonienne des équations du mouvement. Nous poserons plus tard la question du caractère suffisant de ces transformations et verrons que la nature n'est pas épuisée par les points de vue qu'elles engendrent (voir chapitre IX, 5). Demandons-nous maintenant comment choisir le couple de variables canoniques, c'est-à-dire le point de vue sur le système selon lequel l'évolution sera décrite de manière optimale.

Dans les exemples types de la dynamique classique, on échappe difficilement aux choix des variables dynamiques de position et de vitesse, qui rendent effectivement la description tout à fait simple. Dans les problèmes plus complexes, le choix peut demander plus de subtilité. Il s'agit d'arriver au système d'équations différentielles le plus facilement intégrable. Ce qui compte, c'est donc la structure de l'Hamiltonien qui, par dérivation, donne la variation de p et de q. Or, nous pouvons imaginer une structure particulière, qui permettrait de rendre l'intégration tout à fait facile. Il suffirait de trouver des variables canoniques telles que l'Hamiltonien se trouve réduit au terme d'énergie cinétique, qui ne dépend que des moments, c'est-à-dire telles que le terme d'énergie potentielle, qui ne dépend que des coordonnées de position, s'annule. En effet, dans ce cas, les moments, dont l'évolution est donnée par la dérivée de l'Hamiltonien par rapport aux coordonnées de position, ne seraient plus que des *invariants* du mouvement $[\partial H(p)/\partial q \equiv 0]$. Quant aux positions, l'intégration de leur équation d'évolution n'offrirait plus aucune difficulté : on aurait affaire à une espèce de mouvement pseudo-inertiel, où chaque point du système évolue indépendamment de tous les autres *(figure 1)*.

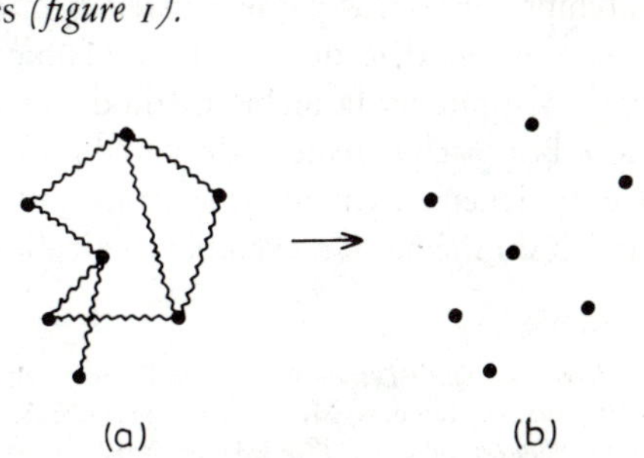

Figure 1

Passage de la représentation d'un système dynamique comme ensemble de points en interaction à la représentation privilégiée où chaque point évolue indépendamment des autres (énergie potentielle formellement annulée).

Or, cette représentation singulière qui supprime formellement toute interaction entre les unités du système *définit pour nous le concept d'intégrabilité.* Tout système décrit en termes d'équations différentielles intégrables peut être représenté comme un ensemble d'unités dont chacune évolue isolément, indépendamment de toutes les autres, dans ce mouvement éternel et toujours égal à lui-même qu'Aristote avait attribué aux seuls corps divins. Comme l'avait remarqué Maxwell[1], reprenant un mot repris par Hegel aux « anciens »[2], ce ne sont pas seulement les planètes mais toutes les particules qui, comme des dieux bienheureux, vont où elles veulent, chacune déployant pour son propre compte la loi singulière de son bon plaisir.

La particularité d'une telle définition, c'est qu'elle fait apparaître dès le niveau des équations différentielles non seulement l'énergie mais l'ensemble des différents invariants du mouvement dynamique, c'est-à-dire des grandeurs physiques qui gardent une valeur constante à travers toute l'évolution et suffisent à la déterminer entièrement. Que tout système dynamique intégrable puisse être ramené à ce type de définition manifeste avec évidence le caractère statique et déterministe de toute description par trajectoires dynamiques : « tout est donné » signifie ici que, dès le premier instant, la valeur des différents invariants du mouvement est donnée, rien ne peut plus « arriver » ou « se passer », aucune interaction ne peut perturber le mouvement pseudo-inertiel ; non plus seulement le système, mais, désormais, chaque unité constitutive de ce système ne cesse de répéter, sous des formes équivalentes, un état initial dont elle ne peut oublier le moindre détail.

Pendant longtemps, on a cru que les systèmes intégrables pouvaient être pris comme modèle de système dynamique. La dynamique se proposait d'appliquer la même méthode à tout problème ; elle trouverait le « bon » changement de variables qui éliminerait les interactions, et le devenir dynamique se trouverait explicitement réduit à la répétition du même. Un exemple particulièrement étudié

1. Maxwell J.C., *Report on Tait's Lecture on Force,* in Campbell L. et Garnett W., *The Life of James Clerk Maxwell,* Londres, Mac Millan, 1882, p. 648.

2. Dans le *De Orbitis Planetarium* (Iena, 1801), Hegel écrit : *« Corpora autem coelestia glebae non adscripta et centrum gravitatis perfectius in se gerentia, Deorum more per levem aera incedant »;* la même idée est reprise au paragraphe 269 de la *Philosophie de la Nature;* nous avons consulté sur ce point la traduction anglaise de la *Philosophie de la Nature,* traduite, introduite et annotée par Petry M.J., 3 vols., Londres, Allen and Unwin, 1970 (vol. 1, p. 262 et 347].

fut le célèbre problème à trois corps, peut-être le problème le plus important de l'histoire de la physique. Le mouvement de la Lune, influencé à la fois par la Terre et le Soleil, pose déjà ce problème. D'innombrables tentatives de le mettre sous sa forme intégrable se poursuivirent jusqu'au moment où, à la fin du XIXe siècle, Bruns et Poincaré montrèrent que c'était impossible. Ce fut une surprise et, comme nous le montrerons (chapitre IX, 2), cette surprise annonçait la fin des extrapolations à partir de la physique des mouvements simples, la fin de la conviction que le monde dynamique est homogène.

D'autres indications dans le même sens apparaissaient à cette époque. Ainsi, des chercheurs notèrent qu'une trajectoire peut devenir intrinsèquement indéterminée en certains points singuliers. Un pendule rigide peut avoir deux types de comportements qualitativement différents : il peut soit osciller soit tourner autour de son point de suspension. Si son impulsion initiale est exactement suffisante pour le faire aboutir avec une vitesse nulle en position verticale, la direction vers laquelle il retombera, et donc la nature de son mouvement, est indéterminée : une perturbation infinitésimale suffit à entraîner soit une rotation soit une oscillation. C'est le problème de l'instabilité du mouvement sur lequel nous reviendrons longuement (chapitre IX, 1).

Il est remarquable de constater que Maxwell avait déjà souligné l'importance de tels points singuliers : « Dans tous les cas de ce genre (Maxwell vient de décrire l'explosion du coton fulminant), il y a une circonstance commune : le système possède une quantité d'énergie potentielle qui peut être transformée en mouvement mais ne peut commencer à l'être que lorsque le système a atteint une certaine configuration, ce qui nécessite une dépense de travail, qui peut être infinitésimale et est en général sans commune mesure avec l'énergie qu'elle permet de libérer. Ainsi, le rocher détaché par le gel et en équilibre sur un point singulier du flanc de la montagne, la petite étincelle qui embrase l'immense forêt, le petit mot qui met le monde en guerre, le petit scrupule qui empêche l'homme de faire ce qu'il veut, le petit spore qui gâte toutes les pommes de terre, la petite gemmule qui fait de nous des philosophes ou des idiots. Chaque existence à partir d'un certain niveau a ses points singuliers : plus élevé le niveau, plus nombreux les points. En ces points, des influences, dont la taille physique est trop petite pour être prise en compte par un être fini, peuvent produire des résultats de la plus grande importance. Tous les grands résultats produits par les entreprises humaines dépendent de la manière dont on prend avantage de ces états singuliers, lorsqu'ils se présentent[1]. » Cette conception resta sans écho faute de techniques mathématiques pour identifier les systèmes possédant de tels points singuliers, et faute des connaissances en chimie et en biologie qui nous permettent aujourd'hui, nous le montrerons plus loin, de comprendre de manière plus précise le rôle effectivement essentiel de ces points singuliers.

Quoi qu'il en soit, depuis les monades de Leibniz (voir conclusion, 4) jusqu'à nos jours, avec, par exemple, les états stationnaires de l'électron dans le modèle de Bohr (voir chapitre VIII), le système intégrable est en fait resté le modèle par excellence du système dynamique, et des physiciens ont cherché à extrapoler à l'ensemble des processus naturels les propriétés de ce qui ne constitue en fait qu'une classe d'Hamiltoniens très particuliers. Cela est d'ailleurs compréhensible : lorsqu'on pense « système dynamique », c'est évidemment à cette classe de systèmes dynamiques que l'on pense puisque ce sont ceux qui ont pu être explorés le plus complètement jusqu'à ces dernières années. Il faut aussi compter avec la fascination que suscite toujours un système clos, capable de poser tous les problèmes dès lors qu'il ne les définit pas comme dépourvus de sens. La dynamique est un tel langage, sans extérieur, coextensif par définition au monde qu'il décrit. Pour elle, tous les problèmes, simples ou complexes, se ressemblent puisqu'elle peut toujours les poser sous la même forme générale. D'où la tentation de tirer la conclusion que, du point de vue de leur solution également, tous les problèmes se ressemblent, et que rien de neuf ne peut apparaître du fait de la plus ou moins grande complexité de la procédure d'intégration. C'est cette homogénéité postulée dont nous savons maintenant qu'elle est fausse. Nous reprendrons ce problème plus loin. Mais nous qui savons aujourd'hui que des différences qualitatives apparaissent entre des systèmes dynamiques, nous pouvons d'autant mieux mesurer les conséquences culturelles et épistémologiques de la fascination exercée par le modèle du système intégrable. De Leibniz jusqu'à nous, on retrouve cette conviction : l'Univers, s'il est un système dynamique, doit être conçu avec les propriétés d'un système dynamique intégrable.

1. MAXWELL J.C., *Science and Free Will,* in CAMPBELL L. et GARNETT W., *op. cit.*, p. 443.

4. *La dynamique et le démon de Laplace*

La description dynamique, conçue selon le modèle du système intégrable, possède un symbole : le démon imaginé par Laplace, capable d'observer, en un instant donné, la position et la vitesse de chaque masse constitutive de l'Univers, et d'en déduire l'évolution universelle, vers le passé comme vers l'avenir.

Bien sûr, nul n'a jamais pensé qu'un physicien pourrait un jour bénéficier du savoir du démon de Laplace. Laplace lui-même avait eu recours à cette fiction pour mettre en lumière l'étendue de notre ignorance pratique, et la nécessité d'une description statistique de certains processus. La question du démon de Laplace n'est pas celle de la possibilité effective d'une prévision déterministe du cours des choses, c'est la question de sa possibilité de principe, et cette possibilité de principe d'une prescience totale est impliquée par la dualité de la loi dynamique et de la description des conditions initiales.

En effet, le fait qu'on puisse décrire un système dynamique comme soumis à une *loi* déterministe, même si l'ignorance pratique de l'état initial exclut toute *prévision* déterministe, permet de distinguer la « vérité objective » du système, tel que le contemple le démon de Laplace, et le fait de notre ignorance. Dans ces conditions, l'idée que la définition instantanée d'un système ne suffit pas à déterminer son évolution, que le déterminisme physique a des limites qui ne sont pas les limites de nos capacités d'observation et de calcul, semblait devoir être affirmée non seulement contre le démon de Laplace, mais contre la dynamique. Dans le cadre de la dynamique classique, la description déterministe peut être inaccessible en pratique, elle ne se profile pas moins comme *limite* qui définit la série des descriptions de précision croissante.

C'est précisément la dualité loi-conditions initiales qui, nous le verrons, se trouve aujourd'hui mise en question : l'idée que le concept d'état initial d'un système est toujours valide, quelle que soit la loi dynamique de ce système, l'idée que la détermination des conditions initiales est une opération théoriquement concevable pour tout système dynamique, est aujourd'hui abandonnée. Mais nous reviendrons plus tard (chapitre IX) sur cette brèche enfin découverte à l'édifice de la dynamique classique, et sur la mort enfin survenue du démon de Laplace. La science classique, quant à elle, du moment qu'elle acceptait la vérité de la description dynamique, *devait* conclure au déterminisme universel, au caractère illusoire des processus qui constituent le monde que nous habitons et qui nous ont produits, êtres vivants et parlants.

La science moderne est née de la rupture d'une alliance animiste avec la nature : au sein du monde aristotélicien, l'homme semblait trouver sa place, à la fois comme être vivant et comme être connaissant ; le monde était à sa mesure ; la connaissance intellectuelle atteignait le principe même des choses, la cause et la raison finale de leur devenir, le but qui les habite et les organise. Le premier dialogue expérimental reçut quant à lui partie de sa justification sociale et philosophique d'une autre alliance, cette fois avec le Dieu créateur et rationnel des chrétiens. Dans la mesure où la dynamique est devenue et est restée la science modèle, certaines implications de cette « alliance », bien vite rompue pourtant, ont subsisté, et d'abord la méconnaissance de l'alliance expérimentale qui, en fait, s'était nouée avec la nature.

La science, devenue laïque, est restée l'annonce prophétique d'un monde décrit tel qu'il est contemplé d'un point de vue divin, ou démoniaque : science de Newton, ce nouveau Moïse à qui se découvrit la vérité du monde, c'est une science *révélée*, définitive, étrangère au contexte social et historique qui l'identifie comme activité d'une communauté humaine. Ce type de discours prophétique, inspiré, nous le retrouvons tout au long de l'histoire de la physique, il accompagna chaque innovation conceptuelle, chaque fois que la physique semblait s'unifier et que ce triomphe amenait les physiciens à abandonner le masque prudent du positivisme. Chaque fois, ils ont répété, dans le langage de l'époque, ce qu'écrivait le fils d'Ampère : ce mot — attraction, énergie, théorie des champs, particules subatomiques — c'est le mot de la création. Chaque fois que les physiciens annoncent, comme à l'époque de Laplace, ou à la fin du XIXe siècle, que la physique est un sujet clos — ou proche de l'être puisque l'on peut dès à présent désigner le dernier point où la nature résiste encore, le point qui, lorsqu'il cédera, la livrera tout entière et sans défense à la connaissance —, ils répètent sans le savoir les gestes de l'ancienne foi, ils attendent le nouveau Moïse, la répétition du triomphe newtonien.

Qu'importe, dira-t-on, cette prétention prophétique injustifiable, qu'importe cet enthousiasme naïf. Le dialogue avec la nature ne s'est-il pas poursuivi, la recherche de nouveaux langages théoriques, de nouvelles questions, de nouvelles possibilités de réponse ? Certes, mais l'interprétation globale n'est pas sans influence sur les recherches locales. L'interprétation globale s'appuie sur le travail effectif des scientifiques, mais, inversement, elle l'oriente : c'est elle qui privilégie certaines directions de recherche, fixe les rapports entre les différentes régions du savoir et le front avancé de l'interrogation. C'est elle qui en définit la stratégie, et, surtout, la définit comme stratégie : cerner la nature, l'acculer à avouer la loi à laquelle elle est soumise, le langage qu'elle parle[1].

Quel que soit le langage que, jusqu'ici, la physique ait prêté à la nature, toujours ce langage a défini un monde naturel d'où l'homme est exclu. Ce qui, bien sûr, s'explique aisément. Le dialogue expérimental, à ses débuts, ne pouvait poser que des questions élémentaires ; les objets de référence dont la physique a réussi à mathématiser la description, et qui guident son exploration, tels le mouvement des astres et le fonctionnement des machines simples idéalisées, sont d'une simplicité toute particulière, et ce sont eux qui sont à la base du monde newtonien annoncé par Laplace. L'homme, quoi qu'il soit, est le produit de processus physico-chimiques extrêmement complexes et aussi, indissociablement, le produit d'une histoire, celle de son propre développement mais aussi celle de son espèce, de ses sociétés parmi les autres sociétés naturelles animales et végétales. Complexité et histoire, ces deux dimensions sont également absentes du monde que contemple le démon de Laplace. La nature que suppose la dynamique classique est une nature à la fois amnésique, dépourvue d'histoire, et entièrement déterminée par son passé ; c'est une nature indifférente, pour laquelle tout état est équivalent, une nature sans relief, plate et homogène, le cauchemar d'une insignifiance universelle. Le temps de cette physique est le temps du déploiement progressif d'une loi éternelle, donnée une fois pour toutes, et totalement exprimée par n'importe quel état du monde.

La forme systématique que s'est donnée la physique classique, sa prétention à constituer une description du monde close, cohérente, complète, expulse l'homme du monde qu'il décrit en tant qu'habitant, mais aussi, nous l'avons dit, en tant qu'il le décrit.

C'est Einstein, encore une fois, qui a donné voix à l'énigme sur laquelle débouche le mythe de la science moderne ; il a écrit et répété : le miracle, la seule chose vraiment étonnante, c'est qu'il y ait une science, qu'il y ait une convergence entre la nature et l'esprit humain telle qu'une structure mathématique librement inventée

1. Ce problème constitue l'un des thèmes de l'œuvre de Michel Serres ; voir, en particulier, le chapitre « Conditions » de *La Naissance de la physique dans le texte de Lucrèce*, Paris, Minuit, 1977.

puisse atteindre la structure même du monde. Résonne dans cette stupeur quelque chose comme l'écho d'une autre déclaration, célèbre à son heure. Lorsque, à la fin du XIXe siècle, le physicien allemand Du Bois-Reymond fit du démon de Laplace l'incarnation de la logique de la science moderne, il ajouta : *« Ignorabimus »* ; nous ignorerons toujours et totalement le rapport entre ce monde que notre science rend transparent, et l'esprit qui connaît, perçoit, crée cette science[1].

Le monde de Laplace, comme celui auquel aspirait Einstein, est un monde simple et limpide, sans ombre, sans épaisseur, qui se donne comme totalement indépendant de l'activité expérimentale, du choix des points de vue et de la sélection des propriétés pertinentes; l'homme, en tant qu'habitant, participant à un devenir naturel, y est inconcevable; en tant qu'expérimentateur actif, qui choisit, manipule, met en scène, communique, discute et critique ses résultats, il a également disparu, il s'est résorbé jusqu'à n'être plus qu'un point : la conscience connaissante qui contemple un monde livré et sans mystère. Mais ce point, lui, est un résidu d'une opacité totale. Il est dans l'obscurité impénétrable qui constitue le corrélat logique d'un monde totalement éclairé parce que sans relief, point hors du monde, source inconnaissable de lumière.

La nature a mille voix, et nous avons seulement commencé à l'écouter, mais, depuis près de deux siècles, le démon de Laplace hante nos imaginations, resurgit sans cesse et, avec lui, le cauchemar de l'insignifiance de toutes choses, la solitude hallucinée de celui qui, si longtemps, s'était cru l'habitant d'un monde à sa mesure. Si vraiment le monde est tel qu'un démon — c'est-à-dire, malgré tout, un être semblable à nous, possédant la même science mais des sens plus aiguisés et une puissance de calcul plus grande — pourrait en calculer l'avenir et le passé à partir de l'observation d'un état instantané, si vraiment la vérité de la nature est bien contenue dans la dynamique et si rien ne distingue qualitativement les systèmes simples, que nous pouvons décrire, de ceux, plus complexes, pour lesquels il faudrait un démon, alors le monde n'est qu'une immense tautologie, éternelle et arbitraire, aussi nécessaire et absurde dans chacun de ses détails que dans sa totalité. Tel est le défi de cette science moderne que nous a léguée le XIXe siècle et qu'il nous faut aujourd'hui exorciser.

1. Voir à propos du démon de Laplace, CASSIRER E., *Determinism and Indeterminism in Modern Physics*, New Haven, Yale University Press, 1956, p. 3-25.

CHAPITRE III

LES DEUX CULTURES

1. *Le discours du vivant*

Nous avons vu deux modèles, celui d'Aristote, puis celui de Galilée, dominer successivement la pensée occidentale. Lequel choisir ? Faut-il, pour comprendre les processus naturels, observer le mouvement des astres, ou bien les êtres vivants qui peuplent la terre ? Nous avons dit déjà que le développement de la science moderne a été marqué par l'abandon de l'inspiration vitaliste et, en particulier, des causes finales aristotéliciennes. Mais la question de l'organisation vivante reste posée, et Diderot, par exemple, souligne, à l'époque même du triomphe newtonien, qu'elle a en fait été refoulée par la physique : il l'imagine qui hante le sommeil des physiciens incapables désormais de la penser éveillés, c'est-à-dire dans le cadre de leurs théories. D'Alembert rêve : « Un point vivant... Non je me trompe. Rien d'abord, puis un point vivant... À ce point vivant, il s'en applique un autre, encore un autre ; et par ces applications successives il résulte un être un, car je suis bien un, je n'en saurais douter. (En disant cela, il se tâtait partout.) Mais comment cette unité s'est-elle faite... Tenez, philosophe, je vois bien un agrégat, un tissu de petits êtres sensibles, mais un animal... un tout... ayant la conscience de son unité ! Je ne le vois pas, non je ne le vois pas[1]... »

Dans un entretien imaginaire avec d'Alembert, Diderot se met en scène lui-même, faisant éclater l'insuffisance de l'explication mécaniste : « Voyez-vous cet œuf ? C'est avec cela qu'on renverse toutes les écoles de théologie et tous les temples de la terre. Qu'est-

1. DIDEROT D., *Le Rêve de d'Alembert*, in *Œuvres*, Paris, Gallimard, La Pléiade, 1935, p. 677.

ce que cet œuf? Une masse insensible avant que le germe y soit introduit... Comment cette masse passera-t-elle à une autre organisation, à la sensibilité, à la vie? Par la chaleur. Qui produira la chaleur? Le mouvement? Quels seront les effets successifs de ce mouvement? Au lieu de me répondre, asseyez-vous, et suivons-les de l'œil de moment en moment. D'abord, c'est un point qui oscille, un filet qui s'étend et se colore; de la chair qui se forme, un bec, des bouts d'aile, des yeux, des pattes qui paraissent; une matière jaunâtre qui se dévide et produit des intestins; c'est un animal... il marche, il vole, il s'irrite, il fuit, il approche, il se plaint, il souffre, il aime, il désire, il jouit; il a toutes vos affections; toutes vos actions, il les fait. Prétendrez-vous, avec Descartes, que c'est une pure machine imitative? Mais les petits enfants se moqueront de vous, et les philosophes vous répliqueront que si c'est là une machine vous en êtes une autre. Si vous avouez qu'entre l'animal et vous, il n'y a de différences que l'organisation, vous montrerez du sens et de la raison, vous serez de bonne foi; mais on en conclura contre vous qu'avec une matière inerte, disposée d'une certaine manière, imprégnée d'une autre matière inerte, de la chaleur et du mouvement, on obtient de la sensibilité, de la vie, de la mémoire, de la conscience, des passions, de la pensée... Écoutez et vous aurez pitié de vous-même; vous sentirez que, pour ne pas admettre une supposition simple qui explique tout, la sensibilité, propriété générale de la matière, ou produit de l'organisation, vous renoncez au sens commun, et vous précipitez dans un abîme de mystères, de contradictions et d'absurdités[1]. »

Contre le temple de la mécanique rationnelle, contre tous ceux qui annoncent que la nature matérielle n'est que masse inerte et mouvement, Diderot en appelle ainsi à ce qui fut sans doute l'une des plus anciennes sources d'inspiration de la physique, le spectacle du développement progressif, de la différenciation et de l'organisation apparemment spontanées de l'embryon. La chair se forme, le bec, les yeux, les intestins; oui, il y a bien organisation progressive d'un espace proprement biologique, apparition à partir d'un milieu homogène, d'une masse semble-t-il insensible, de formes différenciées, précisément au moment et à l'endroit opportuns, en un processus coordonné et harmonieux.

Comment admettre que la masse inerte, et même la masse newtonienne animée par les forces d'interaction gravitationnelle, puisse fonder l'explication de cette apparition de structures locales orga-

1. Diderot D., *Entretien entre d'Alembert et Diderot, op. cit.*, p. 670-671.

nisées et actives? Car il est vrai que les lois newtoniennes du mouvement décrivent les trajectoires circulaires et elliptiques, qui constituent des formes localisées dans une région limitée de l'espace, mais elles décrivent aussi bien la parabole et l'hyperbole qui filent à l'infini. Le cercle et l'hyperbole sont déterminés par la *même* force, seules varient les conditions initiales de la trajectoire, position et vitesse. Le système newtonien constitue un *système du monde.* La totalité des corps de l'Univers sont en interaction et rien ne privilégie les mouvements restreints à un sous-espace par rapport aux trajectoires sans limites spatiales. Le système newtonien ne donne aucun sens à la différenciation de l'espace, à la constitution de limites naturelles, à l'apparition d'un fonctionnement organisé, bref à aucun des processus qu'implique le développement d'un être vivant.

Mais Diderot ne désespère pas. La science commence seulement, écrit-il, la mécanique rationnelle n'était qu'une première tentative, trop abstraite, et le spectacle de l'œuf suffira à en renverser les prétentions. Déjà les enfants rient et les philosophes répliquent. C'est pourquoi il compare les travaux des grands mécaniciens, les Euler, Bernoulli, d'Alembert aux pyramides égyptiennes, témoignage grandiose et effrayant du génie de leurs constructeurs mais qui, désormais, ne font plus que subsister, solitaires et abandonnées. La vraie science, vivante et féconde se poursuivra ailleurs[1].

Elle existe d'ailleurs déjà, lui semble-t-il, cette science nouvelle, science de la nature vivante et organisée. D'Holbach étudie la chimie, Diderot, la médecine. Dans les deux cas, il s'agit d'opposer à la masse inerte et aux lois universelles de la mécanique, la matière active, capable de s'organiser, de produire les êtres vivants. La matière est sensible, soutient Diderot, même la pierre a de sourdes sensations au sens où les molécules qui la composent recherchent activement certaines combinaisons, en évitent d'autres, sont régies par leurs désirs et leurs aversions. La sensibilité de l'organisme entier n'est que la somme de celles de ses parties, comme l'essaim d'abeilles, au comportement globalement cohérent, est créé par l'interaction locale, de proche en proche, entre les abeilles; il n'y a pas plus d'âme humaine que d'âme de la ruche[2].

1. DIDEROT D., *Pensées sur l'Interprétation de la Nature,* 1754, in *Œuvres Complètes,* tome II, Paris, Garnier Frères, 1875, p. 11.

2. Diderot prête cette proposition au médecin Bordeu dans *Le Rêve de d'Alembert.* Voir ROGER J., *Les Sciences de la vie dans la pensée française du XVIIIe siècle,* pour une analyse des rapports entre Diderot et les philosophes-médecins de son époque et, p. 623, le texte de Bordeu sur la ruche.

La protestation vitaliste de Diderot contre la physique et les lois universelles du mouvement a pour origine son refus de tout dualisme spiritualiste. Il faut que la nature matérielle soit décrite de façon telle qu'elle puisse rendre compte sans absurdité de l'existence foncièrement naturelle de l'homme. Faute de quoi, et c'est ce qui arrive avec la mécanique rationnelle, la description scientifique d'une nature automate aura pour corrélat l'automate *doué d'âme*, étranger en cela à la nature.

La double inspiration, chimique et médicale, du naturalisme matérialiste que Diderot oppose à la physique de son époque est très commune au XVIIIe siècle. Alors que les biologistes spéculent sur l'animal-machine, la préexistence des germes et la grande chaîne des vivants, toutes problématiques investies de part en part par la théologie[1], ce sont parfois les chimistes et les médecins, dans la plupart des cas, chimistes-médecins, qui sont directement affrontés à la complexité des processus réels, à leur diversité, à la singularité des comportements de la matière et de la vie.

Du point de vue méthodologique également, la chimie comme la médecine sont, à la fin du XVIIIe siècle, des sciences privilégiées pour ceux qui luttent contre l'« esprit de système » des physiciens pour une science respectueuse de la diversité des processus naturels : un physicien pourrait être un pur esprit; il pourrait être un enfant, sans expérience mais génial; un médecin, un chimiste doivent, quant à eux, posséder l'expérience et le savoir-faire, ils doivent déchiffrer les signes, reconnaître les indices. En ce sens, la chimie et la médecine sont des *arts*, ils supposent le « coup d'œil », l'assiduité, l'observation acharnée[2]. La chimie est une passion de fou, conclut Venel dans l'article qu'il écrit pour l'*Encyclopédie* de Diderot, éloquente défense de la chimie contre l'impérialisme abstrait des newtoniens[3].

1. Voir à ce sujet, l'étude de Roger, et le célèbre *Great Chain of Being* de LOVEJOY A., (Harvard, University Press, 1973).

2. Cette protestation de Venel constitue, entre autres, un symbole de la résistance du travail « artistique » (tel que le caractérise Moscovici dans son *Essai sur l'histoire humaine de la nature :* « Les hommes sont encore sa meilleure mémoire, leurs gestes son meilleur langage », p. 85), contre le travail « instrumental », avec sa nouvelle économie des facultés biologiques, dont certaines sont aiguisées, d'autres dépérissent : « La perception se double d'estimation et de calculs : l'œil voit géométriquement. Le fonctionnement des mécanismes, de l'horloge au tour universel, crée des sens nouveaux... La sensibilité se dégage de l'expérience immédiate et cesse d'être flair, coup d'œil, toucher » (MOSCOVICI S., p. 94).

3. L'historien des sciences Gillipsie a avancé la thèse selon laquelle il existerait une relation forte entre la protestation contre la physique mathématique, que Diderot popularisa et dont l'*Encyclopédie* se fit l'écho, et l'hostilité des révolutionnaires qui fermèrent

La protestation des chimistes et des médecins, la protestation des praticiens affrontés à la maladie, à l'infection, à la corruption, contre la généralisation physique, contre les tranquilles mécanismes et le calme des lois universelles auxquels les physiciens entendaient réduire le corps vivant, était déjà ancienne à l'époque de Diderot. La figure éminente de Stahl, père du vitalisme et créateur du premier système chimique cohérent et fécond, doit être ici évoquée.

Les lois universelles s'appliquent au vivant, affirme Stahl, en ce sens seulement que ce sont elles qui le vouent à la mort, à la pourriture; les matières dont le vivant est constitué sont tellement fragiles, se décomposent si facilement que, s'il était régi par les seules lois communes de la matière, il ne résisterait pas un seul instant à la corruption et à la dissolution. Si le vivant survit malgré cela — si courte soit la durée de sa vie par rapport à celle d'une pierre ou de tout autre corps inanimé —, il faut qu'il ait en lui un « principe de conservation » qui constitue et maintienne l'équilibre social harmonieux de la texture et de la structure de son corps. L'étonnante durée de vie du corps vivant, étant donné l'extrême corruptibilité de la matière qui le compose, manifeste l'action d'un « principe naturel, permanent, immanent », d'une cause particulière étrangère aux lois de la matière inanimée, et qui lutte sans cesse contre la corruption sans cesse agissante qui, elle, résulte de ces lois[1].

Cette analyse du problème de la vie nous est à la fois proche et lointaine; proche par sa conscience aiguë de la précarité de la vie et de sa singularité par rapport aux lois générales de la dissolution et de la dispersion; lointaine, parce que, comme Aristote, Stahl définit avant tout le vivant en termes statiques, en termes de conservation et non de devenir. On peut, en fait, reconnaître ce même privilège accordé à la permanence en ce qui concerne le problème du vivant, dans la prééminence que, de nos jours, certains biologistes accor-

l'Académie et décapitèrent Lavoisier. Cette question est fort controversée, mais il reste que le triomphe newtonien en France coïncide avec une période de remise en ordre, et la victoire de l'Académie sur les artisans empiristes défendus par Diderot (« The Encyclopedia and the Jacobin Philosophy of Science. A Study in Ideas and Consequences », in *Critical Problems in the History of Science,* éd. Clagett M., Madison, Wisconsin, 1959, p. 255-289). Reste aussi ce chassé-croisé : l'autonomie de la chimie, que défendaient les chimistes-philosophes et les artisans, a finalement été réalisée, mais dans le cadre du cloisonnement académique et de la définition d'une pratique positiviste de la chimie. L'abandon du programme de chimie newtonienne n'a pas coïncidé avec la reconnaissance du bien-fondé de la « chimie philosophique », mais s'est fait *contre* elle.

1. Stahl G. E., « Véritable distinction à établir entre le mixte et le vivant du corps humain », in *Œuvres médico-philosophiques et pratiques,* tome II, Pitrat et Fils, Montpellier, 1861, spécialement p. 279-282.

dent à l'information génétique. Et on retrouvera donc très normalement le type de vocabulaire employé par Stahl dans les textes de ces biologistes : les enzymes « luttent » contre la dégradation, permettent au corps de retarder une mort à laquelle la physique le voue inexorablement ; l'organisation constitue un défi aux lois de la nature et la seule évolution « normale » est celle qui mène à la mort (voir chapitre VI, 4).

Le vitalisme de Stahl a gardé sa pertinence tant que les lois de la physique se sont identifiées aux tendances à la dissolution et à la désorganisation : le « principe vitaliste » a été remplacé par la succession improbable des mutations, que conserve le texte génétique, le vivant n'en est pas moins resté en marge de la nature. Il a fallu la découverte des « nouveaux états de la matière » que constituent les structures dissipatives pour qu'enfin la conservation et le développement de structures actives puissent être déduits des lois de la physique, pour que l'organisation apparaisse comme un processus *naturel* (chapitres V et VI).

Pourtant, bien avant cette réponse théorique à la question de Stahl, le discours du vivant s'était transformé, une autre protestation contre le mécanisme, la pensée romantique, avait bouleversé le paysage intellectuel où s'enracine ce discours.

Stahl critiquait la métaphore de l'automate parce que, contrairement au vivant, l'automate a sa fin hors de lui-même, son organisation lui est imposée par le constructeur. Le propre du vivant, c'est, selon Stahl, d'être intrinsèquement mécanique, de posséder en lui la raison et la finalité de son organisation. Diderot, loin de mettre l'étude du vivant hors de portée de la science, voyait dans cette étude l'avenir des sciences rationnelles et expérimentales dont le développement ne faisait selon lui que commencer. Quelques années plus tard, ces deux points de vue sont mis en cause[1]. « Automate » est devenu, surtout en Allemagne, un terme péjoratif : l'activité mécanique ne pose plus le problème de la nature interne ou externe de la finalité organisatrice, elle est devenue synonyme d'artifice et de mort ; lui sont opposées, en un complexe pour nous familier, les notions de vie, de spontanéité, de liberté, d'esprit. Cette opposition est redoublée par celle entre l'entendement calculateur et manipulateur, et la libre activité spéculative de l'esprit,

1. Voir SCHLANGER J., *Les Métaphores de l'organisme*, pour une description de la transformation du sens du terme « organisation » entre Stahl et les romantiques, p. 49-60.

capable de rejoindre immédiatement, sans l'effort laborieux de la science objective, l'activité spirituelle qui constitue la nature.

Au plus bref, on peut dire que la connaissance philosophique de la nature devrait être plus proche — selon cette nouvelle définition des champs de la pensée — du génie artistique, de l'activité du créateur qui entre en résonance directe avec celle de la nature créatrice et productrice de formes, que du travail scientifique. L'homme de science ne serait capable de s'adresser à la nature que comme à un ensemble d'objets particuliers manipulables et mesurables : il prendrait ainsi possession d'une nature qu'il soumet et contrôle, mais ne connaît pas. La vraie connaissance se trouve ainsi, par essence, mise hors de portée de la science.

Il ne s'agit pas ici d'histoire de la philosophie, mais simplement de souligner à quel point la critique philosophique de la science s'est durcie : ne sont plus combattues des prétentions un peu naïves et aveugles, qu'il suffirait de répéter tout haut pour faire rire les enfants, et ridiculiser celui qui les avance, mais le type même de connaissance qui produit le savoir expérimental et mathématique de la nature. Et le combat est mené avec des arguments qui ne sont pas sans rappeler déjà ceux que nous avons esquissés au premier chapitre de ce livre. À cette connaissance n'est pas reprochée ses limites mais sa nature même, et c'est une autre connaissance, *rivale*, fondée sur une autre démarche, qui est annoncée. La culture se trouve ainsi polarisée autour de deux positions affrontées, sans rémission.

La transition entre Diderot et les romantiques, et plus précisément, entre les deux modes de rapport critique à la science que nous venons d'esquisser, peut être éclairée, du point de vue philosophique, par la transformation de la manière de poser le problème de la science qu'imposa Kant. Du point de vue qui nous intéresse, l'essentiel est que la critique kantienne a identifié l'objet scientifique en général à l'objet newtonien ; elle a ainsi défini comme impossible une opposition au mécanisme qui ne soit pas opposition à la science elle-même, et donc dévaluation du travail de l'entendement au profit d'un type de connaissance radicalement différent.

2. *La ratification critique*

L'une des ambitions essentielles de la philosophie kantienne est la remise en ordre du paysage intellectuel que la disparition de

Dieu, créateur rationnel garant des sciences de la nature, avait laissé en plein chaos. Kant règle, d'une manière qui pour beaucoup reste toujours valide, le problème de la vérité scientifique, cette vérité globale à laquelle les scientifiques prétendent avoir accès alors que nul ne peut plus, sinon métaphoriquement, soutenir que la science déchiffre le mot de la création. Dieu désormais se tait, ou, du moins, ne parle plus le langage de l'entendement humain[1].

Mais le chaos n'était pas seulement d'ordre épistémologique : au sein d'une nature d'où le temps est éliminé, que devient l'expérience subjective et le devenir qu'elle suppose, que devient la liberté, le destin singulier de chaque individu?

La solution de Kant était d'une certaine manière la seule possible pour qui voulait affirmer la possibilité d'une morale tout en acceptant le caractère complet et véridique de la description produite par la dynamique. Au lieu de centrer cette description sur Dieu, source de l'ordre du monde et garant de la connaissance de cet ordre, il fallait la centrer sur le sujet humain, en faire à la fois le créateur et le garant de l'ordre des phénomènes naturels. Le monde phénoménal pourrait ainsi être doublé d'une autre réalité, non créée, elle, par le sujet, une réalité spirituelle qui nourrit la vie esthétique, morale et religieuse de l'homme.

La solution kantienne justifie donc du même coup la connaissance scientifique et l'étrangeté de l'homme dans le monde décrit par cette science : en fait ce que Kant élaborait ainsi philosophiquement n'est rien d'autre que le discours mythique de la science moderne. Il prenait, en ce sens, acte de la forme systématique que s'était donnée la physique au cours du XVIIIe siècle, et assignait à cette dernière son domaine de validité, déterminait les fondements et les limites de sa légitimité.

KANT

Kant définit la question de la philosophie critique comme *transcendantale* : elle ne concerne pas les objets de l'expérience mais part du fait *a priori* qu'une connaissance systématique de ces objets est possible — l'existence de la physique le démontre — et énonce les conditions de possibilité *a priori* de ce mode de connaissance.

Il faut pour cela distinguer les simples sensations que nous recevons et le mode de connaissance objectif, le mode de connaissance de l'entendement; la connaissance objective n'est pas passive, elle

1. Cette section peut être considérée comme une application de la thèse de Michel SERRES (« Leibniz retraduit en langue mathématique », in *La Traduction*, Paris, Minuit, 1974) où l'on voit comment toute philosophie qui se met en position de juger la science se met en position de domination.

constitue ses objets. Lorsque nous prenons un phénomène pour objet d'expérience, nous lui supposons, *a priori*, avant toute expérience effective, un comportement légal, l'obéissance à un ensemble de principes. En fait, soutient Kant, nous pouvons faire ce type de supposition, l'objet que nous percevons répond à notre attente, parce qu'il est d'ores et déjà soumis à cet ordre légal, parce qu'il est, en tant que perçu comme objet de connaissance possible, le produit de l'activité synthétique *a priori* de notre esprit. Nous nous précédons nous-mêmes dans les objets de notre connaissance et les lois universelles que le scientifique déchiffre dans la nature, il en est lui-même la source.

Les conditions de possibilités de l'expérience d'un objet sont aussi les conditions de possibilités de son existence; cette phrase fameuse résume la « révolution copernicienne » accomplie par l'interrogation transcendantale : le sujet ne « tourne » plus autour de son objet, essayant de découvrir à quelle loi il est soumis, quel type de langage peut permettre de le déchiffrer; c'est lui qui est au centre, il impose la loi, et le monde, tel qu'il le perçoit, parle son propre langage. Quoi d'étonnant alors que la science newtonienne puisse décrire le monde d'un point de vue extérieur, quasi divin !

Bien sûr, le fait que tout phénomène saisi par l'entendement comme objet d'interrogation se trouve par là même soumis *a priori* aux concepts que l'entendement va y découvrir ne signifie pas que la connaissance concrète de ces objets soit inutile. La science, selon Kant, ne dialogue pas avec la nature, mais lui impose son langage; elle doit néanmoins découvrir, dans chaque cas, ce que les choses disent de particulier dans ce langage général. La connaissance des concepts *a priori* est en elle-même une connaissance vide, sans contenu; le labeur de la science est nécessaire pour soumettre effectivement l'ensemble du monde aux catégories de la connaissance.

Le démon de Laplace, ce symbole du mythe scientifique, est, dans le cadre de cette doctrine, une illusion, mais c'est une illusion *rationnelle.* Il constitue certes le résultat d'un passage à la limite peu légitime, mais est aussi l'expression de la conviction légitime qui guide la science et en constitue le moteur : la nature dans sa totalité est en droit soumise à la légalité que peu à peu les scientifiques y déchiffrent en fait. Où qu'elle aille, quoi qu'elle interroge, la science obtiendra, non pas la même réponse, mais la même forme de réponse. Une syntaxe universelle articule toutes les réponses possibles. C'est bien là la justification philosophique de l'assimilation entre la constitution d'une structure formelle fermée, telle que le langage de la dynamique, et le projet de la description complète d'un monde homogène.

La philosophie transcendantale a ainsi accordé à la science newtonienne de constituer la vérité de l'activité humaine d'exploration de la nature, sa codification, elle a ratifié la prétention des physiciens d'avoir mis au jour la forme finale et définitive de toute connaissance positive du monde. Mais, simultanément, elle s'est assuré sur la science une position de domination. Elle n'a plus à chercher la signification philosophique des résultats de l'activité scientifique : du point de vue transcendantal, ces résultats ne peuvent, en effet, rien apporter de nouveau. La science, et non ses résultats, est un sujet de réflexion pour la philosophie. La science, figée en système, définie comme incapable de produire un concept pertinent pour la philosophie, est devenue l'assiette stable de la réflexion transcendantale.

Dans la mesure même où elle ratifiait toutes les prétentions de la science, la philosophie critique de Kant circonscrivait en fait l'activité scientifique dans le champ des problèmes qu'il faut bien dire futiles et faciles, la vouait au labeur indéfini de déchiffrer la langue monotone des phénomènes, et se réservait le champ des questions qui concernent la « destinée » humaine, ce que l'homme peut connaître, ce qu'il doit faire, ce qu'il peut espérer. Le monde qu'étudie la science, le monde accessible à la connaissance positive, « n'est que » le monde des phénomènes. Non seulement le scientifique ne peut connaître les choses en soi, mais les questions qu'il peut poser n'ont aucune pertinence pour les vrais problèmes de l'humanité; ni la beauté, ni la liberté, ni l'éthique ne sont objets de connaissance positive et donc de science : elles appartiennent au monde nouménal, domaine de la philosophie, totalement étranger au monde phénoménal.

Le point de départ de Kant, la thèse du rôle actif joué par l'homme dans la description scientifique, nous l'acceptons bien évidemment; nous avons trop parlé de l'expérimentation comme art de choix et de mise en scène pour qu'il soit utile de revenir encore sur l'idée que, dans toute description scientifique comme dans toute expérimentation, certains principes sont présupposés qui rendent possible l'expérimentation et que celle-ci ne peut donc établir. Cependant, Kant, on l'a vu, va beaucoup plus loin. Il nie la diversité des points de vue scientifiques sur la nature, et donc aussi la nécessité d'un choix irréductible et positif : sélection d'une situation problématique à l'intérieur de laquelle des questions précises peuvent être posées, des réponses expérimentales recherchées. En accord avec le mythe de la science moderne, Kant recherche le langage *unique* que la science déchiffre dans la nature, l'ensemble unique de présupposés qui conditionnent la physique et s'identifient dès lors avec ce qui devient les catégories de l'entendement lui-même.

La position critique adoptée par la philosophie kantienne et, à partir d'elle, par un grand nombre de philosophes jusqu'à nos jours, ratifie au niveau des principes une situation de fait : il n'y a pas de dialogue possible avec une science dont le discours est mythique. Elle définit l'entreprise scientifique comme muette et systématique, close sur elle-même. Ce faisant, la philosophie consacre et stabilise la situation de rupture; elle abandonne à la science le champ du savoir positif pour se réserver la méditation sur l'existence humaine, sur l'ouverture qui constitue la liberté de l'homme, bref, sur tout ce qui, en l'homme, est censé transcender les déterminations positives, « naturelles ».

La nature antique était source de sagesse, la nature médiévale parlait de Dieu, la nature moderne est, quant à elle, devenue muette au point que Kant a cru devoir séparer entièrement science et sagesse, science et vérité. Cette séparation, nous la vivons depuis bientôt deux siècles; nous avons hâte qu'elle prenne fin et, du point de vue scientifique, les conditions semblent aujourd'hui réunies pour qu'elle prenne fin.

L'une des questions décisives à cet égard est celle-ci : une philosophie de la nature est-elle à nouveau possible, qui permette de penser de manière cohérente l'insertion de l'homme dans la nature et les perspectives sur la nature dégagées par la science?

3. *Une philosophie de la nature?*

Nous avons dit que les premières tentatives post-kantiennes de philosophie de la nature s'attachèrent à affirmer la possibilité d'une pensée systématique distincte de la science, voire franchement hostile, la possibilité d'une spéculation libérée des contraintes du dialogue expérimental identifiées aux limites de l'entendement. Indépendamment de tout jugement de valeur sur ces philosophies de la nature nous prendrons le risque de juger désastreuse la situation culturelle qu'elles ont contribué à créer. Pour la plupart des scientifiques, la philosophie de la nature est devenue synonyme de spéculation orgueilleuse et dérisoire, pleine de mépris pour les faits, et que les faits n'ont pas manqué de ridiculiser en retour. Pour certains philosophes, elle est devenue le symbole cuisant du danger qu'il y a à s'occuper de la nature et à rivaliser avec la science. Se trouve ainsi accentuée une tendance au cloisonnement général qui, en particulier, coupe la philosophie d'une des sources traditionnelles de sa réflexion, et la science des moyens de réfléchir sa pratique. Les scientifiques s'enferment au XIXe siècle dans les hauts lieux protégés de l'Académie nouvellement organisée, pour y mener dans l'« ascèse intellectuelle » une recherche dont ils affirment l'autonomie et le détachement par rapport aux préoccupations de la société qui les abrite[1].

Ainsi, la chimie et la science du corps vivant, la physiologie, ces deux sciences où Diderot avait vu l'espoir d'un renouvellement de l'interrogation rationnelle de la nature, vont devenir sciences académiques par excellence, se limiter, notamment par réaction délibérée et réfléchie contre les philosophies de la nature, à une pratique expérimentale hostile à toute spéculation intellectuelle. En particulier, à Giessen où Liebig venait de créer le premier laboratoire universitaire de type moderne[2] se constitue une première génération de chimistes qui échappent à l'inquiétude de la spéculation en entreprenant avec enthousiasme l'analyse systématique de la composition chimique de tous les objets possibles.

Comment, pourtant, lorsqu'on étudie l'activité de la matière, et celle du vivant, éviter de prendre position sur le rapport entre les conclusions de ces études et les problèmes philosophiques de la nature de l'homme et de sa place dans le monde? Très simplement, en reprenant le clivage kantien au sein de l'ordre des questions; la seule position philosophique acceptable pour un chimiste ou un physiologiste « sérieux » du XIXe siècle, c'est une forme de kantisme implicite ou avouée, qui le justifie de se cantonner à des investigations systématiques à l'intérieur d'un cadre conceptuel donné.

La figure la plus achevée de ce type de « kantien », c'est Helmholtz, chimiste, médecin, physicien et physiologue qui domina l'université allemande au moment où celle-ci devenait modèle et centre de la science européenne. C'est lui qui déclare que tous

1. RAVETZ J., a étudié dans *Scientific Knowledge and its Social Problems* (Penguin University Book, 1973) les conséquences de l'enfermement académique sur la pratique scientifique, et les problèmes difficiles auxquels est confrontée aujourd'hui une science qui veut sortir de cet abri. Voir aussi BEN DAVID J., *op. cit.*

2. FARRAR W., « Science and the German University System, 1790-1850 », in *The Emergence of Science in Western Europe.*

les « phénomènes de la nature doivent être ramenés aux mouvements de particules matérielles possédant des forces motrices invariantes, dépendant seulement de leur situation spatiale »[1]. Comprendre la nature c'est la comprendre en termes mécaniques. La plupart des physiologues de la puissante école allemande (Liebig, Ludwig, Müller, Du Bois-Reymond, Virchow) apparaissent d'accord avec Helmholtz sur l'essentiel : le fonctionnement physico-chimique de l'être vivant est soumis aux mêmes lois que la matière inanimée, et doit être étudié dans les mêmes termes. Ils n'excluent pas qu'une « force vitale » existe, qui rende compte du développement et de la spécificité du vivant, mais comme cette force n'intervient pas de manière causale, ne participe pas à l'économie des forces physico-chimiques que la science étudie, elle n'est pas, et ne peut être pour eux, objet de science[2]. La physiologie en tant que science objective doit étudier le fonctionnement du vivant tel quel, comme donné, sans poser de question quant à son essence ou à sa genèse. Le vitalisme est donc au XIXe siècle largement accepté par les milieux scientifiques, mais constitue une conviction subjective associée à une activité scientifique objective parfaitement réductionniste.

Réductionnisme contre antiréductionnisme, ce conflit au cœur de la culture scientifique, né au XIXe siècle, nous divise toujours. Il constitue la trace, la cicatrice laissée par la rupture avec la pensée philosophique. Mais c'est également un point sensible, un de ceux à propos desquels, de temps en temps, tel ou tel philosophe se sent assez assuré pour demander des comptes aux scientifiques, un de ceux aussi à cause de qui tel ou tel scientifique fait défection, passe

1. HELMHOLTZ H., *Über die Erhaltung der Kraft*, 1847, repris dans BRUSH S., *Kinetic Theory*, vol. 1, *The Nature of Gases and Heat*, Oxford, Pergamon, 1965, (citation p. 92). Voir à ce sujet ELKANA Y., *The Discovery of the Conservation of Energy*, Londres, Hutchinson Educational, 1974 et HEIMANN P. M., « Helmholtz and Kant : the Metaphysical Foundations of "Über die Erhaltung der Kraft" », in *Studies in the History and Philosophy of Science*, vol. 5, 1974, p. 205-238. On trouvera à ce sujet le récit de Helmholtz lui-même dans le très remarquable *Les grands hommes* de Wilhelm OSTWALD (*Die grosse Männer*, trad. franç. Paris, Flammarion, 1912) qui constitue un bilan et une réflexion critique sur l'institutionnalisation de la science réalisée au cours du XIXe siècle.

2. Cette position doit être située dans le contexte de la conservation de l'énergie (ELKANA Y., *op. cit.* et section 2 du chapitre IV de ce livre). Le mécanisme de Helmholtz et de ses collègues, pour qui la « force vitale » n'est pas objet de science parce qu'elle n'appartient pas au bilan invariant des énergies naturelles, doit être distingué du matérialisme mécaniste militant des Buchner, Moleschott, Vogt, analysé récemment par GREGORY F., *Scientific Materialism in nineteenth Century Germany*, Dordrecht-Holland, Reidel, 1977.

dans l'« autre camp », celui des philosophes — Driesch en est un exemple fameux.

Autre camp en effet, puisque depuis la fin de la relative unanimité du XVIIIe siècle, le problème du devenir et de la complexité s'y trouve posé de tout autre manière. Nous voudrions, sans entrer dans aucun détail, citer un exemple éminent de pensée philosophique à la recherche, contre le réductionnisme scientifique, d'une cohérence nouvelle : la philosophie hégélienne intègre la nature, ordonnée en niveaux de complexité croissante, dans un tableau du devenir mondial de l'esprit. Le règne de la nature s'achève avec l'esprit devenu conscient de soi — l'homme.

On peut dire, en bref, que la philosophie hégélienne de la nature fait système de tout ce que niait la science newtonienne, et en particulier, de la différence qualitative entre le comportement simple décrit par la mécanique et celui des êtres plus complexes. Elle oppose à l'idée de réduction, à l'idée que les différences ne sont qu'apparentes et que la nature est fondamentalement homogène et simple, l'idée d'une hiérarchie au sein de laquelle chaque niveau est conditionné par le niveau précédent, qu'il dépasse et dont il nie les limitations, pour, à son tour, conditionner le niveau suivant qui manifestera de manière plus adéquate, moins limitée, l'esprit à l'œuvre dans la nature.

Contrairement aux auteurs newtoniens de « romans de la matière », de panoramas mondiaux qui s'étendaient depuis les interactions gravitationnelles jusqu'aux passions humaines, Hegel savait parfaitement que cette idée de la distinction de niveaux — que nous pouvons reconnaître, indépendamment de sa propre interprétation, comme correspondant à une complexité croissante et à une signification chaque fois plus riche de la notion de temps — devait se fonder *contre* la science mathématique de la nature. Cette science, il allait tenter d'en limiter la portée, c'est-à-dire, en l'occurrence, de montrer que les possibilités de mathématiser les comportements physiques se restreignent aux plus triviaux de ces comportements. La mécanique est mathématisable parce qu'elle n'attribue à la matière que des propriétés exclusivement spatio-temporelles. « Une brique ne tue pas un homme parce qu'elle est une brique, mais elle produit ce résultat seulement en vertu de la vitesse qu'elle a acquise ; cela veut dire que l'homme est tué par l'espace et le temps[1]. » L'homme est tué par ce que nous appelons une énergie

1. *Philosophie de la Nature*, paragraphe 261.

cinétique ($mv^2/2$), c'est-à-dire par une grandeur abstraite qui définit masse et vitesse comme interchangeables : pour le même effet, on peut diminuer l'une si on augmente l'autre.

C'est précisément ce caractère interchangeable, dont Hegel fait une condition de la mathématisation, qui disparaît lorsque l'on dépasse la sphère mécanique vers une sphère supérieure. Le comportement de la matière devient alors de plus en plus *spécifique*. La brique, par exemple, ne sera plus une masse en mouvement, mais un corps doué de propriétés de densité, de conductibilité thermique, de résistance.

Abandonnons là le système hégélien. Nous voulions seulement souligner qu'il constitue une réponse philosophique extrêmement exigeante et rigoureusement articulée au problème crucial posé par le temps et la complexité. Mais il a incarné, aux yeux de générations de scientifiques, l'objet par excellence de répulsion et de dérision. En quelques années, les difficultés intrinsèques de la pensée hégélienne s'étaient d'ailleurs, en ce qui concerne la philosophie de la nature, doublées de la complète obscurité de la plupart des références scientifiques qui avaient permis à Hegel de décrire la logique du développement de l'esprit dans la nature. Car Hegel s'était appuyé, dans son opposition au système newtonien, sur des hypothèses scientifiques de son époque[1]. Mais ces hypothèses tombèrent dans l'oubli avec une rapidité exceptionnelle. Du point de vue de l'histoire des sciences, il est en fait difficile d'imaginer pire moment que ce début du XIXe siècle, pour chercher dans des connaissances scientifiques l'appui nécessaire à un projet d'alternative à la science newtonienne. À cette époque, les théories qui semblaient incompatibles avec la science newtonienne, et avec la mathématisation en général, s'étaient mises à proliférer, notamment en physique ; beaucoup allaient être abandonnées en quelques années : la mathématisation commençait seulement à déployer ses effets. En particulier, la découverte de la conservation de l'énergie unifia ce dont Hegel avait voulu souligner l'hétérogénéité foncière.

Nous n'entrerons pas plus avant dans le détail des philosophies de la nature proposées au cours du XIXe siècle. Nous avons choisi de parler des philosophies romantiques et hégéliennes parce qu'elles purent, pendant une période brève, passer pour des rivales possibles

1. C'est la conclusion de KNIGHT P. M., dans « The German Science in the Romantic Period », in *The Emergence of Science in Western Europe*. Les notes de Petry à sa traduction de la *Philosophie de la Nature* permettent de reconstituer les références scientifiques de Hegel.

de la science positive; corrélativement, la déconsidération de la construction conceptuelle comme de l'intuition totalisante contribua à stabiliser le divorce culturel que nous décrivons. À la fin du XIXe siècle, lorsque Bergson à son tour entreprit de rechercher une alternative à la science de son époque, qui soit acceptable pour les hommes de science, il se tourna à nouveau vers l'intuition, mais une intuition bien différente de celle des romantiques, une intuition dont il dira expressément qu'elle ne peut produire aucun système mais des résultats toujours partiels, non généralisables, exprimables avec une prudence infinie.

Désormais, c'est le propre de l'intelligence productrice de science de généraliser, d'atteindre des connaissances auxquelles des règles peuvent s'appliquer. L'intuition bergsonienne, quant à elle, est une attention tendue, une progression de plus en plus pénible à mesure qu'elle s'approfondit, pour pénétrer les choses dans leur singularité, pour s'introduire et se lover en elles, participer à la durée qui les constitue, et cela sans possibilité d'abstraction, sans conclusion générale. Certes, l'intuition devra, pour se communiquer, passer par le langage, elle devra « pour se transmettre, chevaucher sur des idées »[1]; elle le fera avec une prudence et une patience infinies, accumulant, pour « étreindre la réalité »[2], les images et les comparaisons concrètes; elle arrivera ainsi à suggérer de manière de plus en plus précise ce qui ne peut être exprimé, puisque seule l'intelligence peut s'exprimer, c'est-à-dire, communiquer par les mots généraux et les idées abstraites.

Ainsi, science et métaphysique intuitive « sont ou peuvent devenir également précises et certaines. L'une et l'autre portent sur la réalité même. Mais chacune n'en retient que la moitié, de sorte qu'on pourrait voir en elles, à volonté, deux subdivisions de la science, ou deux départements de la métaphysique, si elles ne marquaient pas des directions divergentes de l'activité de la pensée »[3].

La définition de ces deux directions divergentes peut également être vue comme le fruit de l'histoire; plus question, pour Bergson, de voir dans les sciences de la matière et de la vie une alternative à la physique de son époque : ces sciences, et il va s'attacher à le montrer, ont pris le mécanisme pour modèle. L'espoir rationaliste que Diderot avait fondé dans l'avenir de la chimie et de la médecine est

1. Bergson H., *La Pensée et le mouvant*, in *Œuvres*, éd. du Centenaire, Paris, P.U.F., 1970, p. 1 285.
2. Bergson H., *op. cit.*, p. 1 287.
3. Bergson H., *op. cit.*, p. 1 286.

donc bien mort. La science, aux yeux de Bergson, fait bloc, et exige donc d'être jugée en bloc. Et c'est ce que fait Bergson lorsqu'il l'explique comme le produit d'une intelligence pragmatique et industrieuse, qui vise à se rendre maîtresse de la matière et élabore par abstraction et généralisation les catégories intellectuelles adéquates à cet effet. La science est le produit de l'exigence vitale de tirer parti du monde, ses concepts sont déterminés par la nécessité de fabriquer et de manipuler les objets, de prévoir et d'agir sur les corps naturels. C'est pourquoi la mécanique rationnelle constitue le modèle même de la science, sa pure incarnation, les autres sciences n'étant que des manifestations plus vagues, embarrassées, d'une démarche qui est d'autant plus assurée que le domaine exploré est inerte et désorganisé.

D'autre part, l'analyse bergsonienne ne s'attarde pas, comme le fit Diderot, à opposer à l'inertie de la masse physique l'activité de la matière, ou, comme le fit Stahl, l'organisation du vivant à l'instabilité des composants matériels qui le constituent. La critique de la physique s'est décantée en même temps que le formalisme physique lui-même, et tous les reproches dispersés peuvent désormais se ramener à un seul, dont les autres ne sont que conséquences : l'intelligence scientifique ne peut comprendre la *durée*, qu'elle ramène à une succession d'états instantanés reliés par une loi d'évolution déterministe.

Or, « le temps est invention ou il n'est rien du tout »[1] ; la nature est élan, élaboration continue de nouveautés, totalité se faisant dans un développement essentiellement ouvert, sans finalité prédéterminée. « La vie progresse et dure »[2]. De cette progression, l'intelligence ne peut saisir que ce qu'elle peut immobiliser sous forme d'éléments manipulables et calculables.

La physique « se borne à compter les simultanéités entre les événements constitutifs de ce temps et les positions du mobile *T* sur sa trajectoire. Elle détache ces événements du tout qui revêt à chaque instant une nouvelle forme et qui lui transmet quelque chose de sa nouveauté. Elle les considère à l'état abstrait, tels qu'ils seraient en dehors du tout vivant, c'est-à-dire dans un temps déroulé en espace. Elle ne retient que les événements ou systèmes d'événements qu'on peut isoler ainsi sans leur faire subir une déformation trop profonde, parce que ceux-là seuls se prêtent à l'application de sa

1. BERGSON H., *L'Évolution créatrice*, in *Œuvres* p. 784.
2. BERGSON H., *op. cit.*, p. 538.

méthode. Notre physique date du jour où l'on a su isoler de semblables systèmes »[1].

Lorsqu'il s'agit de comprendre la durée elle-même, la science est impuissante, il faut l'intuition, « vision directe de l'esprit par l'esprit »[2]; « le changement pur, la durée réelle, est chose spirituelle, ou imprégnée de spiritualité. L'intuition est ce qui atteint l'esprit, la durée, le changement pur »[3].

Peut-on parler d'échec bergsonien, de la même manière que nous n'hésiterons pas à parler d'échec dans le cas de la philosophie de la nature post-kantienne? Certes oui, au sens où la métaphysique fondée sur l'intuition que Bergson voulait créer n'est pas née. Non pas, au sens où Bergson, contrairement à Hegel, eut la bonne fortune d'entreprendre de juger une science qui, globalement, était stabilisée, la science classique à son apothéose; le bilan critique que Bergson dresse de cette science classique a pu de la sorte rester pour nous intelligible, à ceci près qu'il ne se présente plus à nos yeux comme la définition des limites éternelles de l'entreprise scientifique, mais comme un programme que commencent à réaliser les métamorphoses actuelles de la science. En particulier, nous savons aujourd'hui qu'effectivement le temps-mouvement critiqué par Bergson n'est suffisant que pour une classe restreinte de systèmes dynamiques simples. Mais nous ne sommes pas arrivés à cette conclusion par un abandon de la démarche scientifique ni de la pensée abstraite, mais par la découverte des limitations intrinsèques des concepts mis en œuvre par la science classique. Travail intellectuel que Bergson, sans doute, n'aurait pas méprisé, lui qui attribuait une valeur si exemplaire à la création des mathématiques infinitésimales: selon lui, les mathématiciens et physiciens avaient, pour décrire non plus le « tout fait », mais « ce qui se fait », c'est-à-dire, le mouvement continu, réalisé un prodigieux effort d'« inversion » de la direction habituelle du travail de la pensée. Dans ce cas au moins, les exigences de l'intuition, et non pas l'entendement, ont donc été à la racine de « la plus puissante méthode d'investigation dont l'esprit humain dispose »[4].

Quoique Bergson ait ainsi présenté l'analyse mathématique infinitésimale comme modèle de ce que la métaphysique devrait opérer — ce qui détruit certes l'idée d'une opposition fondamentale entre

1. Bergson H., *op. cit.*, p. 784.
2. Bergson H., *La Pensée et le mouvant, op. cit.*, p. 1 273.
3. Bergson H., *op. cit.*, p. 1 274.
4. Bergson H., *op. cit.*, p. 1 422.

science et métaphysique, ou entre entendement et intuition — nous ne pouvons nier que domine néanmoins chez lui le même trait que nous relevions chez la plupart des critiques post-kantiens de la science. Comme eux, il décrit de manière parfaitement lucide et pertinente les implications essentielles de la science de son époque — et identifie derechef cet état historique des théories scientifiques à la science en général. Il fige ainsi l'activité scientifique, lui attribue en droit ses limites historiques de fait, et se trouve dès lors en mesure de conclure à la nécessité de définir une fois pour toutes les domaines respectifs et les démarches propres de la science et des autres activités culturelles et philosophiques, et, par conséquent, le *statu quo* à respecter. Partage statique entre des démarches jugées irrémédiablement antagonistes et dont on peut seulement espérer qu'elles coexistent sans chercher à se détruire.

Une philosophie de la nature est-elle encore possible, qui ne se constitue pas contre une science dont elle nie les possibilités d'invention, dont elle prétend définir les limites une fois pour toutes? Maurice Merleau-Ponty a souligné la gravité des conséquences du partage stérile qui laisserait la nature à la science alors que la philosophie se réserverait la subjectivité humaine et l'histoire : « L'abandon où est tombée la philosophie de la nature enveloppe une certaine conception de l'esprit, de l'histoire et de l'homme. C'est la permission qu'on se donne de les faire paraître comme pure négativité. Inversement, en revenant à la philosophie de la nature, on ne se détourne qu'en apparence de ces problèmes prépondérants, on cherche à en préparer une solution qui ne soit pas immatérialiste[1]. »

Nous savons que, au moment où il rappelait ces enjeux, Merleau-Ponty voyait dans la cosmologie de Whitehead une tentative importante dans le champ alors déserté de la philosophie de la nature. Nous voulons souligner ici quelques aspects de cette philosophie whiteheadienne, fascinante tant par sa démarche résolument prékantienne que par l'ambition formidable de cohérence qui traverse et constitue son œuvre majeure, *Process and Reality*. Whitehead nous mène à renouer avec le véritable sens des philosophies classiques. Par-delà les désaccords et les doutes, ces philosophies possèdent l'éternité d'expérimentations conceptuelles rigoureuses, dominées par une exigence aiguë de cohérence.

Whitehead cherchait à comprendre l'expérience humaine comme

1. *Résumés de Cours 1952-1960*, Paris, Gallimard, 1968, p. 91.

processus appartenant à la nature, comme existence physique. Cette exigence le mena, d'une part, à répudier la tradition philosophique qui définit l'expérience subjective d'abord en termes de conscience, de perception et de réflexion et, d'autre part, à penser toute existence *physique* en termes de désir, de sensation, d'émotion, de but, de décision, c'est-à-dire à entrer en lutte avec ce qu'il appelle le « matérialisme scientifique » issu de la science du XVIIe siècle.

Comme Bergson, Whitehead a donc souligné les insuffisances du schéma théorique issu de la science du XVIIe siècle. « Le XVIIe siècle avait finalement produit un schéma de pensée scientifique mis au point par des mathématiciens pour des mathématiciens. La grande caractéristique de l'esprit mathématique est sa capacité de manipuler des abstractions; et d'en tirer des suites de raisonnements claires et démonstratives, tout à fait satisfaisantes tant que c'est à ces abstractions qu'on désire penser. À la suite du succès énorme de l'abstraction scientifique, qui produit d'une part la matière, avec sa localisation simple dans l'espace et le temps, et d'autre part l'esprit, qui perçoit, souffre et raisonne, mais n'interfère pas, la tâche de les accepter comme l'expression la plus concrète des faits s'est vue refilée à la philosophie. Dès lors, la philosophie moderne a été détruite. Elle a oscillé de manière complexe entre trois extrêmes. Il y a les dualistes, qui acceptent la matière et l'esprit sur un pied d'égalité, et les deux espèces de monistes, ceux qui mettent l'esprit dans la matière et ceux qui mettent la matière dans l'esprit. Mais jongler avec des abstractions ne pourra jamais permettre de surmonter la confusion inhérente que détermine l'attribution au schéma théorique du XVIIe siècle d'un caractère concret déplacé[1]. » Pour Whitehead il s'agit cependant là d'une situation historique et non d'un destin, ni la science ni la culture ne sont vouées à rester prisonnières de cette confusion.

Nous avons posé la question : une philosophie de la nature est-elle possible qui ne soit pas dirigée contre la science? La cosmologie de Whitehead constitue à ce jour la tentative la plus ambitieuse d'une telle philosophie. Whitehead ne voyait aucune opposition essentielle entre science et philosophie, son œuvre est d'ailleurs, de part en part, celle d'un mathématicien : il s'agissait pour lui de définir le champ problématique à l'intérieur duquel la question de l'expérience humaine et des processus physiques pourrait être posée avec cohérence, de déterminer les conditions propres à

1. WHITEHEAD A. N., *Science and the Modern World*, p. 55.

rendre le problème soluble; il s'agissait de formuler l'ensemble minimal des principes nécessaires pour caractériser toute existence physique, depuis la pierre jusqu'au penseur. Et c'est précisément la portée universelle de sa cosmologie qui, pour Whitehead, la définit comme philosophique. Alors que chaque théorie scientifique sélectionne et abstrait dans la complexité du monde un ensemble particulier de relations, la philosophie ne peut quant à elle privilégier aucune région de l'expérience humaine, elle doit construire, par une expérimentation de l'imagination, une cohérence qui fasse place à toutes les dimensions de cette expérience, qu'elles relèvent de la physique, de la physiologie, de la psychologie, de la biologie, de l'éthique, de l'esthétique, etc.

Ainsi, Whitehead opéra une distinction attentive entre l'abstraction scientifique en général, y compris l'abstraction réussie par la physique du XVIIe siècle, et les généralisations que celle-ci a favorisées. Il ne put cependant aller plus loin car seule une science conceptuellement plus riche et diversifiée aurait pu participer au dialogue qu'il rêvait entre la démarche qui abstrait et sélectionne, et celle qui cherche la cohérence, au dialogue entre science et philosophie.

En effet, plus clairement que tout autre peut-être, Whitehead avait compris que jamais le devenir créatif de la nature, c'est-à-dire le fait ultime et irréductible que présuppose toute existence physique, ne pourrait être pensé si les éléments qui composent cette nature étaient définis comme des entités individuelles permanentes, se maintenant dans leur identité à travers les changements et les interactions. Mais d'autre part, rendre la permanence illusoire, dénier l'être au nom du devenir, les entités au nom d'un flux continu et toujours changeant, c'était à nouveau tomber dans le piège tendu à toute philosophie : « se complaire à l'exploit brillant d'expliquer, en niant ce qui est à expliquer »[1]. La tâche de la philosophie allait donc être, pour Whitehead, de réconcilier la permanence et le devenir, de penser les choses comme processus, de penser le devenir comme constitutif d'entités identifiables, d'entités individuelles qui naissent et meurent. Sans entrer dans aucun détail à propos du système de Whitehead, précisons simplement qu'il met à jour la solidarité entre une philosophie de la *relation* — aucun élément de la nature n'est support permanent de relations chan-

1. WHITEHEAD A. N., *Process and Reality. An Essay in Cosmology,* The Free Press, New York, Mac Millan, 1969, p. 20.

geantes, chacun tire son identité de ses relations avec les autres — et une philosophie du *devenir innovant* — chaque existant unifie dans le processus de sa genèse la multiplicité qui constitue le monde, et ajoute à cette multiplicité un ensemble supplémentaire de relations. À la naissance de chaque entité nouvelle, *« the many become one and are increased by one »*[1].

Nous retrouverons aux conclusions de ce livre la question de Whitehead, celle de la permanence et du changement, posée cette fois en physique, et nous serons à notre tour amenés à évoquer des entités constituées intrinsèquement par leur interaction irréversible avec le monde; la physique d'aujourd'hui découvre en effet la nécessité d'affirmer à la fois la *distinction* et la *solidarité* des unités et des relations; elle reconnaît à son tour que, pour qu'une interaction soit réelle, il faut, à la fois, que la « nature » des choses en relation soit un produit de ces relations, et que les relations, de leur côté, soient des produits de la « nature » des choses (voir conclusion, 4). Cependant, au moment où Whitehead écrivait *Process and Reality*, l'idée de particules élémentaires instables, dont l'existence physique *implique* le devenir irréversible, était encore bien éloignée de la physique, et la philosophie de Whitehead n'éveilla d'écho qu'en biologie[2].

Quelle leçon tirer de cette rapide exploration de quelques thèmes philosophiques? Si, par des chemins différents, science et philosophie doivent pouvoir se rencontrer, et mettre fin à une opposition qui brise notre culture, si la science doit pouvoir apparaître comme une démarche à laquelle la culture est partie prenante, et non comme une opération lointaine et médusante, inaccessible, il faut que prenne fin le règne de l'abstraction qui aboutit à figer l'objet en

1. WHITEHEAD A.N., **op. cit.**, p. 26. « Le multiple devient un et s'accroît d'un. »

2. Joseph Needham et C.H. Waddington ont reconnu l'influence de Whitehead dans leur recherche d'une description positive de l'organisme comme tout ; WADDINGTON C.H., « The Practical Consequences of Metaphysical Beliefs on a Biologist's Work », in ***Towards a Theoretical Biology***, tome II, Édimbourg, University Press, 1969 et ***The Ethical Animal***, Midway Reprint, Chicago, University Press, 1975 ; NEEDHAM J., « A Biologist's View of Whitehead's Philosophy », in ***Time, the Refreshing River***, Londres, Allen and Unwin, 1943.

Nous n'explorerons pas ici les voies fécondes de l'intervention directe d'une pensée mathématique inventive dans les sciences du vivant. Renvoyons aux belles analyses que René Thom consacre à sa méthode, notamment à propos de la possibilité qu'une théorie générale abstraite aide à subvertir les catégories en termes desquelles le scientifique comme tout un chacun est porté, presque inconsciemment, à décomposer le réel.

face du sujet. La nature, objet de science, est aussi ce qui a produit les hommes capables de science : cette exigence de compréhension cohérente ne doit certes pas trouver dans les théories scientifiques une réponse unique et suffisante, elle doit prendre sens au sein de la science, pouvoir être entendue par les hommes de science en tant que tels.

En fait, cette exigence essentielle est susceptible de prendre des formes très précises. En particulier, aucune théorie scientifique ne devrait, comme telle, suffire à justifier une réduction du temps semblable à celle qu'opère la dynamique classique. Nier le temps, c'est-à-dire, le réduire au déploiement déterministe d'une loi réversible, c'est renoncer à la possibilité d'une conception de la nature qui la définisse comme capable de produire les êtres vivants et, singulièrement, l'homme; c'est donc se condamner à l'alternative entre une philosophie antiscientifique et une science aliénante.

Nous l'avons dit à de multiples reprises, notre science n'est plus la science classique que critiquait Bergson. Elle ne l'était plus depuis un certain temps, mais à notre insu. La science mathématisée du complexe est née au XIXe siècle avec la thermodynamique; le problème du devenir est entré dans la physique à ce moment. Mais, nous allons le montrer, les premiers effets de cet événement furent non pas des réponses nouvelles mais des paradoxes, des difficultés et la sourde instabilisation des catégories les mieux établies. Aujourd'hui, nous pouvons jeter un regard en arrière et voir que ce qui se dégageait au sein de ce qui fut vécu dans la confusion n'était autre que la première réponse scientifique au problème de la complexité naturelle ainsi qu'à la transformation culturelle et technique du monde, à la mort du monde classique.

LIVRE II

La science du complexe

CHAPITRE IV

L'ÉNERGIE ET L'ÈRE INDUSTRIELLE

1. *La chaleur, rivale de la gravitation*

« *Ignis mutat res* », ce savoir sans âge invoqué par la devise des anciens chimistes faisait de la chimie, dès l'origine, la science du feu. Cette science du feu fut reconnue comme science expérimentale au cours du XVIIIe siècle avant d'entraîner, au cœur de la science moderne, le retour de ce que cette science niait au nom des calmes trajectoires de la dynamique, l'irréversibilité et la complexité.

Le feu transforme les choses, il permet aux corps d'entrer en réaction chimique, de se dissoudre, de se dilater, de fondre ou de s'évaporer, et, bien sûr, permet au combustible de brûler à grands dégagements de chaleur et de flammes. De tout cela, que chacun sait et savait, le XIXe siècle va sélectionner ceci : la combustion dégage de la chaleur, et la chaleur peut entraîner une variation de volume, c'est-à-dire, peut produire un effet mécanique. Le feu est capable, dès lors, de faire tourner des machines d'un genre nouveau, les machines thermiques, qui, à la même époque, font naître la société industrielle.

C'était là une nouveauté technique. Donnons-en un témoignage anecdotique[1]. Adam Smith travaillait à la *Richesse des Nations*, c'est-à-dire, réunissait les données sur les perspectives et les déterminants du développement industriel, dans la même université où, au même moment, James Watt travaillait à perfectionner la machine à vapeur. Pourtant, dans son livre, Adam Smith n'imagine pour le charbon d'autre usage que celui de chauffer les ouvriers. Au XVIIIe siècle, le vent, l'eau et les animaux, et les machines simples

1. JOUVENEL B. DE, *La Civilisation de puissance*, Paris, Fayard, 1976, p. 11.

qu'ils font fonctionner, sont pour la plupart les seules sources concevables de la puissance motrice dont l'industrie a de plus en plus besoin.

La diffusion rapide des machines thermiques anglaises s'accompagne d'une nouvelle question scientifique, d'une nouvelle position du problème des transformations que la chaleur fait subir aux corps. La question dont est née la thermodynamique ne concerne pas la *nature* de la chaleur, ou de son action sur les corps, mais l'*utilisation* de cette action. Il s'agit de savoir sous quelles conditions la chaleur produit de l'« énergie mécanique », c'est-à-dire, peut faire tourner un moteur[1].

Il est toujours tentant, et parfois utile, de choisir un événement symbolique, inaugural, la première manifestation effective, influente et repérable de l'ouverture d'un champ nouveau de possibles. En ce qui concerne la science de la complexité, nous n'hésitons pas à la faire « commencer », en ce sens, dès 1811. En cette année, où les laplaciens triomphent et dominent la science européenne, le baron Jean-Joseph Fourier, préfet de l'Isère, remporte le prix de l'Académie pour son traitement théorique de la propagation de la chaleur dans les solides. Laplace, Lagrange et leurs élèves ont eu beau réunir leurs forces pour critiquer la nouvelle théorie, ils ont dû s'incliner[2]. Le rêve laplacien, à l'heure de sa plus grande gloire, a subi un premier échec: une théorie physique existe désormais, mathématiquement aussi rigoureuse que les lois mécaniques du mouvement, et absolument étrangère au monde newtonien; la physique mathématique et la science newtonienne ont cessé d'être synonymes.

Comme Fourier lui-même le proclamait, la propagation de la chaleur entre deux corps de températures différentes est un phénomène *sui generis* qu'il serait gratuit et illusoire de vouloir ramener aux interactions dynamiques entre masses voisines. Sa loi, d'une simplicité élégante, énonce en effet que *le flux de chaleur entre deux*

1. Voir au sujet de la nouveauté de la question physico-chimique, SCOTT W. L., *The Conflict between Atomism and Conservation Theory,* livre II, et, pour l'histoire du développement de la science de la chaleur dans le contexte de l'âge industriel, CARDWELL D. S. L., *From Watt to Clausius,* Londres, Heinemann, 1971. Ces deux auteurs permettent de saisir la coïncidence entre les exigences déterminées par l'urgence industrielle, et la simplification positiviste des problèmes accumulés par le XVIIIe siècle; ainsi un concept comme la pression se trouvera désormais défini par le protocole expérimental qui permet de la mesurer.

2. HERIVEL J., *Joseph Fourier, the Man and the Physicist,* Oxford Clarendon Press, 1975. Dans cette biographie, Herivel livre un détail curieux : Fourier aurait rapporté d'Égypte une maladie qui aurait entraîné pour lui une déperdition continuelle de chaleur...

corps est proportionnel au gradient de température entre ces deux corps. Comment mettre ce processus de propagation en relation avec les forces et les accélérations dynamiques? Mais, d'autre part, il s'agit d'une loi aussi générale que les lois newtoniennes: elle décrit un phénomène aussi universel que celui de la gravitation. Tout corps a une masse et se trouve donc en interaction gravitationnelle avec tous les autres corps de l'Univers; mais tout corps est également capable de recevoir, d'accumuler et de transmettre la chaleur et, en tant que tel, il est le siège de l'ensemble des processus liés à l'accumulation et à la propagation de la chaleur.

La formulation des lois de la diffusion de la chaleur eut un sens plus que symbolique: en France comme en Angleterre, elle fut le point de départ d'histoires différentes dont les prolongements viennent jusqu'à nous.

En France, l'échec du rêve laplacien encouragea le cloisonnement positiviste de la science que Michel Serres a récemment analysé dans plusieurs textes[1]. La chaleur et la gravitation, deux universels, coexistent en physique, et, pire, comme va le reconnaître Auguste Comte, ils sont antagonistes: la gravitation agit sur une masse inerte qui la *subit* sans en être affectée autrement que par le mouvement qu'elle acquiert ou transmet; la chaleur *transforme* la matière, détermine des changements d'état, des modifications de propriétés intrinsèques. Sur cette opposition, qui reprend certains des thèmes de protestation des chimistes antinewtoniens du XVIIIe siècle, et de tous ceux qui avaient souligné la différence entre le comportement purement spatio-temporel attribué à la masse et l'activité spécifique de la matière, le positivisme construira une classification des sciences, mises sous le signe commun de l'ordre, c'est-à-dire, de l'équilibre. À l'équilibre dynamique entre forces s'ajoute désormais l'équilibre thermique puisque la propagation de la chaleur tend toujours à établir une distribution homogène des températures dans le corps où elle se produit.

En Angleterre, la théorie de la propagation de la chaleur n'eut pas pour effet l'abandon des tentatives d'unir le champ des connaissances, et l'affirmation de la spécificité des disciplines, chacune fondée sur des faits irréductibles. Bien au contraire, elle allait constituer le point de départ d'une interrogation sur l'irréversibilité qui

1. Citons notamment l'introduction à la *Philosophie première* d'Auguste Comte (Paris, Hermann, 1975); « Auguste Comte autotraduit dans l'encyclopédie », in *La Traduction* (Paris, Minuit, 1974) et la section « Nuage » in *La Distribution* (Paris, Minuit, 1977).

n'a cessé depuis de bouleverser les cloisonnements et les classifications[1].

Chacun savait que la loi de Fourier, si elle s'applique à un corps isolé, caractérisé par une distribution de températures inhomogène, décrit l'établissement progressif d'un équilibre thermique : la propagation de la chaleur a pour effet d'égaliser progressivement, et de manière monotone, la distribution de température jusqu'à l'homogénéité finale. Chacun savait que cette loi est irréversible au sens où la chaleur a cette propriété fondamentale, selon l'expression employée par Boerhaave, de toujours se « répandre », s'égaliser, de ne jamais se concentrer et créer spontanément des différences de température. La science des phénomènes complexes mettant en jeu l'interaction d'un très grand nombre de particules et l'asymétrie temporelle se trouvaient ainsi *de facto* liées dès l'origine. Pour comprendre la manière dont cette liaison fut *reconnue* et intégrée par la physique, il nous faut reprendre le développement de la science de la chaleur et l'étude des différentes sources qui l'alimentèrent : méthodes de physique mathématique, expérimentation de laboratoire, développement technologique, projets métaphysiques.

De la même manière que la mécanique, la science de la chaleur implique à la fois une conception de l'*objet* physique et une définition des *moteurs*, autrement dit, une identification de la cause et de l'effet dans un mode particulier de production de travail mécanique. Mettons en lumière cette double spécificité.

Étudier le comportement physique lié à la chaleur, c'est définir un système non pas comme en dynamique par la position et la vitesse de ses constituants (il y a quelques 10^{23} molécules dans un volume de gaz ou fragment de solide de l'ordre du cm^3), mais par un ensemble de paramètres macroscopiques. Ces paramètres définissent la composition du système et aussi (conditions aux limites) ses relations avec le reste du monde dès lors défini comme « milieu ».

Prenons l'exemple de la chaleur spécifique, l'une des propriétés fondamentales de tout système physico-chimique. La chaleur spécifique mesure la quantité de chaleur à donner à un système de

1. Smith C., « Natural Philosophy and Thermodynamics : William Thomson and the Dynamical Theory of Heat », in *The British Journal for the Philosophy of Science,* vol. 9, 1976, p. 293-319, et Crosland M. et Smith C., « The transmission of Physics from France to Britain, 1800-1840 », in *Historical Studies in the Physical Sciences,* vol. 9, 1978, p. 1-61.

composition chimique déterminée pour élever sa température d'un degré, en en maintenant soit le volume, soit la pression à une valeur constante. Pour étudier la chaleur spécifique à volume constant, on agit sur le système par l'intermédiaire de ses conditions aux limites; on en modifie certaines en gardant les autres invariantes; en l'occurrence, on donne au système une quantité déterminée de chaleur en maintenant le volume constant mais en laissant varier librement la pression. La chaleur spécifique permet de prédire comment le système réagira à cette interaction avec le milieu.

De manière générale, il est possible, par l'intermédiaire des conditions aux limites, d'exercer sur un système matériel une action *mécanique* (un dispositif à piston peut, par exemple, permettre de fixer la pression *ou* le volume du système), *thermique* (il est possible de céder ou d'enlever au système une quantité déterminée de chaleur, ou de l'amener, par échanges calorifiques, à une température déterminée), ou encore une action *chimique* (flux de réactifs et de produits de réaction entre le système et le milieu). Pression, volume, composition chimique, température et quantité de chaleur constituent les paramètres physico-chimiques classiques, en termes desquels les propriétés les plus générales des systèmes matériels peuvent être définies. La *thermodynamique* est la science des variations corrélées de ces propriétés. Ainsi, l'objet thermodynamique implique, par rapport à l'objet dynamique, un point de vue nouveau sur les transformations physiques. Il ne s'agit plus d'observer une évolution, de la prévoir en calculant l'effet des interactions entre éléments du système. Il s'agit d'*agir* sur le système, de prévoir ses réactions à une modification *imposée*. La description porte sur les changements subis par l'état macroscopique comme tel, sur la manière dont la variation d'un *paramètre* influe sur la valeur de tous les autres.

D'autre part, un *moteur* mécanique se borne à restituer, sous forme de travail, l'énergie potentielle qu'une précédente interaction avec le monde lui a conférée: la cause et l'effet sont de même nature et, idéalement, équivalents. Dans un moteur thermique, les échanges de chaleur avec le monde entraînent pour un système matériel donné un *changement d'état*, ce qui implique, entre autres, un changement des propriétés mécaniques: dilatation ou contraction. Le travail mécanique, le mouvement du piston, résulte donc d'une transformation intrinsèque du système et non d'une simple transmission de mouvement.

Ainsi, le moteur thermique n'est pas un dispositif passif, il *produit*, à proprement parler, du mouvement[1]. C'est là l'origine du problème nouveau posé par le calcul de son rendement : après un changement d'état producteur de mouvement, pour que la capacité du système à produire du mouvement à partir de la chaleur soit *restaurée*, il faut prévoir un *second* processus qui ramène le système à son état initial, un second changement d'état qui *compense* le changement producteur de mouvement. Dans un moteur thermique, ce second processus, à la fois équivalent et inverse du premier du point de vue de la transformation du système moteur, est un *refroidissement* qui permet au système de retrouver sa température, sa pression et son volume initiaux en cédant de la chaleur au monde.

Le problème du rendement des moteurs thermiques, du rapport entre le travail produit et la chaleur qu'il faut donner au système *pour les deux processus qui se compensent*, est ce point que nous cherchons, où la notion de processus irréversible s'est introduite en physique. Nous montrerons, par la suite, l'importance, dans cet épisode crucial, de la loi de Fourier et du contexte culturel et technique. Mais, très certainement, c'est la nouvelle unification de la physique par le principe de conservation de l'énergie qui joua le rôle décisif.

2. *Le principe de conservation de l'énergie*

Nous avons déjà dit le rôle essentiel joué par l'énergie en dynamique : l'Hamiltonien, somme des énergies cinétique et potentielle exprimées en variables canoniques, engendre l'évolution de ces variables tout en se conservant lui-même au cours de ce mouvement. L'évolution dynamique modifie seulement l'importance respective des deux énergies.

Au début du XIXe siècle[2], se produisit un bouillonnement expérimental sans précédent : des « effets nouveaux » en grand nombre furent découverts en laboratoire et imposèrent aux physiciens l'idée que le mouvement ne produit pas seulement des modifications de la disposition spatiale des corps, autrement dit, de la valeur de l'énergie potentielle. En effet, ces processus isolés en laboratoire

1. Cela a été particulièrement souligné par Michel Serres, voir références citées en p. 119, note 1 et le très beau « Turner traduit Carnot » (in *La Traduction*).

2. Pour ce qui suit, voir ELKANA Y., *The Discovery of the Conservation of Energy*, ainsi que le remarquable article de Thomas Kuhn, « Energy Conservation as an Exemple of Simultaneous Discovery » (publié à l'origine dans *Critical Problems in the History of Science*, éd. CLAGETT M. et republié dans KUHN T., *The Essential Tension*, Chicago, The University Press, 1977).

constituaient un véritable réseau qui connecta finalement les uns aux autres chacun des différents champs expérimentaux qui avaient récemment proliféré en physique, et ceux, comme la mécanique, constitués depuis longtemps en discipline. Le mouvement, en particulier, était capable de provoquer chacun des phénomènes étudiés au cours de ces expériences.

Cette connexion des différents champs, Galvani en fit l'expérience sans préméditation. Jusque-là les électriciens ne connaissaient les charges électriques qu'immobiles. Galvani créa, avec le corps d'une grenouille, le premier circuit électrique expérimental. Bientôt Volta allait reconnaître dans les contractions « galvaniques » de la grenouille l'effet du passage d'un *courant* électrique. Dès 1800 Volta met au point une pile chimique : les réactions chimiques peuvent produire de l'électricité. Puis, c'est l'électrolyse : le courant électrique peut modifier les affinités chimiques, provoquer des réactions chimiques. Mais le courant provoque aussi la production de lumière et de chaleur et, en 1820, Œrsted montre qu'il a des effets magnétiques. En 1822, Seebeck établit qu'inversement, la chaleur peut produire du courant et Peltier, en 1834, montre comment refroidir un corps grâce à l'électricité. Enfin, en 1831, Faraday met en évidence la production de courant induit par des effets magnétiques.

En 1847, un pas décisif est finalement franchi par Joule : la connexion entre la chimie, la science de la chaleur, l'électricité, le magnétisme et la biologie est interprétée comme une *conversion*. La conversion généralise ce qui se produit au cours des mouvements mécaniques : à travers tous les phénomènes étudiés en laboratoire on postule que « quelque chose » se conserve quantitativement et change de forme qualitative. Pour définir les rapports entre ces formes qualitatives, Joule définit un *équivalent* général des transformations physico-chimiques, qui donne le moyen de mesurer la grandeur qui se conserve et qui sera plus tard identifiée[1] comme « énergie ». Il établit la première équivalence en mesurant le travail mécanique nécessaire pour élever d'un degré la température d'une quantité donnée d'eau. La science quantitative des processus physico-chimiques est, dès lors, reconnue dans son unité. La conservation d'une grandeur physique, l'énergie, à travers les transformations que peuvent subir les systèmes physiques, chimiques, biolo-

1. Elkana s'est attaché à suivre la lente précipitation du concept d'énergie (voir son livre et « Helmholtz's Kraft : an Illustration of Concepts in Flux », in *Historical Studies in the Physical Sciences*, vol. 2, 1970, p. 263-298).

giques va dès lors être mise à la base de ce que nous pouvons appeler la science du complexe. Elle va en constituer le fil conducteur, qui permettra d'explorer de manière cohérente la multiplicité des processus naturels.

Il n'y a rien d'étonnant à ce que le principe de conservation de l'énergie ait pris une importance extrême aux yeux des physiciens du XIXe siècle. Pour beaucoup d'entre eux, c'est la nature tout entière, et non pas seulement les différents champs expérimentaux, qui se trouve ainsi unifiée. Joule traduit cette conviction dans le contexte culturel propre à l'Angleterre. « En effet, les phénomènes naturels, qu'ils soient mécaniques, chimiques ou vitaux, consistent presque exclusivement en une conversion de l'attraction à travers l'espace, de la force vive (*NB*, énergie cinétique) et de la chaleur les unes dans les autres. Et c'est ainsi que l'ordre de l'Univers est maintenu — rien n'est perturbé, rien n'est jamais perdu, mais la machinerie tout entière, si compliquée qu'elle soit, fonctionne avec calme et harmonie. Et quoique, comme dans la terrible vision d'Ézéchiel, "la roue puisse être au milieu de la roue", et que chaque chose puisse apparaître compliquée et embrouillée, dans la confusion et l'intrication apparentes d'une diversité presque sans fin de causes, d'effets, de conversions et d'agencements, la plus parfaite régularité est préservée —, le tout étant gouverné par la souveraine volonté de Dieu »[1].

Le cas des Allemands, Helmholtz, Mayer, Liebig — appartenant tous trois à une culture où le type d'argument de Joule se trouvait répudié au nom d'une pratique strictement positive —, est plus frappant encore. Au moment de leur découverte, aucun de ces trois chercheurs n'était, à proprement parler, physicien. Tous trois, par contre, s'étaient occupés de physiologie de la respiration : il faut dire que, depuis Lavoisier, la physiologie de la respiration constituait un problème modèle, le premier où le fonctionnement de l'être vivant se trouvait décrit en termes physiques et chimiques — combustion de l'oxygène, dégagement de chaleur, travail musculaire ; c'était donc le type même de problème qui devait attirer les physiologues et les chimistes hostiles aux spéculations romantiques, avides de participer à la construction d'une science positive. Cependant, à lire la manière dont ces trois chercheurs « sautèrent » à la conclusion que, d'abord la respiration, et, immédiatement ensuite,

1. JOULE J., « Matter, Living Force and Heat », in *The Scientific Papers of James Prescott Joule*, vol. 1, Londres, Taylor and Francis, 1884, p. 265-276 (citation p. 273).

la nature entière, se trouvent soumises à une équivalence fondamentale, on peut conclure que le passé philosophique de l'Allemagne les avait, en fait, « imprégnés » d'une idée fort étrangère à la connaissance strictement positive qu'ils prétendaient pratiquer : l'idée que la nature, dans sa totalité et sans reste, est unifiée par une légalité générale, par un principe de causalité unique.

L'histoire de Mayer est la plus spectaculaire[1] : jeune médecin dans les colonies hollandaises de Java, il observa le rouge vif du sang veineux d'un de ses patients, et la conclusion s'imposa que, puisque sous les tropiques il fait plus chaud, les habitants ont besoin de brûler moins d'oxygène pour maintenir la température du corps, ce que traduit la couleur rouge vif de leur sang. Et Mayer, à partir de là, construit un bilan entre, d'une part, la consommation d'oxygène, que nous appellerions source d'énergie, et d'autre part, les consommations liées au maintien de la température malgré les pertes thermiques, et au travail manuel. Ce bilan, en lui-même, dépasse déjà largement l'observation de départ : la couleur du sang aurait bien pu être liée à la « paresse » du patient de Mayer. Mais le bilan lui-même ne constitue que la première généralisation puisque Mayer « saute » à la conclusion qu'il n'y a là qu'une manifestation particulière de la présence d'une force unique et indestructible qui est à la base de tous les phénomènes de la nature, vivante et inanimée[2].

Cette « prédisposition » à reconnaître dans les transformations naturelles le produit d'une réalité sous-jacente qui se maintient identique à elle-même à travers ses transformations évoque irrésistiblement une forme de kantisme, de même qu'une autre idée de certains des physiologues, à laquelle nous ferons seulement allusion : même si une force « vitale » se trouve à la base du fonctionnement des êtres vivants, l'*objet* de la physiologie n'en est pas moins purement physico-chimique. On voit comment il a été possible de faire du kantisme, qui ratifia la forme systématique que s'était donnée la

1. Voir ce récit dans *Les grands hommes* d'Ostwald ; le livre se base sur l'analyse biographique d'hommes de science connus du XIXe siècle, pour découvrir les conditions d'un rendement optimal des hommes de science, cela en application de la doctrine énergétique et compte tenu de la menace d'épuisement et d'effondrement nerveux au bilan de tout effort intense. Signalons la lecture intrépide qu'en donne J. Lacan (*L'Évolution psychiatrique*, fasc. II, 1948, p. 72).

2. On trouvera dans *Energy : Historical Development of the Concept*, éd. LINDSAY R. B., Benchmark Papers on Energy, 1, Pennsylvania, Dowden, Hutchinson and Ross, 1975, la traduction anglaise des deux grands articles de Mayer, « On the Forces of Inorganic Nature » et « The Motions of Organisms and their Relation to Metabolism ».

physique mathématique au cours du XVIIIe siècle, une des racines du renouvellement de la physique au cours du XIXe siècle[1].

Helmholtz, le plus représentatif des hommes de science qui participa à ce renouvellement, reconnut d'ailleurs très clairement cette influence[2]. Pour lui, le principe de conservation de l'énergie n'était que l'incarnation, à l'intérieur de la physique, de l'exigence générale d'intelligibilité de la nature qui est préalable à toute science : le postulat d'une invariance fondamentale au-delà des transformations naturelles. « Le problème des sciences, c'est d'abord la recherche de lois grâce auxquelles les processus particuliers de la nature peuvent être renvoyés à, et déduits de, lois générales... Cette procédure est justifiée et même rendue contraignante par la conviction que chaque changement dans la nature *doit* avoir une cause suffisante. Les causes proches auxquelles renvoyer les phénomènes peuvent, en elles-mêmes, être variables ou invariables; dans le premier cas, la conviction en question nous contraint à rechercher des causes qui rendent compte de cette variation et cela, jusqu'à ce que nous arrivions aux causes finales, qui sont invariables et doivent donc, dans tous les cas où les conditions extérieures sont les mêmes, produire les mêmes effets invariables. Le but final des sciences théoriques de la nature est donc de découvrir les causes ultimes et immuables des phénomènes naturels. » Telle est la forme prise par un certain kantisme du XIXe siècle : la conservation de l'énergie accomplit ce qu'exige toute connaissance rationnelle, et sa découverte constitue en ce sens le couronnement définitif de la physique, et de toute science positive.

Le principe de conservation de l'énergie eut une importance énorme non seulement en ce qui concerne les théories scientifiques, mais aussi quant à l'image de la science. L'idée s'impose d'un nouvel âge d'or de la physique, d'un parachèvement et d'une généralisation ultime du type de raisonnement qui avait fait le succès de la mécanique. La science de l'énergie, pensent beaucoup, reprend les différentes théories physiques et les englobe comme autant de cas particuliers au sein d'une conception qui est la vérité finale de la physique.

La résonance culturelle fut, elle aussi, immense : nouvelle conception de l'homme comme machine énergétique (Jacques Lacan, par

1. Voir références, chapitre III, p. 103, note 1, et BENTON E., « Vitalism in the Nineteenth Century Scientific Thought : A Typology and Reassessment », in *Studies in History and Philosophy of Science*, vol. 5, 1974, p. 17-48.
2. HELMHOLTZ H., *Über die Erhaltung der Kraft, op. cit.*, p. 90-91.

exemple, a montré dans un texte récemment publié à quel point elle était constitutive de la théorie freudienne[1]); nouvelle conception de la société comme moteur — que l'on se reporte à l'analyse consacrée par Serres[2] à l'œuvre de Zola; nouvelle conception de la nature elle-même, comme « énergie », c'est-à-dire, puissance de création et de production de différences qualitatives.

De ce point de vue, le principe lui-même est d'ailleurs ambigu : la nature qu'il décrit semble économe, bien agencée, tranquille et contrôlable; elle se présente comme soumise et réduite aux équivalences expérimentales. Bergson n'avait, en ce sens, pas tort de ne rien voir de vraiment neuf dans la science de l'énergie. Pourtant, par-delà l'impuissance à laquelle la description scientifique avait réduit la nature, d'autres, comme Nietzsche, percevaient l'écho assourdi d'une nature créatrice et destructrice, dont la science avait bien dû reconnaître la puissance pour en étouffer les grondements. La science, qui décrit les transformations de l'énergie sous le signe de l'équivalence, doit pourtant admettre que seule la *différence* peut être productrice d'effets, qui soient à leur tour des différences [3]. La conversion de l'énergie n'est rien d'autre que la *destruction* d'une différence, la *création* d'une autre différence. Dans cette perspective, la science de l'énergie tout à la fois révèle et dissimule, sous des formes traditionnelles, la puissance de la nature. Plutôt que le dispositif expérimental, où la nature productrice est maîtrisée, soumise à une équivalence préétablie, il faut, pour la comprendre, évoquer la fournaise grondante des machines à vapeur, le bouillonnement des transformations dans un réacteur chimique, la vie et la mort des individus et des espèces, autant d'expérimentations où se déploie sa puissance créatrice et destructrice.

Cette conviction que la nature n'est pas un système en ordre mais l'éternel déploiement d'une puissance productrice d'effets antagonistes, affrontés dans une lutte pour la suprématie et la domination, a certes des résonances et des racines philosophiques; il n'est pourtant pas interdit d'y entendre également le bruit des machines, non pas les appareils de laboratoire mais les machines industrielles qui, en moins d'un siècle, avaient produit des effets

1. Lacan J., *Le Moi dans la théorie de Freud et dans la technique de la psychanalyse*, Séminaire II, 1954-1955, Paris, Seuil, 1978. Déjà dans sa thèse (1932), Lacan soulignait le caractère essentiel du concept d'énergie, ceci dans une optique meyersonienne parfaitement cohérente, faut-il le préciser, avec ses références postérieures à Koyré.

2. *Feux et signaux de brume. Zola*, Paris, Grasset, 1975.

3. Deleuze G., *Nietzsche et la philosophie*, Paris, P.U.F., 1973, p. 48-55.

sans commune mesure avec les machines simples, mues par l'eau, le vent et le travail animal ou humain, qui inspirèrent la science classique[1].

3. *Des machines thermiques à la flèche du temps*

Mais si, comme il est permis de le penser, le spectacle des machines thermiques, de la chaudière rougeoyante des locomotives où le charbon brûle sans retour pour que du mouvement soit produit, établit la distance la plus infranchissable entre les esprits classiques et la culture du XIXe siècle, il est remarquable que cette distance, la physique ait d'abord cru pouvoir l'ignorer, qu'elle ait cru pouvoir décrire les nouvelles machines comme les anciennes, du seul point de vue de l'équivalence et du rendement idéal, et négliger ce fait nouveau que ce que les machines à vapeur consomment disparaît sans retour. Aucune machine thermique ne restituera au monde le charbon qu'elle a dévoré.

Ainsi, la science de l'énergie allait entreprendre de décrire la nature elle-même comme un ensemble de dispositifs de conversion, régis par des bilans réversibles, alors qu'aux yeux de tous elle était devenue le réservoir de machines, menacée d'épuisement à terme. Telle est la situation nouvelle où s'enracine, pensons-nous, la transformation ultérieure de la physique. Le concept d'irréversibilité physique traduit en tout cas cette hantise dans la physique de la conservation : le monde brûle comme une fournaise, sans restauration concevable, il faut donc bien que l'énergie, tout en se conservant, se dissipe.

Tout avait donc commencé très classiquement ; la thermodynamique, née avec le travail de Sadi Carnot sur la puissance motrice du feu, en 1824, avait réussi à ramener l'étude des machines ther-

1. Michel Serres écrit dans son étude du « Docteur Pascal » de Zola (*Feux et signaux de brume*, p. 169) : « Le siècle qui s'achève ou quasi, quand le roman paraît, s'est ouvert sur la stabilité royale du système solaire, il est rempli d'angoisse, maintenant, devant les dégradations implacables du feu. D'où le dilemme, positif et sauvage : cycle parfait, sans résidu, réversible, éternel et valorisé, la cosmologie du soleil, ou cycle manqué, perdant sa différence, irréversible, historique et dévalué, une cosmogonie, une thermogonie du feu qui doit ou s'éteindre ou détruire, et ceci, immanquablement. On rêve de Laplace, lorsque Carnot et d'autres ont cassé à jamais la boîte, la niche où l'on pouvait dormir en paix, on rêve, cela est sûr : alors, les archaïsmes culturels, revenus par une autre porte, par une autre ouverture de la même porte, se réactivent puissamment : flamme immortelle, brasier purifiant ou feu mauvais? »

miques au modèle des machines classiques, dont Lazare Carnot, le père de Sadi, avait lui-même produit la première et la plus influente des descriptions systématiques. Le fonctionnement des machines simples suppose le mouvement comme donné : il se borne à le transformer et à le transférer à d'autres corps. De même, Carnot fils « se donnera » le flux de chaleur : deux sources de températures données, l'une froide et l'autre chaude. Ainsi, d'un seul coup, la science a fait taire les fournaises ; désormais seul l'*effet* de la combustion l'intéresse : le maintien, au sein d'un système moteur, d'un corps à température chaude, et d'un autre à température froide.

Ce geste fondateur était d'autant plus facile pour Sadi Carnot que, avec l'écrasante majorité des scientifiques de son temps, il identifiait la chaleur à un fluide, conservé en quantité constante à travers toutes les transformations qu'il provoque. Se donner deux sources, dans ce cas, c'est simplement négliger le processus par lequel la combustion chimique dégage du calorique, de la même manière qu'un constructeur de machines simples ignore d'où vient le vent, la force des animaux, ou l'eau des rivières.

Soit donc deux sources, l'une cédera du calorique au système moteur, l'autre, de température différente, absorbera le calorique cédé par la première, et c'est le *mouvement* du calorique à travers le moteur, entre les deux sources de températures différentes, qui, puissance motrice du feu, fera tourner le moteur, tout comme l'eau qui tombe entre deux niveaux différents peut faire tourner un moulin. Et Carnot pose la question de son père[1] : quelle machine aura le rendement idéal ? Quelles sont les sources de pertes ? Quels processus ont pour conséquence que la chaleur flue sans produire de travail ? Lazare Carnot avait conclu : pour qu'une machine mécanique ait le meilleur rendement, il faut que sa construction et son régime de fonctionnement soient tels que les chocs, frottements, changements brusques de vitesse, bref, tout ce qui provient de la mise en contact brusque de corps de vitesses différentes, soient évités au maximum. Il tirait là les conclusions de la physique de son époque : seuls les phénomènes continus sont conservatifs, tous les changements abrupts de mouvement déterminent une perte sans retour de la « force vive ». *La machine thermique idéale*, quant à elle, au lieu d'éviter toute mise en contact de corps de *vitesses* différentes, évitera toute mise en contact de corps de *températures* diffé-

1. La filiation intellectuelle est soulignée par CARDWELL *(From Watt to Clausius)* et SCOTT W. L. *(The Conflict between Atomism and Conservation Theory).*

rentes. Le cycle sera conçu de telle sorte qu'aucun changement de température ne résulte d'un flux direct de chaleur entre deux corps de températures différentes : un tel flux n'ayant aucun effet mécanique, de dilatation ou de contraction, il constitue une perte intégrale de rendement.

Le cycle idéal de Carnot réalise donc le paradoxe d'un transport global de chaleur entre deux sources de températures différentes sans aucun flux direct de chaleur, sans mise en contact de corps de températures différentes. Il est divisé en quatre phases. Au cours de chacune des deux phases *isothermes*, le système est en contact avec une des deux sources thermiques, *et est maintenu à la température de cette source.* En contact avec la source chaude, il absorbe de la chaleur et se dilate ; en contact avec la source froide, il perd de la chaleur et est comprimé. Les deux phases isothermes sont connectées entre elles par deux phases où le système est *isolé* des sources : la chaleur n'entre ni ne sort plus du système mais celui-ci change de température à la suite, respectivement, d'une compression et d'une dilatation. Le changement de volume se poursuit jusqu'à ce que le système soit passé de la température d'une source à celle de l'autre *(fig. 2).*

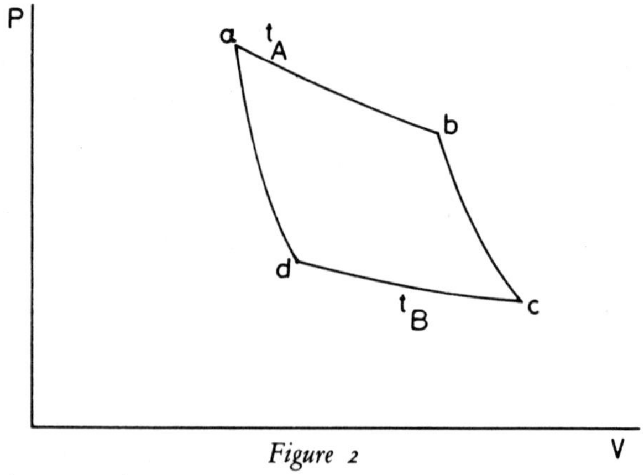

Figure 2

Cycle de Carnot, fonctionnant entre deux sources de températures t_A *et* t_B. *Entre a et b,* étape isotherme, le système maintenu à la température t_A absorbe de la chaleur et se dilate. *Entre b et c,* le système isolé se refroidit jusqu'à la température t_B en poursuivant sa dilatation. Ces deux étapes sont « motrices » : la dilatation du système peut repousser un piston. *Entre c et d,* seconde étape isotherme, le système est comprimé et cède de la chaleur à la source froide, à la température de laquelle il est maintenu. *Entre d et a,* le système, à nouveau isolé, est comprimé jusqu'à ce que sa température redevienne celle de la source chaude.

En 1850, Clausius décrivait le cycle de Carnot dans le cadre nouveau de la conservation de l'énergie. Il découvrait que la nécessité des deux sources et la formule du rendement idéal énoncée par Carnot traduisent le problème spécifique des moteurs thermiques : l'obligation d'un processus compensateur à la conversion (ici, le refroidissement par contact avec une source froide), qui restaure le moteur à son état mécanique et thermique initial. Aux relations de bilans exprimant la conversion de l'énergie s'ajoutent désormais de nouvelles relations d'équivalence entre les deux processus, *flux* de chaleur entre les sources et *conversion* de chaleur en travail, dont les effets se compensent du point de vue de l'état physico-chimique du système. La thermodynamique est née.

L'interprétation de Clausius revêt une signification très profonde, qui aura des échos importants : la nature est certes un réservoir inépuisable d'énergie, et avant tout d'énergie thermique, mais nous ne pouvons disposer de cette énergie sans condition. Tous les processus qui conservent l'énergie ne sont pas possibles. Aucune différence d'énergie ne peut être créée sans destruction d'une différence au moins équivalente. Dans le cycle de Carnot, le travail produit se paie d'un flux de chaleur qui *diminue* la différence de température des sources. Le travail mécanique produit et la diminution de la différence de température sont reliés *idéalement* par une *équivalence réversible* : la même machine, fonctionnant à l'envers, peut restaurer la différence initiale tout en consommant le travail produit.

Pas plus que Carnot, Clausius ne s'intéresse encore directement, *en 1850*, aux pertes qui entraînent pour tout moteur réel un rendement inférieur au rendement idéal prédit par la théorie. De ce point de vue, le statut de l'idéalisation est le même que celui des machines mécaniques décrites par Lazare Carnot : tous les bilans réels sont déficitaires *mais seul l'idéal est objet de science.*

Cependant, depuis le XVIIIe siècle, quelque chose a changé dans le statut des idéalisations. En effet, la science nouvelle, fondée sur le principe de conservation de l'énergie, ne prétend plus décrire une idéalisation, mais la nature elle-même, *y compris les « pertes ».* D'où ce nouveau problème, où l'irréversibilité fait intrusion en physique : comment décrire, puisque tout doit pouvoir désormais être décrit, et non plus seulement des idéalisations, ce qui se passe dans la machine réelle ? Quelle est la nature des perturbations irréversibles qui diminuent le rendement ?

La question technologique posée par Carnot et Clausius débouche donc sur une description des moteurs idéaux, fondée sur la conservation et la compensation, mais ouvre aussi une question nouvelle : celle de la dissipation de l'énergie. Cette question, William Thomson, probablement parce qu'il connaissait et vénérait l'œuvre de Fourier, va le premier être en mesure de la transformer en affirmation, et énoncer le second principe de la thermodynamique.

C'est en effet précisément *le phénomène universel de propagation de la chaleur* que Carnot avait identifié comme l'origine des pertes de puissance du moteur thermique. La loi de Fourier se trouvait donc associée à la description des pertes par conduction qui diminuent le rendement d'un moteur thermique. Le cycle de Carnot, non plus le cycle idéal mais tout cycle réel, devient ainsi le point de rencontre des deux « universalités » découvertes par le XIXe siècle, celle de la conversion de l'énergie et celle de la propagation de la chaleur ; et puisque la propagation irréversible de la chaleur est, dans ce contexte, synonyme de perte de rendement, elle deviendra, dès 1852, tendance à la dégradation universelle de l'énergie mécanique.

Thomson a ainsi accompli le saut vertigineux de la technologie des moteurs à la cosmologie. Le monde laplacien était un monde conservatif et éternel, à l'image de la machine simple idéale. Parce que la cosmologie de Thomson n'est pas seulement à l'image de la nouvelle machine thermique idéale, mais incarne aussi les conséquences de la propagation irréversible de la chaleur dans un monde où l'énergie se conserve, ce monde sera décrit comme une machine au sein de laquelle la conversion de la chaleur en mouvement ne peut se faire qu'au prix d'un gaspillage irréversible, d'une dissipation inutile d'une certaine quantité de chaleur. Les différences productrices d'effets ne cessent de diminuer au sein de la nature ; le monde, de conversion en conversion, épuise ses différences et se dirige vers l'état final défini par Fourier, l'état d'équilibre thermique où aucune différence ne subsiste plus qui pourrait produire un effet.

Nous venons d'expliquer la formulation du second principe en évoquant le contexte proprement scientifique : conservation de l'énergie, science des moteurs, loi de Fourier. Il est cependant particulièrement clair que le rôle du contexte culturel a été au moins aussi important en la matière. Nous pouvons évoquer cette question de deux points de vue différents. D'une part, nous l'avons signalé, il est généralement admis que le thème du temps a pris, au XIXe siècle, une importance singulière. Il semble que dans tous les domaines, on découvre le caractère essentiel du temps : évolutions des formations géologiques, des espèces, des sociétés, de la morale, du goût, des langages. D'autre part, on peut certes affirmer que la forme spécifique sous laquelle le temps s'introduit en physique, à savoir l'évolution vers l'homogénéité et la mort, résonne avec de très anciens archétypes mythiques et religieux. Mais les répercussions culturelles de la mutation sociale et économique de l'époque peuvent également y être décelées, la transformation rapide du mode technique de l'insertion dans la nature, le progrès qui s'accélère au XIXe siècle, soulèvent une inquiétude dont témoigne aujourd'hui encore le succès de propositions telles que « limites à la croissance » ou « croissance zéro ». La hantise de l'épuisement des stocks et de l'arrêt des moteurs, l'idée d'un déclin irréversible traduisent certainement cette angoisse propre au monde moderne.

En 1865, Clausius à son tour accomplissait le passage caractéristique entre technologie et cosmologie. Pourtant, il se bornait apparemment à répéter ses anciennes conclusions, mais dans un langage nouveau, centré autour du concept d'*entropie*. Ce langage devait faire apparaître plus clairement la problématique dont est née la thermodynamique, la dissociation entre les concepts de conservation et de réversibilité : contrairement aux transformations mécaniques où les idéaux de réversibilité et de conservation coïncident, une transformation physico-chimique peut conserver l'énergie tout en ne pouvant être renversée. Tel est le cas du frottement, où le mouvement se convertit en chaleur, ou de la diffusion de chaleur décrite par Fourier.

Tout d'abord, il ne s'agissait pour Clausius que d'exprimer d'une manière nouvelle l'exigence qui définit tout système moteur : son retour à l'état initial une fois le cycle accompli, une fois que flux et conversion de chaleur se sont compensés. Il était commode d'introduire à cet effet une « fonction d'état », une fonction qui ne dépend que de la valeur des paramètres (pression, volume, température, quantité de chaleur dans le système) qui permettent de décrire l'état du système[1]. En fait, nous connaissons déjà une telle fonction d'état, l'énergie, mais caractériser le passage entre deux états d'un système par la variation d'énergie ne suffit pas ; il nous faut aller au-

1. Il fallut notamment comprendre que, contrairement à ce qui se passe en mécanique, n'importe quelle situation d'un système thermodynamique ne constitue pas un état de ce système, bien au contraire. E. Daub, dans « Entropy and Dissipation » (*Historical Studies in the Physical Sciences,* vol. 2, 1970, p. 321-354) analyse les malentendus multiples de Thomson et Tait devant l'entropie de Clausius avant que ses propriétés de fonction d'état soient bien comprises.

delà du simple principe de conservation de l'énergie et trouver le moyen d'exprimer la distinction entre les flux « utiles », ceux qui compensent exactement une conversion au cours du cycle, et les flux « dissipés », perdus, ceux qu'une inversion du fonctionnement du système ne pourrait ramener à la source chaude. Tel est le rôle de la fonction d'état S, l'*entropie*[1].

Après chaque cycle, qu'il soit ou non idéal, l'entropie, fonction d'état du système, reprend sa valeur initiale. Mais c'est seulement dans le cas d'un cycle idéal que la variation d'entropie dS, pendant un temps très court dt, peut être définie par une relation d'équivalence entre cette variation et les échanges avec le milieu qui, pendant le temps dt, la provoquent. Et c'est dans ce cas seulement qu'une inversion du sens des échanges entre système et milieu se traduit par une inversion du signe de la variation de l'entropie. Dans le cas des cycles non idéaux, seule une partie de dS, que nous appellerons d_eS, possède ces propriétés; d_eS décrit le « flux » d'entropie entre milieu et système, l'ensemble des transformations du système déterminées par les flux d'échange avec le milieu, et qui peuvent être annulées par une inversion de ces flux. Mais les échanges avec le milieu provoquent d'autres transformations à l'intérieur du système, qui, elles, sont *irréversibles* : ce sont celles qui entraînent une diminution de rendement dans le cycle de Carnot, c'est-à-dire des flux qu'une inversion du sens de fonctionnement du cycle ne peut ramener à la source chaude. Le terme d_iS, qui décrit ces transformations, est toujours positif ou nul; une inversion des échanges avec le milieu ne change pas son signe. La variation d'entropie dS est donc la somme de deux termes, d_eS et d_iS, aux propriétés différentes; le premier est indépendant de la direction du

1. Max Planck (*Autobiographie scientifique*, Paris, Albin Michel, 1960) rappelle combien il était isolé lorsqu'il souligna la singularité de la chaleur et rappela que c'est la conversion de chaleur en une autre énergie qui pose problème. Les énergétistes comme Ostwald voulaient donner le même statut à toutes les énergies. Pour eux, la chute d'un corps entre deux niveaux d'altitude constituait la mise en œuvre d'une différence productrice essentiellement de même nature que le passage de chaleur entre deux corps de températures différentes : cette assimilation gommait la distinction entre un processus *idéalement réversible*, comme un mouvement mécanique, et un processus *intrinsèquement irréversible*, comme la diffusion de chaleur. Ce faisant, les énergétistes avaient en fait retrouvé une position fort proche de celle que nous avons reconnue à Lagrange. Au lieu de voir, comme ce dernier, dans la *conservation de l'énergie* une propriété n'appartenant qu'aux cas idéaux, mais qui serait *la seule* susceptible d'un traitement rigoureux, ils firent de la conservation de l'énergie une propriété de *toute* transformation physico-chimique mais virent dans la *conservation des différences d'énergie* (nécessaire à toute transformation car seule une différence d'énergie peut produire une autre différence) un cas « seulement idéal mais qui seul peut être objet de science rigoureuse ».

temps puisque son signe dépend seulement du sens des échanges avec le milieu; le second ne peut que faire croître l'entropie au cours du temps, ou la laisser constante.

Notons immédiatement le caractère unique de la décomposition de la variation d'entropie. Dans le cas de l'énergie, E, la situation est radicalement différente. Nous pourrions certes écrire que dE est égal à la somme d'un terme lié aux échanges et d'un terme lié à la production intérieure, mais le principe de conservation de l'énergie exprime précisément qu'il n'y a pas de « production » d'énergie mais seulement un transfert d'un endroit à l'autre de l'espace. La variation dE de l'énergie se réduit donc à d_eE. D'autre part, si nous pensons à une grandeur non conservée, par exemple la quantité d'hydrogène dans un récipient, cette quantité peut varier par suite d'un apport d'hydrogène ou d'une production d'hydrogène déterminée par des réactions chimiques à l'intérieur du récipient. Mais dans ce cas, le signe du terme « production » n'est pas donné. Nous pouvons, suivant les circonstances, produire ou détruire de l'hydrogène. Le caractère unique de l'énoncé du second principe tient à ce que le terme de production est *toujours positif.* La production d'entropie traduit une évolution irréversible du système.

Nous avons à plusieurs reprises évoqué le problème des « pertes », en mécanique ou dans la science des moteurs thermiques. C'est que, lorsque la description physique privilégie les transformations naturelles qui peuvent être idéalisées comme réversibles, seules les « pertes », l'écart entre l'idéal réversible et la transformation réelle qui ne l'est jamais tout à fait, subsistent pour rappeler à l'intérieur de la physique que la plupart des évolutions naturelles sont intrinsèquement irréversibles. La thermodynamique de Clausius ne donne de signification physique précise qu'aux transformations réversibles. À propos de la « production d'entropie », elle se borne à affirmer l'existence de l'inégalité $d_iS/dt \geqslant 0$. En apparence, aucun progrès n'a été réalisé mais en fait cette seule définition va permettre d'aller au-delà de la problématique des pertes de rendement. Car, si nous passons du cycle de Carnot à tout autre système thermodynamique, *la distinction entre flux et production d'entropie peut toujours être opérée.* Dans un système isolé, qui n'échange rien avec le milieu, le flux d'entropie est, par définition, nul. Seul subsiste le terme de production, et l'entropie du système ne peut dès lors qu'augmenter ou rester constante. Il n'est plus question ici des transformations irréversibles en tant qu'approximations de transformations réversibles: la croissance de l'entropie désigne une *évolution spontanée* du système. L'entropie devient ainsi un « indicateur d'évolution », et traduit l'existence en physique d'une « flèche du temps » : pour tout système isolé, le futur est la direction dans laquelle l'entropie augmente.

Mais quel système serait mieux isolé que l'Univers tout entier? Et qu'importe que l'évolution de l'Univers ne puisse être définie de manière physiquement précise, puisque, justement, la thermodynamique de Clausius ne cherche pas à définir les processus irréversibles, mais seulement à affirmer leur existence. En 1865, Clausius donne des deux principes de thermodynamique un énoncé cosmologique désormais fameux :

> *« Die Energie der Welt ist konstant.*
> *Die Entropie der Welt strebt einem Maximum zu. »*

Même si on abandonne le contexte cosmologique, l'énoncé : *l'entropie d'un système isolé augmente jusqu'à un maximum*, dépasse largement le problème technologique posé à l'origine de la thermodynamique. L'augmentation d'entropie n'est plus synonyme de pertes, elle se trouve rattachée aux *processus naturels* dont le système est siège et qui le mènent invariablement vers l'équilibre, état où l'entropie est maximale et où aucun processus producteur d'entropie ne peut plus se produire.

On peut, rétrospectivement, mesurer la nature du geste par lequel Carnot fonda la thermodynamique et fit taire les fournaises; en se donnant les « deux sources », il séparait ce qui, dans un moteur, est intrinsèquement irréversible, soit le processus de combustion producteur du mouvement, de ce qui peut être idéalisé et ramené à des transformations réversibles.

Les transformations réversibles appartiennent à la science classique en ce sens qu'elles définissent la possibilité d'agir sur un système, de le contrôler. L'objet dynamique était contrôlable par l'intermédiaire de ses conditions initiales : une préparation adéquate du système entraîne l'évolution souhaitée vers tel ou tel état prédéterminé. L'objet thermodynamique, lorsqu'il est défini en termes de ses transformations réversibles, est contrôlable par ses conditions aux limites : un système à l'équilibre thermodynamique dont on change *très progressivement* soit la température, soit le volume, soit la pression, passe par une série d'états d'équilibre, et l'inversion de la manipulation entraîne, idéalement, le retour à l'état initial. Le caractère réversible de l'évolution et la soumission au contrôle par les conditions aux limites sont entièrement solidaires. Dans ce cadre, l'irréversibilité est définie négativement, elle n'apparaît que comme une évolution « incontrôlée » qui se produit chaque fois que le système échappe à la maîtrise. Mais ce point de vue peut être inversé : on peut voir, dans les processus irréversibles qui font baisser le rendement, la dernière trace qui puisse subsister de l'*activité* spontanée et intrinsèque de la matière dans une situation où les manipulations réussissent à la canaliser. La distance entre le rendement idéal et le rendement réel traduit alors de manière négative une propriété qui distingue essentiellement les systèmes de la dynamique classique de ceux de la thermodynamique : l'objet thermodynamique, *contrairement à l'objet dynamique*, n'est jamais contrôlé que partiellement ; il peut lui arriver de « s'échapper » en une évolution spontanée *parce que, pour lui, toutes les évolutions ne se valent pas.*

La relation $dS = d_eS + d_iS$ signifie donc que l'évolution spontanée vers l'équilibre est *d'une autre nature* que l'évolution déterminée et contrôlée par une altération des conditions aux limites (telles que la température ambiante). Pour un système isolé, l'équilibre apparaît comme un véritable « attracteur » des états de non-équilibre et nous pouvons généraliser notre premier énoncé en disant que l'évolution vers un état attracteur est différente de toute autre évolution, et particulièrement de l'évolution depuis un état attracteur vers un autre état attracteur, lorsque le système est contraint à évoluer.

Max Planck souligna clairement la différence entre ces deux modes d'évolution naturelle, et la singularité de certains états que révèle cette différence. Il semble, écrit Planck, que la nature « privilégie » certains états ; la croissance irréversible de l'entropie, d_iS/dt, décrit l'approche du système vers un état qui l'« attire », qu'elle préfère et dont elle ne s'éloignera pas spontanément : approche irréversible. « En se plaçant à ce point de vue il ne peut donc exister de processus dont l'état final serait un objet d'attrait moindre pour la nature que l'état initial. Les changements réversibles sont un cas limite dans lequel la nature a autant de propension pour l'état initial que pour l'état final ; c'est pourquoi le passage est possible de l'un à l'autre dans les deux sens[1]. »

Combien ce langage est étranger à celui de la dynamique ! Là, le système évolue sur une trajectoire donnée une fois pour toutes, et garde éternellement le souvenir de son point de départ (puisque les

1. PLANCK M., *Initiations à la physique*, Paris, Flammarion, 1941, p. 18-19.

conditions initiales déterminent une fois pour toutes la trajectoire). Ici, au contraire, *tous* les systèmes en état de non-équilibre évoluent vers le *même* état d'équilibre. Arrivé à l'équilibre, le système a *oublié* ses conditions initiales, a oublié la manière dont il a été préparé. Seul compte le « bassin attracteur » : tous les systèmes dont un état appartient à ce bassin se dirigent vers le même état final, caractérisé par le même comportement, le même ensemble de propriétés. Ainsi, la chaleur spécifique, ou la compressibilité d'un système à l'équilibre, sont des propriétés caractéristiques indépendantes de la manière dont nous avons préparé un système. (C'est d'ailleurs une circonstance heureuse, qui simplifie énormément l'étude des états physiques de la matière, et même qui, à la limite, la rend possible. En effet, pour que nous puissions parler de chaleur spécifique, de compressibilité, il faut des systèmes formés d'un nombre immense de particules[1]. Du point de vue dynamique, il est pratiquement exclu qu'un état puisse être reproduit étant donné l'infinie variété des états et des comportements dynamiques réalisables dans un système de 10^{23} particules.)

Nous aboutissons ainsi à deux descriptions foncièrement différentes : la dynamique, applicable au monde des masses en mouvement, et la thermodynamique, base de la science du complexe. Mais devant cette dualité se pose immanquablement la question : comment articuler ces descriptions ? C'est un problème qui n'a cessé d'être discuté depuis la formulation des lois de la thermodynamique.

4. *Le principe d'ordre de Boltzmann*

Comme nous venons de le voir, l'opposition entre attracteur et loi du mouvement ouvre le problème de l'articulation entre les deux descriptions, et de la possibilité d'un passage de l'une à l'autre[2].

À la fin du XIXe siècle, la réponse à cette dernière question appa-

1. On introduit, en chimie physique, le nombre d'Avogadro, le nombre de molécules dans une « mole » de matière (toute « mole » contient le même nombre de particules : le nombre d'atomes d'hydrogène dans un gramme). Ce nombre est de l'ordre de 6.10^{23}, et c'est là l'ordre de grandeur caractéristique du nombre de particules qui constituent les systèmes régis par les lois de la thermodynamique classique.

2. Dans *Le Retour éternel et la philosophie de la physique* (Paris, Flammarion, 1927), Abel Rey a raconté tous les efforts déployés par les physiciens du XIXe siècle pour échapper à une définition pragmatiste de l'irréversibilité (dissipation de l'énergie utilisable), et il conclut en montrant que Boltzmann résout le problème en identifiant énergie utilisable et (comme nous le verrons) état improbable.

raissait comme négative à la plupart des chercheurs : les deux principes de thermodynamique constituaient des lois fondamentales neuves, base d'une science nouvelle, qu'il était impossible de ramener à la physique traditionnelle, il fallait accepter comme axiomes la diversité qualitative de l'énergie et sa tendance à la dégradation. Telle était du moins la thèse que les « énergétistes » opposaient aux « atomistes ». Ces derniers, quant à eux, refusaient de renoncer à ce qu'ils considéraient être l'ambition même de la physique : ramener la complexité des phénomènes naturels à la simplicité de comportements élémentaires.

En fait, la question du passage entre les niveaux microscopiques et macroscopiques allait, nous le verrons plus loin, se révéler d'une fécondité extraordinaire pour tout le développement de la physique. Boltzmann fut le premier à affronter ce défi : il fallait, pensait-il, trouver des concepts physiques nouveaux pour élargir la physique des trajectoires aux situations décrites par la thermodynamique. Cette innovation conceptuelle, Boltzmann, à la suite de Maxwell, alla la chercher dans le concept de probabilité.

Que la probabilité intervienne comme auxiliaire dans la description d'un phénomène complexe n'était pas en soi une nouveauté. Il semble d'ailleurs que Maxwell se soit inspiré de l'œuvre de Quételet qui inventa l'« homme moyen » en sociologie. L'innovation consistait à introduire la probabilité en physique et cela, non pas à titre d'instrument d'approximation mais bien de principe explicatif, à montrer quel comportement nouveau un système peut adopter du fait d'être formé d'une population nombreuse (voir p. 201, note 1).

Prenons un exemple simple de l'application du concept de probabilité en physique. Une population de N particules se trouve dans une boîte divisée en deux compartiments égaux. La question se pose de connaître la probabilité des diverses répartitions possibles des particules entre les compartiments, c'est-à-dire la probabilité de trouver N_1 particules dans le premier compartiment (et $N_2 = N - N_1$ dans le second).

L'analyse combinatoire permet de calculer le nombre de manières dont chaque répartition différente des N particules peut être réalisée. Ainsi, si $N = 8$, il y a une seule manière de mettre les huit particules dans une seule moitié ; par contre, il y a déjà huit manières différentes de mettre une particule dans une moitié, les sept autres dans la seconde ; et la répartition égale des huit particules entre les deux moitiés peut être réalisée de $8!/4!4! = 70$ manières différentes (où $n! = 1 . 2 . 3 ... (n - 1) . n$). De manière similaire, quel que soit N, on peut définir un ***nombre de complexions***, P, donnant le nombre de manières de réaliser une répartition particulière N_1, N_2; $P(N_1, N_2) = N!/N_1!\,N_2!$.

Pour une population donnée le nombre de complexions est d'autant plus élevé que la différence entre N_1 et N_2 est petite : il est maximum lorsque la population est également répartie entre les deux moitiés. Il est remarquable que plus N est grand, plus se creuse la différence entre les nombres de complexions correspondant aux divers modes de répartition. Pour les N de l'ordre de 10^{23} des systèmes macroscopiques, l'écrasante majorité des répartitions particulières possibles réalisent la répartition $N_1 = N_2 = N/2$. Pour les systèmes composés d'un grand nombre de particules, tout état différent de l'équipartition peut donc être qualifié de très improbable.

C'est Boltzmann qui le premier fit remarquer que l'on pouvait interpréter la croissance irréversible de l'entropie comme l'expression de la croissance du désordre moléculaire, de l'oubli progressif de toute dissymétrie initiale car toute dissymétrie est improbable par rapport à l'état correspondant au nombre de complexions maximal. L'idée de Boltzmann fut donc d'identifier essentiellement l'entropie au nombre de complexions : l'entropie caractérise chaque état macroscopique par la mesure du nombre de façons différentes de réaliser cet état[1], $S = k \ln P$. Le facteur de proportionnalité k est une constante universelle appelée constante de Boltzmann.

L'importante formule de Boltzmann fait de l'évolution thermodynamique irréversible une évolution vers des états de probabilité croissante, et de l'état attracteur, l'état macroscopique réalisé par la presque totalité des états microscopiques dans lesquels peut se trouver le système. Nous sommes, dès maintenant, très loin de Newton. Pour la première fois, un concept physique a été expliqué en termes de probabilité. Certes, le statut de cette explication reste problématique, mais sa fécondité est d'ores et déjà éclatante. La probabilité suffit à expliquer l'oubli de toute dissymétrie initiale, de toute répartition particulière (par exemple, l'ensemble des particules rassemblées dans une sous-région du système, ou bien la distribution des vitesses qui résulte du mélange de deux gaz à températures différentes). Cet oubli provient du fait que, *quelle que soit l'évolution particulière du système*, il finira par aboutir à l'un des états microsco-

1. La relation logarithmique traduit le fait que l'entropie est une grandeur additive ($S_{1+2} = S_1 + S_2$) alors que les nombres de complexions sont multiplicatifs ($P_{1+2} = P_1 \cdot P_2$).

piques qui correspondent à l'état macroscopique de désordre et de symétrie maximum; en effet, l'écrasante majorité des états microscopiques possibles réalisent cet état. Une fois dans cet état, et pour la même raison, le système ne s'en éloignera que pour des temps et à des distances très petites; il ne cessera de *fluctuer* autour de l'état attracteur.

Le principe d'ordre de Boltzmann implique que l'état le plus probable accessible à un système est celui où les événements en foule qui se produisent simultanément dans ce système *compensent statistiquement* leurs effets. Pour reprendre l'exemple de départ, quelle que soit la répartition initiale, l'évolution du système finira par le mener à l'équirépartition $N_1 = N_2$. Cet état mettra un terme à l'évolution macroscopique irréversible du système: certes, les particules ne cesseront pas de passer d'une moitié dans l'autre mais comme il en passera en moyenne en chaque instant *autant dans une direction que dans l'autre*, leurs mouvements ne pourront plus entraîner que des *fluctuations*, inévitables, continuelles, mais petites et vouées à une régression rapide autour de $N_1 = N_2$. L'interprétation probabiliste de Boltzmann permet donc de comprendre la singularité des états attracteurs qu'étudie la thermodynamique d'équilibre.

Nous venons de traiter le cas d'un système isolé: non seulement le nombre de particules mais l'énergie totale du système sont fixés par les conditions aux limites. Le raisonnement de Boltzmann a pu être généralisé aux systèmes fermés et ouverts qui admettent un état d'équilibre. Dans le cas d'un système fermé que les échanges thermiques avec le milieu maintiennent à une température T invariante, l'équilibre est défini non par le maximum de l'entropie, mais par le minimum d'une fonction analogue, l'énergie libre, $F = E - TS$, où E est l'énergie du système.

La structure de cette formule traduit le fait que l'équilibre résulte ici d'une compétition entre les facteurs énergétiques et entropiques. C'est la température qui détermine les poids relatifs des deux facteurs: à basse température l'énergie est dominante; se forment alors des *structures ordonnées* (entropie faible) et de *basse énergie*, tels les cristaux; au sein de telles structures chaque atome, chaque molécule interagit avec ses voisins, et les énergies cinétiques sont assez petites pour que ces forces d'interaction maintiennent les particules pratiquement immobiles. Au contraire, à haute température, c'est l'entropie qui est dominante, et, avec elle, le désordre moléculaire. Nous arrivons ainsi à l'état liquide, puis à l'état gazeux.

L'entropie S pour un système isolé, l'énergie libre F pour un système à température T fixée, sont des exemples de « potentiels thermodynamiques ». L'extremum d'un potentiel thermodynamique définit l'état attracteur vers lequel tout système dont les conditions aux limites correspondent à la définition de ce potentiel tend spontanément.

Soulignons enfin que le principe d'ordre de Boltzmann permet ainsi de prévoir la formation de structures physiques *ordonnées* et de décrire la coexistence de phases au sein d'un système à l'équilibre : ainsi l'équilibre entre un produit cristallisé et ce produit en solution. Les structures d'équilibre constituent, il est important de le préciser, des structures définies à l'échelle moléculaire ; ce sont les interactions entre les molécules, d'une portée de l'ordre de quelque 10^{-8} cm (angström), qui stabilisent l'édifice cristallin et lui confèrent ses propriétés macroscopiques. La dimension du cristal, quant à elle, n'est pas une propriété intrinsèque de la structure, elle traduit seulement la quantité de matière qui, à l'équilibre, appartient à la phase cristalline.

La thermodynamique d'équilibre apporte une réponse satisfaisante en ce qui concerne un nombre immense de phénomènes physico-chimiques. Cependant, cette réponse reste incomplète, et cela de deux points de vue au moins.

Tout d'abord, s'il est acquis que l'équilibre constitue une notion statistique, correspond à l'état de probabilité maximale étant donné les conditions aux limites, il reste à savoir comment justifier l'introduction de la probabilité elle-même, qui reste jusqu'ici une notion étrangère à la description dynamique et à ses trajectoires déterministes. D'autre part, on peut se demander, et c'est le point que nous allons étudier ici, si les structures d'équilibre suffisent à interpréter les divers phénomènes de structuration que nous rencontrons dans la nature. À cette question, la réponse est clairement négative.

Les structures d'équilibre résultent de la compensation statistique de l'activité de la foule des constituants élémentaires. Elles sont donc dépourvues d'activité macroscopique, inertes au niveau global. En un sens, elles sont également immortelles ; une fois formées, elles peuvent être isolées et se maintenir indéfiniment sans avoir plus besoin d'aucun échange avec le milieu. Or, que nous examinions une cellule ou une ville, la même constatation s'impose : non seulement, ces systèmes sont ouverts, mais ils vivent de leur ouverture, ils se nourrissent du flux de matière et d'énergie qui leur vient du monde extérieur. Il est exclu qu'une ville, ou une cellule vivante, évolue vers une compensation mutuelle, un équilibre, entre les flux entrant et sortant. Si nous le décidons, nous pouvons isoler un cristal, mais la ville et la cellule, coupées de leur milieu, meurent rapidement ; elles sont partie intégrante du monde qui les nourrit, elles constituent une sorte d'incarnation, locale et singulière, des flux qu'elles ne cessent de transformer.

Et ce n'est pas seulement la nature vivante qui est foncièrement étrangère aux modèles de la thermodynamique d'équilibre. L'hydrodynamique, la science des flux et des turbulences, la météorologie, la science de l'organisation instable des masses d'air en fonction des flux de matière et de chaleur, décrivent la nature inanimée comme le siège de flux incessants qui la constituent comme active et organisée.

Nous ne voyons pas même comment appliquer le principe d'ordre de Boltzmann à de telles situations. Qu'un système s'uniformise au cours du temps, nous pouvons le comprendre en termes de complexions — à l'état uniforme, lorsque les « différences » créées par les conditions initiales sont oubliées, le nombre de complexions sera le plus grand. Mais qu'un mouvement de convection se produise spontanément, il sera certes impossible de le comprendre de ce point de vue car le courant de convection demande une cohérence, une coopération d'un nombre immense de molécules, c'est un état privilégié auquel ne peut correspondre qu'un nombre de complexions relativement petit. Et si la convection est un « miracle », il en sera de même *a fortiori* pour la vie.

À la limite, la question de pertinence des modèles d'équilibre pourrait même être renversée. Pour pouvoir obtenir un système à l'équilibre, il faut le protéger des flux qui constituent la nature, il faut le « mettre en boîte » — ou en bouteille, comme l'homoncule fragile et artificiel qui, dans le *Second Faust* de Goethe, dit à l'alchimiste qui l'a créé : « Viens, presse-moi sur ton sein avec tendresse, mais pas trop fort pourtant, de crainte que le verre n'éclate. C'est la propriété des choses : à ce qui est naturel, l'Univers suffit à peine ; ce qui est artificiel réclame un espace fermé. » Dans le monde que nous connaissons, l'équilibre est un état rare et précaire, l'évolution vers l'équilibre implique quant à elle un monde assez éloigné du soleil pour que l'isolement d'un système partiel soit concevable (il n'y a pas de « boîte » possible à la température du soleil), mais où le non-équilibre soit de règle : un monde « tiède ».

Pendant longtemps, cependant, des physiciens crurent pouvoir définir l'ordre inerte des cristaux comme le seul ordre physique prévisible et reproductible, et l'évolution vers le désordre et l'inertie comme la seule évolution déductible des lois fondamentales de la physique. Dès lors, les extrapolations tentées à partir des descriptions thermodynamiques allaient définir comme rare et imprévisible l'évolution typique décrite par les sciences biologiques, les sciences de la société et de la culture : complexité croissante, amplification d'innovations. Comment articuler, par exemple, l'évolution darwinienne, *sélection* statistique d'événements rares, avec la *disparition* statistique de toute particularité, de toute configuration rare que décrit Boltzmann ? « Carnot et Darwin peuvent-ils avoir raison en même temps ? » demande à juste titre Roger Caillois[1].

La thermodynamique d'équilibre constitue bien la première réponse apportée par la physique au problème de la complexité de la nature. Cette réponse s'énonce dissipation de l'énergie, oubli des conditions initiales, évolution vers le désordre. Alors que la dynamique, science des trajectoires éternelles et réversibles, était étrangère aux préoccupations du XIXe siècle, la thermodynamique d'équilibre s'est trouvée capable d'opposer au point de vue des autres sciences son propre point de vue sur le temps. Et ce point de vue est celui de la dégradation et de la mort. Diderot, déjà, posait la question : « Que sommes-nous, êtres sensibles et organisés, dans le monde inerte et soumis de la dynamique ? » Depuis un siècle, notre culture est déchirée par cette question nouvelle : Qu'est-ce que l'évolution des vivants, de leurs sociétés, de leurs espèces, dans le monde au désordre croissant de la thermodynamique ? Quel rapport entre le temps thermodynamique de l'approche vers l'équilibre et le temps du devenir complexe, ce temps dont Bergson disait qu'il est invention, ou rien du tout ?

1. CAILLOIS R., « La dissymétrie », in *Cohérences aventureuses,* Paris, Gallimard, collection Idées, 1973, p. 198.

CHAPITRE V

LES TROIS STADES DE LA THERMODYNAMIQUE

1. *Flux et forces*

Reprenons[1] la formulation du second principe. Pour décrire l'évolution de tout système thermodynamique, il existe une fonction, l'entropie, dont la variation s'écrit comme la somme de deux termes : un terme $d_e S$, lié aux échanges, aux flux entre le système et le reste du monde, et un terme de production, $d_i S$, dû aux phénomènes irréversibles, et dont le signe est toujours positif sauf à l'équilibre thermodynamique où il s'annule. Pour les systèmes isolés ($d_e S \equiv 0$), cet état correspond à une valeur maximale de l'entropie.

Pour comprendre le sens physique du second principe, nous devons analyser de plus près les différents phénomènes irréversibles (diffusion de chaleur, mais aussi diffusion de matière, réactions chimiques, etc.), et voir comment ils se rattachent à la production d'entropie $P = d_iS/dt$.

D'une importance particulière pour nous sera la classe de processus irréversibles que constituent les réactions chimiques. Les processus chimiques jouent un rôle fondamental en biologie. Ainsi la cellule vivante est le siège d'une activité métabolique incessante : des milliers de réactions chimiques se produisent simultanément, qui transforment la matière dont la cellule se nourrit, synthétisent ses constituants et rejettent à l'extérieur les produits inutilisables. Cette activité chimique est hautement ordonnée, tant du point de vue de la coordination des différentes vitesses des réactions que de leur localisation dans la cellule. La structure biologique unit ainsi

1. En ce qui concerne la théorie thermodynamique exposée dans ce chapitre et le chapitre qui suit, on consultera : NICOLIS G. et PRIGOGINE I., *Self-Organization in Non Equilibrium Systems*, New York, Wiley-Interscience, 1977 ; GLANSDORFF P. et PRIGOGINE I., *Structure, stabilité et Fluctuations*, Paris, Masson, 1971.

l'ordre et l'activité, en parfait contraste avec les états d'équilibre qui peuvent être ordonnés mais sont inertes. Ce que nous allons donc demander aux processus chimiques c'est de nous donner la clef de la différence de comportement entre un cristal et une cellule.

Nous allons examiner les réactions chimiques d'un double point de vue, cinétique et thermodynamique.

Du point de vue cinétique, la grandeur fondamentale est la *vitesse* de la réaction. La théorie classique de la cinétique chimique part de l'hypothèse que la vitesse d'une réaction chimique est proportionnelle à la concentration des produits qui y participent. Une réaction se produit en effet à l'occasion des collisions entre molécules et il est naturel d'admettre que le nombre de ces collisions est proportionnel au produit des concentrations des molécules réagissantes.

À titre d'exemple, considérons d'abord la réaction simple $A + X \rightarrow B + Y$. Cette formule (schéma réactionnel) signifie que, lorsqu'une molécule A rencontre une molécule X, il existe une certaine probabilité qu'une réaction ait lieu qui produise une molécule B et une molécule Y. Une collision qui provoque une telle modification de la nature des molécules s'appelle une « collision réactionnelle ». Seule une fraction, généralement très petite (par exemple $1/10^6$), des collisions est réactionnelle : dans la plupart, les molécules gardent leur identité et échangent seulement de l'énergie.

La cinétique chimique étudie le changement de concentration des différents produits impliqués dans une réaction. Cette cinétique se décrit par des équations différentielles tout comme le mouvement, décrit par les équations newtoniennes. Mais, cette fois-ci, nous calculons non pas des accélérations mais des vitesses de changement de concentrations, et nous faisons de ces vitesses des fonctions des concentrations de produits réagissant. La vitesse de variation de la concentration de X, dX/dt est ainsi proportionnelle au produit des concentrations de A et de X dans la solution, $dX/dt = -kAX$, où k est un facteur de proportionnalité qui dépend de grandeurs telles que la température et la pression, et mesure la proportion des collisions qui sont réactionnelles, qui entraînent la réaction $A + X \rightarrow Y + B$. Dans le cas pris comme exemple, chaque fois qu'une molécule de X disparaît, une molécule de A disparaît, et une molécule de Y et une de B apparaissent ; les vitesses des variations de concentration sont donc identiques : $dX/dt = dA/dt = -dY/dt = -dB/dt$.

Mais, si une collision entre une molécule de X et une de A peut entraîner une réaction chimique, une collision entre deux molécules

Y et B peut entraîner la réaction inverse. Le système décrit est donc siège d'une seconde réaction : $Y + B \rightarrow X + A$, qui détermine une variation de la concentration de X, $dX/dt = k'YB$. La variation totale de concentration d'une espèce chimique résulte du bilan des réactions directes et inverses. Dans notre exemple, dX/dt $(= -dY/dt = ...) = -kAX + k'YB$.

S'il est laissé à lui-même, un système siège de réactions chimiques évolue vers un état d'équilibre chimique. L'équilibre chimique constitue l'exemple même d'état attracteur : quelle que soit la composition chimique initiale du système, celui-ci gagne spontanément cet état final dont les concentrations chimiques sont données par une loi qui ne dépend que de la nature des réactifs et de paramètres thermodynamiques tels que la température et la pression. L'équilibre chimique est atteint lorsque les réactions directes et inverses se compensent statistiquement de telle sorte que les concentrations ne varient plus ($dX/dt = 0$). Cela implique que le rapport des concentrations d'équilibre est donné par $AX/YB = k'/k = K$, qui constitue ce qu'on appelle la « loi d'action des masses », ou loi de Guldberg et Waage ; K est la « constante d'équilibre ». Le rapport de concentration déterminé par la loi d'action des masses correspond à l'équilibre chimique tout comme l'uniformité de température (pour un système isolé) correspond à l'équilibre thermique. Pour tous ces états, la production d'entropie, déterminée respectivement par les transformations chimiques et par la diffusion de chaleur, s'annule.

Avant de discuter la description thermodynamique des réactions chimiques, attachons-nous un instant à un dernier aspect de la description cinétique. La vitesse des réactions chimiques est influencée non seulement par les concentrations des réactifs et les autres paramètres thermodynamiques (pression, température...), mais souvent aussi par la présence dans le système de substances chimiques qui, sans être elles-mêmes transformées lors de la réaction, modifient la vitesse de celle-ci. De telles substances sont appelées des « catalyseurs ». Les catalyseurs peuvent par exemple modifier la valeur des constantes cinétiques, k ou k', ou même permettre au système d'emprunter un nouveau « chemin réactionnel ». En biologie, les protéines, en particulier les « enzymes », jouent ce rôle. Ces macromolécules possèdent une configuration spatiale qui leur permet d'accélérer une certaine réaction, et généralement une seule : elles possèdent un « site réactionnel » sur lequel les différentes molécules participant à cette réaction sont susceptibles de se fixer, ce qui augmente la probabilité qu'elles se rencontrent et entrent en réaction.

Un type de catalyse très importante, notamment en biologie, est celle où la présence d'un produit est nécessaire à sa propre synthèse : pour produire la molécule X, nous devons déjà partir d'un système qui contient X. Très souvent, par exemple, la molécule X *active* une enzyme : fixée sur l'enzyme, elle stabilise celle de ses configurations où le site réactionnel est accessible. Voici un schéma réactionnel décrivant ce type de situation $A + 2X \rightarrow 3X$. Il s'agit d'un phénomène d'autocatalyse, que l'on peut symboliser par la boucle réactionnelle :

L'une des propriétés remarquables des systèmes comportant de telles « boucles réactionnelles », c'est que les équations cinétiques qui décrivent leur évolution sont des équations différentielles fortement *non linéaires*. En procédant comme plus haut, on obtient pour la réaction $A + 2X \rightarrow 3X$, l'équation cinétique $dX/dt = kAX^2$, où la vitesse de variation de la concentration en X est proportionnelle au carré de cette concentration.

Notons également le cas, très important en biologie, de la catalyse mutuelle. Par exemple, $2X + Y \rightarrow 3X$, $B + X \rightarrow Y + D$ que nous pouvons symboliser par la boucle représentée à la *figure 3*. La catalyse est mutuelle puisque X se produit à partir de Y, et Y à partir de X.

Les propriétés mathématiques singulières des équations différentielles non linéaires, qui décrivent toute cinétique chimique où existent des réactions « non linéaires », boucles de catalyse ou d'inhibition, ont une importance cruciale, nous y reviendrons, pour la thermodynamique des processus chimiques loin de l'équilibre. Et, nous l'avons dit, ces boucles de rétroaction, qui permettent à un produit de réaction de « rétroagir » sur la vitesse de la réaction qui l'a fait apparaître, jouent également un rôle essentiel dans le fonctionnement métabolique tel que l'a exploré la biologie moléculaire.

À côté des vitesses des réactions chimiques, nous pouvons décrire la vitesse d'autres processus irréversibles tels que transport de chaleur, diffusion de matière, etc. On a introduit, pour désigner la vitesse d'un processus irréversible, le terme de « flux » symbolisé par la lettre J. Comme la vitesse de réaction, les autres *flux thermodynamiques* sont des grandeurs *phénoménologiques* : ils ne sont pas déductibles d'une théorie générale mais résultent de l'étude particu-

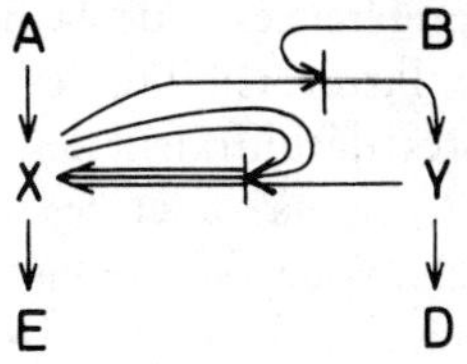

Figure 3

Ce schéma reproduit l'ensemble complet des réactions du système « Brusselator », sur lequel on reviendra à la section 5 de ce chapitre.

lière de chaque processus irréversible. La thermodynamique des processus irréversibles introduit une seconde grandeur : en plus des vitesses généralisées, les flux J, elle définit les « forces généralisées », X, qui « causent » ces flux. Nous le verrons, flux et force permettent de calculer la production d'entropie $P = d_iS/dt$. L'exemple le plus simple est celui de la conduction de chaleur. La loi de Fourier nous apprend que le flux de chaleur J est proportionnel au gradient de température ; ce gradient de température est identifié comme la « force » qui détermine le flux thermique. À l'équilibre thermique, par définition, flux et force s'annulent simultanément...

On peut donner une définition quelque peu semblable de la force généralisée correspondant à la réaction chimique. Reportons-nous à la réaction $A + X \rightarrow Y + B$. Nous avons vu qu'à l'équilibre, le rapport des concentrations est donné par la loi d'action des masses. Comme l'a montré le premier Théophile De Donder, nous pouvons introduire de manière générale une « force chimique », l'*affinité* qui détermine le sens de la réaction chimique de la même manière que le gradient de température détermine le sens du flux de chaleur. Dans le cas de notre réaction, l'affinité est proportionnelle à $log(K\,AX/BY)$ où K est la constante d'équilibre. On voit immédiatement qu'en vertu de la loi d'action des masses, l'affinité est nulle à l'équilibre. Sa valeur absolue est d'autant plus élevée que le système se trouve plus loin de l'équilibre, c'est-à-dire que la différence entre le rapport des concentrations réalisé au sein du système et le rapport déterminé par la loi d'action des masses est plus grande. L'affinité mesure en somme la distance du système par rapport à l'équilibre, et son signe détermine le sens des réactions chimiques susceptibles de mener le système vers l'équilibre, vers l'état « attracteur ».

L'affinité traduit dans le langage moderne des attracteurs —

autrement dit des « préférences » de la nature, de ses tendances invincibles telles que l'irréversibilité les manifeste — l'ancienne affinité où les chimistes déchiffraient les relations électives entre corps chimiques, les « amours » et les « haines » moléculaires. L'idée que l'activité chimique est irréductible à la calme domination des lois dynamiques ne fut en fait jamais totalement oubliée. Nietzsche, par exemple, affirmait qu'il était détestable d'entendre parler de « lois chimiques », comme si les corps chimiques étaient soumis à des lois, similaires aux lois morales; en chimie, protestait-il, il n'y a pas soumission, chaque corps fait tout ce qu'il peut; il n'est pas question de respect mais d'affrontement de puissances, de domination du plus faible par le plus fort, impitoyablement[1]. La thermodynamique, qui fait de l'équilibre chimique, à affinité nulle, l'exemple type d'état attracteur, reprend donc un très ancien problème dans le cadre théorique nouveau de la science du XIXe siècle[2]. Quant à l'événement de la réaction chimique lui-même, il constitue l'exemple type de *processus*, caractérisé par un « début » et une « fin », qui échappe aux théories de la physique réversible. La mécanique quantique peut certes décrire les propriétés de stabilité des différentes molécules. Elle ne peut décrire la dimension irréversible du processus au cours duquel deux molécules interagissent et se transforment.

Nous pouvons formuler maintenant une relation fondamentale, qui vaut pour l'ensemble des processus irréversibles : la production d'entropie par unité de temps, P, s'écrit comme une somme sur tous les processus irréversibles présents dans le système décrit, chaque terme de la somme étant le produit du flux J, vitesse du processus irréversible par la force X (affinité, gradient de température, etc.) qui engendre ce processus $P = d_iS/dt = \sum_n J_n X_n$. Nous ne pouvons nous étendre sur la question du domaine de validité de cette équation fondamentale. Notons brièvement que ce domaine est le « domaine macroscopique » dans lequel les fluctuations locales sont

1. NIETZSCHE F., *Der Wille zur Macht, Sämtliche Werke*, Stuttgart, Kröner, 1964, aphorisme 630.

2. Quel contenu physique précis donner à la loi générale de croissance d'entropie? Quels sont les processus qui, irréversiblement, font croître l'entropie? Pour le physicien mathématicien qu'était De Donder, l'activité chimique de la matière avait bien l'obscurité impénétrable qui devait en faire l'« autre » de la mécanique rationnelle. La chimie, mise en scène dans les *Affinités électives* de Goethe (dont De Donder était grand lecteur), la chimie à la question de laquelle les physiciens n'avaient jamais pu vraiment répondre, et l'énigme moderne de l'irréversibilité venaient ainsi se joindre en un défi désormais incontournable. Voir aussi PRIGOGINE I. et STENGERS I., « Les Deux cultures aujourd'hui » in *La Nouvelle Revue Française*, n° 316, p. 42-54, 1979.

suffisamment faibles pour que le système puisse être décrit dans chacune de ses régions infinitésimales par un nombre limité de grandeurs macroscopiques telles que la température et la pression.

La production d'entropie permet de distinguer trois grands domaines de la thermodynamique, dont l'étude a constitué trois étapes successives de son développement. La production d'entropie, les flux et les forces sont simultanément nuls *à l'équilibre*; dans le domaine *proche de l'équilibre*, où les forces thermodynamiques sont faibles, le flux est une fonction linéaire de la force, $J_k = \sum_h L_{kh} X_h$. Le troisième domaine est appelé domaine « *non linéaire* » parce que le flux y est une fonction plus compliquée de la force.

2. *La thermodynamique linéaire*

C'est pour le domaine proche de l'équilibre qu'Onsager découvrit en 1931 la première relation générale appartenant à la thermodynamique de non-équilibre. Ce sont les célèbres « relations de réciprocité ». Ces relations de réciprocité montrent que, lorsqu'un processus irréversible k est influencé par la force thermodynamique X_h, ($L_{kh} \neq 0$), le processus irréversible h est aussi influencé par la force X_k ($L_{hk} \neq 0$). De plus, les deux effets s'expriment à l'aide de la même grandeur, $L_{kh} = L_{hk}$. Ainsi, l'existence d'un gradient thermique peut déterminer un processus de diffusion de matière, et l'apparition d'un gradient de concentration dans un mélange initialement homogène; symétriquement un gradient de concentration entraîne, avec le même coefficient de proportionnalité, un flux de chaleur à travers le système.

Il faut insister sur le caractère *général* des relations d'Onsager. Peu importe, par exemple, que les phénomènes irréversibles se produisent en milieu gazeux, liquide ou solide. Les relations de réciprocité sont valables indépendamment de toute hypothèse microscopique; si L_{kh} est différent de zéro, il en sera de même pour L_{hk}, et les deux grandeurs sont égales.

La généralité des relations de réciprocité a constitué le premier résultat appartenant à la thermodynamique des phénomènes irréversibles qui permette de penser que ce domaine n'était pas un *no man's land* mal défini, mais un sujet d'étude d'une fécondité potentielle égale à celle de la thermodynamique d'équilibre. La thermodynamique d'équilibre a été l'œuvre du XIXe siècle, la thermodynamique de non-équilibre, celle du XXe siècle, et les relations d'Onsager ont été le point crucial dans le transfert d'intérêt de l'équilibre vers le non-équilibre.

Il reste un second résultat général dans ce même domaine de la thermodynamique *linéaire* de non-équilibre. Nous avons déjà parlé des potentiels thermodynamiques dont l'extremum désigne l'état d'équilibre vers lequel l'évolution thermodynamique tend irréversiblement. Nous avons cité l'exemple de l'entropie S pour les systèmes isolés, et de l'énergie libre F pour les systèmes fermés à température fixée par les échanges avec le milieu. La thermodynamique des systèmes proche de l'équilibre est fondée, elle aussi, sur l'existence d'une fonction potentiel, la *production d'entropie P*.

Le théorème de production minimale d'entropie déduit en effet du deuxième principe que, dans le domaine où les relations d'Onsager sont valides, le domaine linéaire, un système évolue vers un état stationnaire caractérisé par la production d'entropie *minimale* compatible avec les contraintes imposées au système. Ces contraintes peuvent être déterminées par les conditions aux limites. Elles peuvent, par exemple, correspondre au maintien de deux points du système à des températures différentes, ou à un flux de matière qui ne cesse de nourrir une réaction et d'éliminer ses produits. Un cas particulièrement simple est celui où les conditions aux limites imposent au système une force thermodynamique de valeur constante et, ce faisant, le maintiennent à une distance donnée de l'équilibre.

L'état stationnaire vers lequel évolue alors le système est un état caractérisé par des vitesses non nulles des processus dissipatifs (c'est-à-dire, irréversibles), mais ces vitesses sont ajustées en fonction de la force imposée de telle sorte que toutes les grandeurs qui décrivent globalement le système sont maintenues à des valeurs indépendantes du temps. En particulier, l'entropie du système est maintenue constante, $dS = 0$, ce qui implique que $d_eS = -d_iS < 0$. Le flux de chaleur ou de matière venu du milieu détermine une variation d'entropie d_eS négative qui compense exactement la variation d'entropie d_iS liée aux processus irréversibles.

À l'état stationnaire, l'activité du système augmente donc continuellement l'entropie du milieu, mais de la valeur minimale compatible avec les conditions aux limites. Dans ce contexte, l'état d'équilibre n'est rien d'autre que l'état stationnaire particulier accessible lorsque les conditions aux limites admettent une production d'entropie nulle. En somme, le théorème de production minimale d'entropie exprime une « inertie » commune aux systèmes qui peuvent gagner l'équilibre et à ceux qui se rapprochent de l'équilibre d'aussi près que leurs conditions aux limites le leur permettent, du moment que l'état vers lequel ils tendent ainsi appartient au domaine linéaire.

La thermodynamique linéaire décrit donc des comportements stables, prévisibles, des systèmes qui tendent vers le taux minimal d'activité compatible avec les flux qui le nourrissent. Le fait que la thermodynamique linéaire, tout comme la thermodynamique d'équilibre, permette de définir un potentiel implique d'autre part que, comme l'évolution vers l'équilibre, l'évolution vers l'état stationnaire signifie l'oubli des conditions initiales particulières. Quelle que soit sa situation initiale, le système atteint finalement un état déterminé par ses conditions aux limites ; sa réaction à un changement de ces conditions est elle aussi prévisible.

L'activité irréversible ne joue donc pas ici un rôle essentiellement différent de son rôle à l'équilibre. Quoiqu'elle ne s'annule pas, elle n'empêche pas l'évolution irréversible de constituer une évolution vers un état entièrement déductible à partir de lois générales, de s'identifier à un « devenir-général », et non point à un « devenir-complexe », à un « devenir-singulier ». Dans ce sens la thermodynamique linéaire ne permet donc pas de dépasser le paradoxe de l'opposition entre Darwin et Carnot, entre l'apparition de formes naturelles organisées et la tendance physique à la désorganisation.

3. *La thermodynamique non linéaire*

À l'origine du développement de la thermodynamique non linéaire se situe une constatation dont la fécondité fut d'autant plus remarquable qu'elle constituait un résultat négatif : il avait fallu reconnaître l'impossibilité de trouver une méthode générale de définition d'une fonction potentiel pour les systèmes où les flux ne sont pas des fonctions linéaires des forces. Loin de l'équilibre, la production d'entropie continue à décrire les différents régimes thermodynamiques, mais elle ne permet plus de définir un état attracteur, terme stable de l'évolution irréversible.

L'absence de fonction potentiel impose à la thermodynamique un nouveau problème, celui de la stabilité des états vers lesquels un système est susceptible d'évoluer. En effet, lorsque l'état attracteur est défini par un extremum déterminé d'un potentiel, sa stabilité est assurée. Il est vrai que toute fluctuation éloigne le système de l'extremum, qui correspond en fait toujours au minimum de la production d'entropie, et entraîne dès lors une augmentation de cette production, mais le second principe impose un retour vers l'état attracteur. Ce dernier est donc « garanti » contre le désordre de l'activité élémentaire et contre les déviations par rapport aux lois moyennes que ce désordre ne cesse d'engendrer. Dès qu'un potentiel peut être défini, nous décrivons donc un « monde stable » au sein duquel les systèmes suivent une évolution qui les mène à s'immobiliser définitivement en un aboutissement statique imposé par l'extremum correspondant de la fonction potentiel.

Lorsque la force thermodynamique imposée au système atteint des valeurs assez élevées pour dépasser le régime linéaire, l'immunité des états stationnaires par rapport au désordre moléculaire n'est plus automatiquement acquise. Dès lors, la possibilité d'une instabilité doit être étudiée pour chacun de ces états : il faut examiner la manière dont chacun réagit aux différents types de fluctuation qui peuvent le perturber. La stabilité n'est plus l'attribut d'un état en tant que tel mais le résultat d'un examen qui conclut à la régression de toutes les fluctuations possibles. Le système sera dit instable si une telle analyse montre que certaines des fluctuations, au lieu de régresser, peuvent s'amplifier, envahir tout le système, le faire évoluer vers un nouveau régime de fonctionnement qualitativement différent des états stationnaires définis par le minimum de production d'entropie.

La thermodynamique permet ainsi de préciser quels systèmes sont susceptibles d'échapper au type d'ordre qui régit l'équilibre, et à partir de quel seuil, de quelle distance de l'équilibre, de quelle valeur de la contrainte imposée, les fluctuations deviennent capables d'entraîner le système vers un comportement tout différent du comportement usuel des systèmes thermodynamiques.

Dans le domaine de l'hydrodynamique, de l'écoulement des fluides, de tels phénomènes étaient bien connus. On savait en particulier depuis longtemps que, à partir d'une certaine vitesse d'écoulement, des tourbillons se forment dans un fluide. Récemment, Michel Serres[1] a rappelé que la science antique était préoccupée par ces écoulements turbulents de sorte qu'il semble légitime d'y voir une source d'inspiration de la physique lucrécienne. Parfois, écrit Lucrèce, en des temps et en des lieux incertains, une déviation minime, le « clinamen », perturbe la chute éternelle et universelle

1. *La naissance de la physique dans le texte de Lucrèce.*

des atomes. Du tourbillon engendré naît un monde, et l'ensemble des choses naturelles. Le clinamen, déviation spontanée, sans cause, a souvent été critiqué comme une faiblesse majeure de la physique lucrécienne, comme un postulat absurde, artificiel et introduit pour les besoins de la cause. Mais ne traduit-il pas au contraire ce savoir que le flux laminaire peut cesser d'être stable et faire place, spontanément, à l'organisation tourbillonnaire? Les hydrodynamiciens d'aujourd'hui mettent eux aussi à l'épreuve la stabilité des écoulements, qu'ils idéalisent comme des flux continus, en y introduisant une perturbation qui traduit dans la description mathématique l'effet du désordre moléculaire.

L'instabilité dite « de Bénard » constitue un autre exemple frappant où l'instabilité de l'état stationnaire détermine un phénomène d'auto-organisation spontanée. L'instabilité est créée par un gradient vertical de température imposé à une couche liquide horizontale : sa surface inférieure est portée par chauffage à une température déterminée, plus élevée que celle de sa surface limite supérieure. L'asymétrie de ces conditions aux limites détermine un flux permanent de chaleur du bas vers le haut. À partir d'une valeur seuil du gradient imposé, l'état de repos du fluide, l'état stationnaire où la chaleur est transportée par diffusion, sans effet de convection, devient instable. Un phénomène de convection, de mouvement cohérent des molécules du liquide, s'instaure, qui accélère le transport de chaleur et, pour une même valeur de la contrainte (du gradient), accroît donc la production d'entropie du système.

L'instabilité de Bénard est un phénomène spectaculaire. Le mouvement de convection qui s'installe constitue une véritable organisation spatiale active du système. Des milliards de milliards de molécules se meuvent de manière cohérente, formant des cellules hexagonales de convection de taille caractéristique. Le calcul des nombres de complexions de Boltzmann, qui permet de calculer la probabilité de chaque type de distribution macroscopique de la matière, peut être appliqué dans ce cas. On étudie alors la manière dont les différentes valeurs de la vitesse sont distribuées entre les molécules. Le nombre de complexions que l'on peut dès lors calculer permet de conclure à la probabilité presque nulle d'un tel phénomène d'auto-organisation. Chaque fois que de nouveaux types de comportement apparaissent au-delà du seuil d'instabilité, l'application du concept de probabilité fondé sur le calcul du nombre de complexions devient de la sorte impossible. Cette impossibilité est spécialement évidente en ce qui concerne la *genèse* du nouveau comportement. Dans le cas de l'instabilité de Bénard, *une fluctuation*, un courant microscopique de convection, que l'application automatique du principe d'ordre de Boltzmann aurait voué à la régression, au lieu de s'amortir, s'est amplifiée, jusqu'à devenir un courant macroscopique qui envahit tout le système. Au-delà de la valeur critique du gradient imposé, un nouvel ordre moléculaire s'est donc établi spontanément, qui correspond à une fluctuation devenue géante et stabilisée par l'échange d'énergie avec le monde extérieur, par le gradient qui ne cesse de la nourrir.

Ainsi, loin de l'équilibre, la notion de probabilité qui est au centre du principe d'ordre de Boltzmann perd sa validité. Et, simultanément, la tendance au nivellement et à l'oubli des différences n'apparaît plus que comme un cas particulier, n'est plus attribuable qu'à une classe limitée de systèmes. En particulier, au sein d'un système qui évolue globalement vers l'équilibre — et nous pouvons dire, par exemple, que c'est le cas du système planétaire dans son ensemble —, les flux irréversibles peuvent créer, de manière prévisible et reproductible, la possibilité de processus locaux d'auto-organisation. Dans ce contexte, un phénomène tel que l'apparition de formes vivantes pourrait être considéré comme prévisible du point de vue de la théorie physique. La vie échapperait certes au principe d'ordre de Boltzmann, mais elle entrerait dans l'ordre des possibilités impliquées par la thermodynamique loin de l'équilibre. Les cellules de Bénard constituent un premier type de *structure dissipative*, dont le nom traduit l'association entre l'idée d'ordre et l'idée de gaspillage et fut choisi à dessein pour exprimer le fait fondamental nouveau : la dissipation d'énergie et de matière — généralement associée aux idées de perte de rendement et d'évolution vers le désordre — devient, loin de l'équilibre, source d'ordre ; la dissipation est à l'origine de ce qu'on peut bien appeler de nouveaux états de la matière.

Les structures dissipatives constituent en effet une forme d'organisation *supermoléculaire* : alors que les paramètres qui décrivent la structure cristalline sont déductibles à partir des propriétés des molécules qui la constituent, et en particulier de la portée de leurs forces de répulsion et d'attraction, les cellules de Bénard, comme l'ensemble des structures dissipatives, reflètent intrinsèquement la situation *globale* de non-équilibre qui leur a donné naissance ; ainsi les paramètres qui les décrivent sont d'ordre macroscopique, non pas de l'ordre de 10^{-8} cm comme la distance entre les molécules d'un cristal, mais de l'ordre du cm.

Revenons au cas des réactions chimiques. Les réactions chimiques posent un problème différent de celui de la stabilité hydrodynamique à cause de la *spécificité* du schéma réactionnel nécessaire pour provoquer des instabilités. *Tous* les écoulements deviennent tourbillonnaires à distance « suffisamment » grande de l'équilibre (le seuil est mesuré par des nombres sans dimensions tel le nombre de Reynolds). Il n'en est pas de même pour les réactions chimiques : il ne suffit pas de s'éloigner de l'équilibre chimique pour atteindre un seuil d'instabilité; pour la plupart des systèmes chimiques, quelles que soient les contraintes imposées et la rapidité des transformations chimiques qui en résultent, *l'état stationnaire reste stable*, les fluctuations s'amortissent comme dans le domaine proche de l'équilibre. C'est le cas en particulier des systèmes où ne se produisent que des transformation en chaîne du type $A \rightarrow B \rightarrow C \rightarrow D$... qui sont décrites par des équations différentielles *linéaires.*

Le destin des fluctuations qui perturbent un système chimique, comme le régime de fonctionnement vers lequel il évolue éventuellement en réponse à une telle perturbation, dépendent du détail des réactions chimiques dont ce système est le siège. À l'équilibre et près de l'équilibre, les lois thermodynamiques étaient générales; les états d'équilibre et les états stationnaires proches de l'équilibre ne dépendaient que du rapport entre les différentes vitesses de réaction. Au contraire le comportement du système loin de l'équilibre devient spécifique, il dépend de manière critique du mécanisme des transformations chimiques. Il n'existe plus de loi universellement valide, d'où pourrait être déduit, pour chaque valeur des conditions aux limites, le comportement général du système; chaque système constitue un problème singulier, chaque ensemble de réactions chimiques doit être exploré, et peut déterminer un comportement qualitativement distinct.

Toutefois un résultat général a été obtenu, la condition fondamentale nécessaire à l'instabilité chimique : au sein d'une chaîne de réactions chimiques dont un système est le siège, *les seules étapes réactionnelles* qui puissent mettre en danger, sous certaines conditions et dans certaines circonstances, la stabilité de l'état stationnaire sont les « boucles catalytiques », des étapes au cours des quelles le produit d'une réaction chimique intervient dans sa propre synthèse *(figure 4)*.

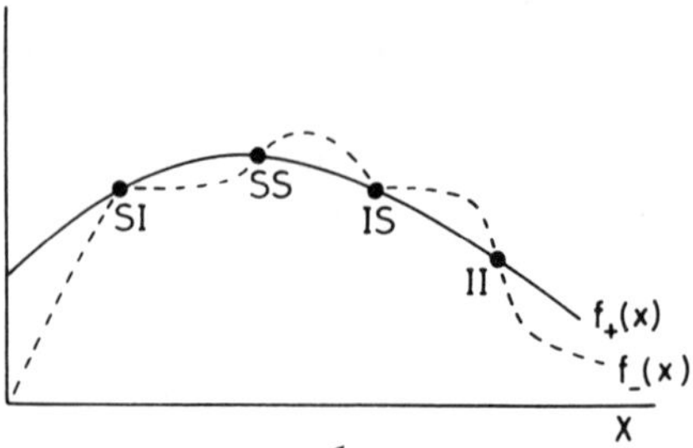

a

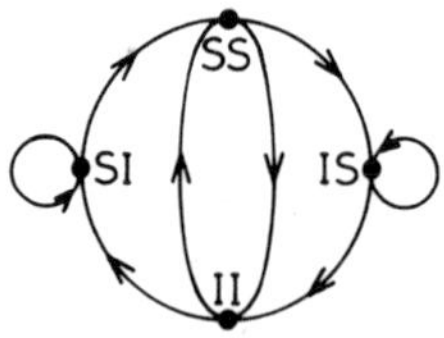

b

Figure 4

Les étapes réactionnelles au cours desquelles un produit de réaction modifie, directement ou indirectement, les conditions de sa propre synthèse, se traduisent, dans les équations cinétiques décrivant l'ensemble des réactions, par des termes *non linéaires* : une contribution au moins à dX/dt est un terme où X possède un exposant supérieur à un. On se convaincra facilement de la liaison entre présence de termes non linéaires et instabilité possible d'un état stationnaire en recourant, dans le cas d'un problème à une variable, à une analyse toute qualitative. Soit $dX/dt = f(X)$. Il est possible de décomposer $f(X)$ en deux fonctions définies *positives* ou *nulles*, $f_+(X)$ et $f_-(X)$, telles que $f(X) = f_+(X) - f_-(X)$. Dans cette représentation, les états stationnaires correspondent aux valeurs de X telles que $f_+(X) = f_-(X)$. Ils correspondent, graphiquement, aux intersections entre les courbes représentant ces deux fonctions (figure 4, a). Dans le cas où dX/dt est une équation différentielle linéaire, il n'existe évidemment qu'une seule intersection [$f_+(X)$ et $f_-(X)$ sont des droites]. Dans les autres cas, la nature de l'intersection permet de prévoir la stabilité de l'état stationnaire. Quatre cas peuvent se présenter, tous représentés dans la figure 4, a : l'état peut être stable par rapport aux fluctuations δX négatives, et instable par rapport aux fluctuations positives (*SI*); il peut être stable par rapport à toute fluctuation (*SS*), stable par rapport aux fluctuations négatives seulement (*IS*), ou instable par rapport à toute fluctuation (*II*). Dans le cas *II*, par exemple,

$$\text{si } \delta X > 0,\ f_+(X + \delta X) > f_-(X + \delta X) \text{ et } dX/dt > 0$$
$$\text{si } \delta X < 0,\ f_+(X + \delta X) < f_-(X + \delta X) \text{ et } dX/dt < 0$$

Quelle que soit la complexité des courbes $f_+(X)$ et $f_-(X)$, on constatera que la série des types d'états stationnaires est soumise à des contraintes strictes. La figure 4, b explore les possibilités de succession d'une chaîne de ce type ordonnée pour des X croissants dans la même ligne qui retint Poincaré et Lyapunov.

4. *La rencontre avec la biologie moléculaire*

Le développement de la thermodynamique des processus irréversibles rencontre ici celui de la biologie moléculaire. Alors que les réactions « non linéaires », dont l'effet (la présence du produit de réaction) réagit en retour sur la cause, sont relativement rares dans le monde inorganique, la biologie moléculaire a découvert qu'elles constituent pratiquement la règle dans les systèmes vivants. Autocatalyse (la présence de *X* accélère sa propre synthèse), auto-inhibition (la présence de *X* bloque la catalyse nécessaire à la synthèse de *X*), cross-catalyse (deux produits appartenant à deux chaînes de réactions différentes activent la synthèse l'un de l'autre), constituent les mécanismes classiques de la régulation qui assure la cohérence du fonctionnement métabolique.

La seule description du réseau des activations et des inhibitions métaboliques permet de comprendre l'impératif fonctionnel qui les régit : déclenchement des synthèses au moment où elles sont utiles, blocage des réactions chimiques dont les produits, inutilisés, s'accumulent dans la cellule.

En fait, le mécanisme fondamental par lequel la biologie moléculaire explique la transmission et l'exploitation de l'information génétique constitue lui-même un mécanisme « non linéaire », une boucle de rétroaction. L'acide désoxyribonucléique, *DNA*, qui contient sous forme séquentielle l'information nécessaire à la synthèse des différentes protéines qui sont à la base du fonctionnement et de l'architecture cellulaire, participe à une chaîne de réactions au cours de laquelle ces informations sont *traduites* sous forme de différentes séquences protéiques. Parmi les protéines synthétisées, certaines enzymes agissent en retour pour activer et réguler non seulement les différentes étapes de la traduction, mais aussi le mécanisme autocatalytique de réplication du *DNA* grâce auquel l'information génétique est recopiée au rythme de la multiplication des cellules.

Il y a là une convergence remarquable entre deux sciences dont l'évolution indépendante a produit les différents concepts nécessaires pour comprendre la manière dont l'être vivant s'insère dans le monde décrit par les sciences physiques et chimiques.

Du point de vue de la physique, il s'agit d'une exploration du « complexe », de situations très éloignées des situations idéales que nous pouvons décrire en termes des concepts fondamentaux de la physique classique ou quantique. Du point de vue de la biologie, il s'agit au contraire d'une percée vers le simple, le moléculaire. De manière plus précise, d'une part la thermodynamique découvrait la possibilité de structures complexes et organisées loin de l'équilibre, et concluait à la singularité de ces nouveaux états de la matière, à la nécessité absolue de connaître le détail des mécanismes chimiques d'un système pour découvrir les nouveaux comportements susceptibles d'apparaître loin de l'équilibre. D'autre part, la biologie moléculaire réalisait la réduction des structures vivantes en leurs composants et explorait la diversité des mécanismes chimiques, l'intrication des chaînes de réactions métaboliques, la logique subtile et complexe des régulations, inhibitions et activations de la fonction catalytique des enzymes associées aux étapes cruciales de chacune des chaînes métaboliques. La biologie moléculaire découvrait ainsi l'omniprésence dans le métabolisme de ces réactions en boucle, de ces mécanismes d'autocatalyse, d'auto-inhibition, de l'ensemble des réactions non linéaires qui constituent la condition de possibilité de l'instabilité chimique loin de l'équilibre.

Prenons l'exemple de la glycolyse, la chaîne de réactions métaboliques au cours de laquelle le glucose est dégradé alors qu'est synthétisée une substance riche en énergie, l'*ATP* (Adénosine *tri*phosphate), laquelle constitue un véritable réservoir d'énergie pour les cellules vivantes. Pour chaque molécule de glucose dégradée, deux liaisons phosphate, riches en énergie, sont créées (et seront détruites en cas de besoin d'énergie): deux molécules d'*ADP* (Adénosine *di*phosphate) sont transformées en deux molécules d'*ATP*. L'étude de la glycolyse constitue un cas exemplaire de la complémentarité de l'approche analytique de la biologie et de l'étude de stabilité que réalise la thermodynamique[1].

L'étude biochimique avait en effet mis en évidence l'existence d'oscillations temporelles dans les concentrations métaboliques, et la responsabilité de la glycolyse dans la production de ce comportement périodique. Plus précisément encore, on savait que l'oscillation était déterminée par une étape clef de la chaîne de réactions, étape qu'active l'enzyme phospho-fructokinase. Cette enzyme est activée par l'*ADP*, inhibée par l'*ATP*. Il s'agit là d'un phénomène non linéaire typique, parfaitement adapté aux exigences d'un fonctionnement métabolique efficace. En effet, chaque fois que la cel-

1. Goldbeter A. et Nicolis G., « An Allosteric Model with Positive Feedback Applied to Glycolytic Oscillations », in *Progress in Theoretical Biology*, vol. 4, 1976, p. 65-160, et Goldbeter A. et Caplan S. R., « Oscillatory Enzymes », in *Annual Review of Biophysics and Bioengineering*, vol. 5, 1976, p. 449-473.

lule a recours à ses réservoirs d'énergie, elle exploite les liaisons phosphate, de l'*ATP* est converti en *ADP*. L'accumulation d'*ADP* dans la cellule signifie donc une consommation intense d'énergie, et la nécessité de reconstituer les stocks; celle d'*ATP* implique au contraire que la vitesse de dégradation de glucose peut diminuer.

L'étude mathématique montre, quant à elle, que la cinétique chimique qui décrit cette étape est susceptible d'engendrer un phénomène d'oscillation; les valeurs des concentrations chimiques comme la période du cycle, telles qu'elles ont été calculées théoriquement, sont compatibles avec les données expérimentales. L'oscillation glycolytique détermine une modulation de l'ensemble des processus énergétiques de la cellule qui dépendent de la concentration en *ATP*, et donc, indirectement, de nombreuses autres chaînes métaboliques. Il s'agit là d'une régulation proprement macroscopique, rendue possible par les régulations microscopiques mais qualitativement nouvelle par rapport à elles : le global n'est pas, comme tel, directement déductible de ses parties analysées. Cependant, contrairement à la plupart des doctrines de l'émergence qui, comme nous le faisons, soulignaient la nouveauté qualitative du tout par rapport aux parties, cette « émergence » d'un comportement supermoléculaire ne transcende en rien les méthodes de la science quantitative.

D'autres processus biologiques ont pu être étudiés du point de vue de la stabilité. Relevons en particulier l'activation et l'inhibition des mécanismes de transport actif à travers les membranes, et l'agrégation des amibes acrasiales *(Dictyostelium discoideum)*. Ce dernier processus[1] est un cas intéressant aux frontières entre la biologie des unicellulaires et celle des pluricellulaires. Les amibes acrasiales, lorsque le milieu où elles vivent et se multiplient devient pauvre en matières nutritives, subissent une transformation spectaculaire. De population de cellules isolées, elles se rassemblent en une masse comportant plusieurs dizaines de milliers de cellules. Ce « pseudo-plasmodium » se différencie alors, tout en changeant de forme : une tige se constitue, comprenant à peu près le tiers des cellules, destinées à périr au cours du processus; cette tige soutient une masse ronde, d'où s'éparpillera, ultérieurement, une nouvelle popu-

1. Goldbeter A. et Segel L. A., « Unified Mechanism for Relay and Oscillation of Cyclic AMP in Dictyostelium discoideum », in *Proceedings of the National Academy of Science USA*, vol. 74, 1977, p. 1 543-1 547.

lation de spores prêtes, si elles entrent en contact avec un milieu nutritif satisfaisant, à produire une colonie d'amibes. Il s'agit donc là d'un cas assez spectaculaire d'adaptation au milieu : nomadisme d'une population qui vit d'une région jusqu'à l'épuiser, puis se métamorphose de manière à acquérir une mobilité qui lui permette d'envahir d'autres milieux.

L'étude de la première phase du processus d'agrégation montre que celle-ci commence par la formation dans la population amibiale de vagues de déplacement, d'un mouvement pulsatoire de convergence des amibes vers un « centre attracteur » qui semble apparaître spontanément. L'étude expérimentale et la modélisation permettent de comprendre que cette migration constitue une réponse des cellules à l'existence dans le milieu d'un gradient de concentration d'une substance clef, l'*AMP* cyclique, diffusée de manière périodique par le centre attracteur, puis par d'autres cellules en un mécanisme de relais.

Il s'agit là d'un exemple type de ce que nous appelons l'ordre par fluctuation : l'apparition du centre attracteur qui diffuse l'*AMP* manifeste le fait que le régime métabolique correspondant à un milieu nutritif normal est devenu instable : le milieu nutritif est épuisé. Que dans cette situation de famine, telle ou telle amibe se mette, la première, à propager l'*AMP* cyclique, et devienne centre attracteur, relève du hasard des fluctuations. Cette fluctuation s'amplifie ensuite et organise le milieu.

5. *Au-delà du seuil d'instabilité chimique*

Si les phénomènes biologiques apparaissent aujourd'hui comme le champ privilégié pour l'étude expérimentale des structures dissipatives, c'est l'analyse numérique du comportement de modèles théoriques de cinétique, beaucoup plus simples que le plus simple des circuits métaboliques, qui a permis de mettre en évidence l'étonnante variété des phénomènes d'organisation.

L'un de ces modèles a été particulièrement étudié à Bruxelles, et a reçu d'un groupe américain le surnom, désormais utilisé dans la littérature scientifique, de « Brusselator ».

Nous avons déjà introduit les étapes du Brusselator responsables de l'instabilité. Le produit X, synthétisé à partir de A et dégradé sous forme de E, est en relation de catalyse mutuelle avec le produit Y ; X se produit à partir de Y au cours d'une étape trimoléculaire, mais, inversement, *Y* est synthétisé par une réaction entre *X* et un produit *B*. On peut représenter l'ensemble de la chaîne réactionnelle du Brusselator par la *Figure 3*.

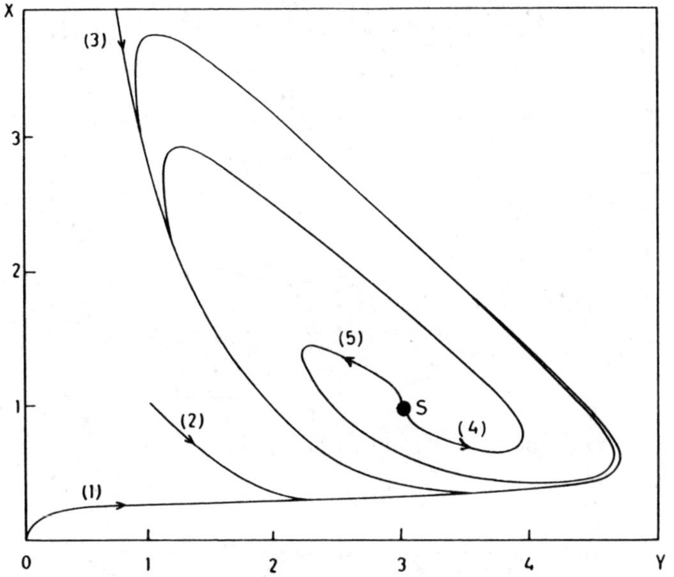

Figure 5

Cycle limite; le cycle a pour foyer l'ancien état stationnaire (*S*) devenu instable pour $B > 1 + A^2$. Toutes les trajectoires, quel que soit l'état initial, mènent au cycle limite. Cinq de ces trajectoires sont représentées ici.

Dans le modèle étudié, les concentrations des produits *A, B, D, E* sont fixées par l'interaction avec le milieu. Le comportement du système est exploré pour des valeurs croissantes de *B*, avec *A* maintenu constant. L'état stationnaire vers lequel un tel système est susceptible d'évoluer, c'est-à-dire l'état pour lequel $dX/dt = dY/dt = 0$, correspond aux concentrations de *X* et *Y*, $X_0 = A$ et $Y_0 = B/A$. Cet état stationnaire cesse d'être stable si la concentration imposée de *B* dépasse un seuil critique (toutes autres choses restant égales). À partir du seuil critique l'état stationnaire est devenu le foyer instable de ce qu'on appelle un « cycle limite » *(figure 5)* : au lieu de rester stationnaires, les concentrations de *X* et de *Y* se mettent à osciller avec une période bien définie. La période d'oscillation dépend à la fois des constantes cinétiques caractérisant les vitesses des réactions, et des conditions aux limites imposées à

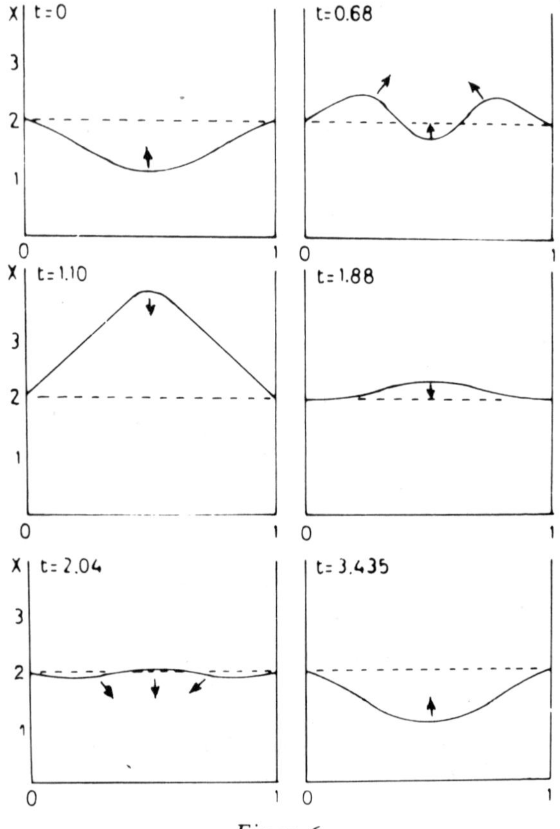

Figure 6

Onde chimique simulée sur ordinateur avec les paramètres sans dimension $D_X = 8 \cdot 10^{-3}$, $D_Y = 4 \cdot 10^{-3}$, $A = 2$, $B = 5{,}45$. (D_X et D_Y sont les coefficients de diffusion de X et Y).

l'ensemble du système (telles que température, concentrations de *A, B*, etc.).

Le comportement périodique adopté par le système est stable; à partir du seuil critique, non seulement le système quitte spontanément, par amplification d'une fluctuation, l'état stationnaire, mais l'évolution du système à partir de n'importe quelle situation initiale lui fait rejoindre le cycle; aucune fluctuation ne peut donc permettre au système d'échapper à ce qui constitue une véritable *horloge chimique.*

C'est lorsque l'analyse du Brusselator tient compte de l'effet de la diffusion des constituants à travers le milieu que se découvre l'étonnante variété des comportements accessible à ce système pourtant très simple. En effet, alors qu'à l'équilibre et près de l'équilibre, le système reste spatialement homogène, la diffusion des réactifs à travers le système entraîne, loin de l'équilibre, la possibilité de nouveaux types d'instabilité, la possibilité d'une amplification de fluctuations briseuses de la symétrie spatiale initiale. L'oscillation temporelle cesse donc d'être la seule structure dissipative accessible au système. D'une part, l'oscillation périodique, qui dépend désormais à la fois de l'espace et du temps, peut prendre la forme de vagues de concentrations de *X* et de *Y* qui traversent périodiquement le système *(figure 6)*. D'autre part, notamment lorsque les valeurs des constantes de diffusion de *X* et de *Y* sont assez différentes l'une de l'autre, le système peut adopter un comportement non plus périodique mais stationnaire, avec apparition d'une structure spatiale stable.

Le nombre de structures dissipatives différentes compatibles avec un ensemble de conditions aux limites augmente encore lorsque, au lieu d'étudier le problème de la diffusion à une dimension, on l'étudie à deux ou trois dimensions. Par exemple, dans un domaine circulaire, à deux dimensions, l'état stationnaire spatialement structuré peut se caractériser par l'apparition d'un axe privilégié *(figure 7)*, nouvelle rupture de symétrie plus que suggestive si l'on sait que l'une des premières étapes de la morphogénèse de l'embryon est l'apparition d'un gradient dans un système.

Jusqu'à présent, nous avons supposé que les « substances de contrôle » *(A, B, D, E)* étaient uniformément réparties dans tout le système réactionnel. Si nous abandonnons cette simplification et que nous tenons compte de la diffusion de *A* à travers le système, apparaît un phénomène supplémentaire : le système acquiert des « frontières naturelles », fonction de paramètres qui le décrivent et différentes de la taille imposée au système par ses conditions aux limites. Le système détermine « lui-même » ses propres dimensions, la région spatialement structurée ou parcourue par des vagues de concentration périodique.

Les résultats que nous venons de présenter ne donnent encore qu'une faible idée de la variété des phénomènes qui peuvent se produire loin de l'équilibre. L'intérêt suscité par ces conclusions provient de ce que, simultanément aux recherches effectuées sur des modèles théoriques, de tels phénomènes ont été observés sur des exemples non seulement biologiques mais aussi inorganiques.

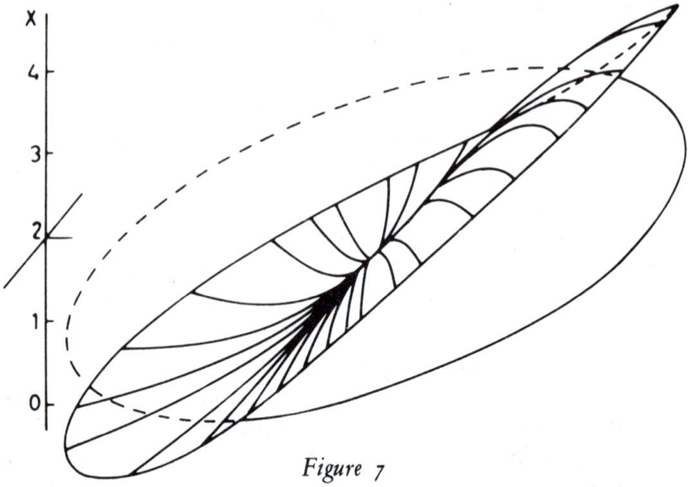

Figure 7

État stationnaire polarisé à deux dimensions, obtenu par simulation sur ordinateur avec les paramètres $D_X = 3{,}25 \cdot 10^{-3}$, $D_Y = 1{,}62 \cdot 10^{-2}$, $A = 2$, $B = 4{,}6$, $R = 0{,}1$.

La plus célèbre est sans conteste la réaction découverte par Belousov (1958) et étudiée ensuite par Zhabotinsky[1]. Il s'agit de l'oxydation d'un acide organique, comme par exemple l'acide malonique, par un bromate de potassium en présence d'un catalyseur approprié, le cérium, le manganèse ou la ferroïne. Des conditions expérimentales différentes peuvent produire, dans le même système, une horloge chimique, une différenciation spatiale stable, ou la formation de fronts d'onde d'activité chimique se déplaçant à travers le milieu réactif sur des distances macroscopiques.

6. *Histoire et bifurcations*

Loin de l'équilibre, l'homogénéité du temps est en fait doublement détruite : par la structure spatio-temporelle active qui confère au système le comportement d'une totalité organisée, caractérisée par des dimensions et un rythme intrinsèques, mais aussi par l'*histoire* qu'implique l'apparition de telles structures.

Dans le cas du modèle du Brusselator sans diffusion, cette histoire est réduite à une simple fatalité : le système devenu instable, une fluctuation se produira à un moment ou à un autre dont

1. Voir par exemple WINFREE A., « Rotating Chemical Reactions », in *Scientific American*, vol. 230, 1974, p. 82-95.

l'amplification aboutira au cycle limite. Mais dès que les équations tiennent compte de la diffusion, la variété des états stables possibles au-delà du seuil critique, dont nous n'avons fait qu'énumérer quelques types, introduit un élément irréductible d'incertitude. Si à partir d'une certaine distance de l'équilibre, non pas une mais plusieurs possibilités sont ouvertes au système, vers quel état évoluera-t-il? Cela dépend de la nature de la fluctuation qui viendra effectivement déstabiliser le système instable et s'amplifiera jusqu'à réaliser l'un des états macroscopiques possibles. On peut parler de « choix » du système, non pas à cause d'une quelconque liberté « subjective », mais parce que la fluctuation est précisément ce qui, de l'activité intrinsèque du système, échappe irréductiblement au contrôle par les conditions aux limites, ce qui traduit la différence d'échelle entre le système comme « tout », sur lequel on peut agir et que l'on peut définir, et les processus élémentaires dont la multitude désordonnée constitue l'activité de ce tout.

On appelle bifurcation le point critique à partir duquel un nouvel état devient possible. Les points d'instabilité autour desquels une perturbation infinitésimale suffit à déterminer le régime de fonctionnement macroscopique d'un système sont des points de bifurcation. Ce sont bien là ces points dont Maxwell invoquait le rôle lorsqu'il réfléchissait le rapport entre le déterminisme physique et les idées de choix et de décision (chapitre II, 3).

Un système aussi simple que le Brusselator comporte déjà une série de points de bifurcation, décrits par ce qu'on appelle un diagramme de bifurcations (*figure 8*).

Le diagramme de bifurcations se déploie pour des valeurs croissantes d'un paramètre, en l'occurrence la concentration de *B*. À la *première bifurcation*, la stabilité de l'état stationnaire n'est plus assurée. Si on s'éloigne davantage de l'équilibre, d'autres structures deviennent possibles, et la première structure peut elle-même devenir instable; le système, dans l'hypothèse où il serait contraint par ses conditions aux limites à s'éloigner toujours plus de l'équilibre, se développera donc par une succession d'instabilités et de fluctuations amplifiées. Il parcourra ainsi le diagramme des bifurcations en empruntant un chemin, qui constitue à proprement parler une *histoire*: le déterminisme des équations qui permettent de calculer la stabilité et l'instabilité des différents états, et le hasard des fluctuations qui décident vers quel état le système se dirigera effectivement, y sont inséparablement associés.

Nous venons de parcourir un diagramme de bifurcations en pre-

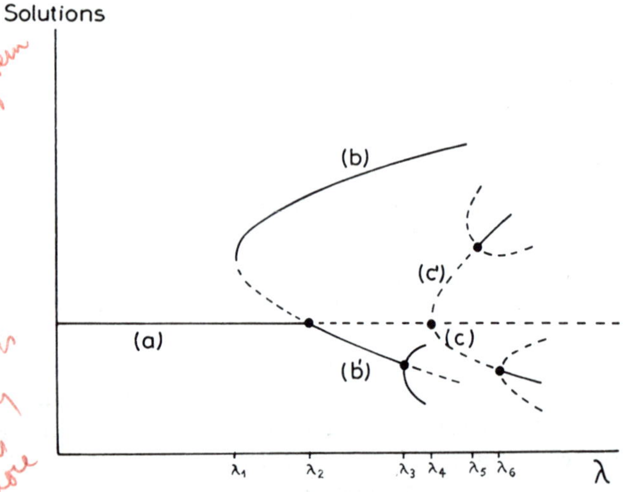

Figure 8

Diagramme de bifurcations. Le paramètre de bifurcation est symbolisé par λ. Pour $\lambda < \lambda_1$, un seul état stationnaire existe pour chaque valeur de λ ; cette famille d'états constitue la branche *a*. Pour $\lambda = \lambda_1$, deux autres familles d'états deviennent possibles (branches *b* et *b'*). Les états de la branche *b'* sont instables (*pointillés*). À $\lambda = \lambda_2$, les états de la branche *b'* deviennent stables et ceux de la branche *a*, instables (échange de stabilité). Pour $\lambda = \lambda_3$, la branche *b'* redevient instable alors que deux branches stables apparaissent. Pour $\lambda = \lambda_4$, la branche *a*, instable, arrive à un nouveau point de bifurcation, où deviennent possibles deux nouvelles familles d'états, qui seront instables jusqu'à $\lambda = \lambda_5$ et $\lambda = \lambda_6$, respectivement...

nant la concentration de *B* comme paramètre. Un autre paramètre de bifurcation est la *dimension* du système. Cela est évidemment tout à fait suggestif : un système trop petit est entièrement dominé par son milieu; sa croissance lui permet d'explorer de nouvelles zones de stabilité, de découvrir de nouveaux régimes de fonctionnement.

La définition d'un état, au-delà du seuil d'instabilité, n'est plus intemporelle. Pour en rendre compte, il ne suffit plus d'évoquer la composition chimique et les conditions aux limites. En effet, que le système soit dans *cet* état singulier n'en est plus déductible, d'autres états lui étaient également accessibles. La seule explication est donc historique, ou génétique : il faut décrire le chemin qui constitue le passé du système, énumérer les bifurcations traversées et la succession des fluctuations qui ont décidé de l'histoire réelle parmi toutes les histoires possibles.

Nous sommes amenés à employer, pour décrire de façon consistante les systèmes physico-chimiques les plus simples, un complexe de notions qui, jusqu'ici, semblait réservé aux phénomènes biologiques, sociaux et culturels : les notions d'histoire, de structure et d'activité fonctionnelle s'imposent en même temps pour décrire l'*ordre par fluctuation*, l'ordre dont le non-équilibre constitue la source.

7. *D'Euclide à Aristote*

L'un des aspects les plus intéressants des structures dissipatives est certainement la cohérence du système dans son ensemble. Au-delà de la première bifurcation, le système semble se comporter comme un tout, comme s'il était le siège de forces à longues portées ; la population des molécules, dont les interactions ne dépassent pas une portée de quelques 10^{-8} cm, se structure comme si chaque molécule était « informée » de l'état de l'ensemble du système.

On a souvent dit, et nous avons déjà eu l'occasion de le répéter, que la science moderne est née de l'abandon de l'espace aristotélicien inspiré notamment par l'organisation et la solidarité des fonctions biologiques, pour l'espace homogène et isotrope d'Euclide. La théorie des structures dissipatives nous ramène vers une conception plus proche de celle d'Aristote. Qu'il s'agisse d'horloge chimique, de vagues de concentrations, de répartition inhomogène des produits chimiques, l'instabilité a pour effet de briser la symétrie, tant spatiale que temporelle. Dans un cycle limite, deux instants ne sont pas équivalents, la réaction chimique a acquis une *phase*, analogue à celle qui caractérise une onde lumineuse par exemple. De même, lorsque, par suite d'une instabilité, apparaît une direction privilégiée, l'espace cesse d'être isotrope.

On peut penser que le brisement de la symétrie de l'espace et du temps joue un rôle important dans les phénomènes fascinants de la morphogénèse, ces phénomènes qui inspirèrent la conviction qu'il fallait invoquer une finalité interne, un projet réalisé par l'embryon devenant organisme complet. Au début de ce siècle même, l'embryologiste allemand Hans Driesch crut devoir attribuer à une « entéléchie » immatérielle la responsabilité du développement embryonnaire : il avait découvert que l'embryon était capable de résister aux perturbations les plus fortes, c'est-à-dire d'aboutir, malgré elles, à un organisme normal et fonctionnel.

La complexité du problème embryologique est évidemment considérable, et nous devons nous limiter ici à quelques indications. Depuis de nombreuses années, les embryologistes ont introduit le concept de champ morphogénétique et émis l'hypothèse que la différenciation d'une cellule dépend de sa *position* dans ce champ. Mais comment une cellule « reconnaît »-elle sa position ? Une idée souvent discutée est celle d'un « gradient » de substance caractéristique, d'un ou plusieurs « morphogènes » — et de tels gradients peuvent se produire par suite d'un brisement de symétrie au-delà du seuil de stabilité chimique. Une fois établi, un gradient chimique peut fournir en effet à chaque cellule un environnement chimique différent et donc les induire chacune à synthétiser une gamme spécifique de protéines. Ce modèle, aujourd'hui largement accepté, semble d'accord avec beaucoup d'exemples étudiés expérimentalement (en particulier le cas de la mouche « drosophile ») et est d'un intérêt particulier pour les systèmes biologiques dont l'œuf part d'un état apparemment symétrique *(Fucus, Acetabularia).* Mais l'œuf est-il vraiment homogène au départ ? Ce problème ne met pas directement en question la pertinence du modèle proposé. En tout état de cause, l'instabilité liée aux réactions chimiques et au transport semble le seul mécanisme capable de rompre la symétrie d'un milieu initialement homogène. Mais si de petites inhomogénéités sont présentes dans le milieu initial, leur effet sera simplement de canaliser l'évolution vers une structure déterminée, alors que le brisement de symétrie se produirait de toute façon[1].

Nous pouvons conclure, de manière plus générale, que les perspectives ouvertes par la découverte des structures dissipatives permettent d'envisager une conception de l'ordre biologique qui fasse droit à la spécificité du phénomène vivant en dépassant le très ancien conflit entre réductionnistes et antiréductionnistes.

Au moins depuis Aristote, et nous avons pu citer au passage

1. Voici plus de vingt ans, Waddington a proposé un modèle du développement embryonnaire comme évolution bifurcante, comme exploration progressive — au cours de laquelle se constitue un embryon — d'un paysage « épigénétique » où se succèdent zones de développement canalisé (chréodes) et zones où est possible un choix entre plusieurs directions de développement. La stabilité de la chréode (le caractère plus ou moins vertical des parois du « canal ») mesure à quel point la pression sélective, si elle a privilégié la sécurité et la stéréotypie dans la construction de tel ou tel trait, a abouti à diminuer le rôle du milieu dans cette construction. La stabilité chréodique dont Waddington fait l'hypothèse ne s'identifie donc pas avec la stabilité d'un système chimique ouvert en général, mais constitue un cas particulier, résultant des exigences particulières de la pression sélective sur une population donnée. Voir WADDINGTON C. H., *The Strategy of the Genes*, Londres, Allen and Unwin, 1957.

Stahl, Hegel, Bergson, et maintenant les « antiréductionnistes », c'est toujours la même conviction qui se dégage : une pensée de l'organisation complexe est nécessaire, qui distingue et articule les niveaux de description, qui étudie la relation du tout avec le comportement des parties. Aux réductionnistes pour qui la seule « cause » de l'organisation ne peut être que la partie, Aristote avec la cause formelle, Hegel avec le travail de l'esprit, Bergson avec l'acte simple, jaillissant, créateur d'organisation, opposent une prééminence du tout.

Citons un passage particulièrement clair de Bergson à ce sujet[1] : « En général, quand un même objet apparaît d'un côté comme simple et de l'autre comme indéfiniment composé, les deux aspects sont loin d'avoir la même importance, ou plutôt le même degré de réalité. La simplicité appartient alors à l'objet même, et l'infini de complication à des vues que nous prenons sur l'objet en tournant autour de lui, aux symboles juxtaposés par lesquels nos sens ou notre intelligence nous le représentent, plus généralement à des éléments d'ordre différent avec lesquels nous essayons de l'imiter artificiellement, mais avec lesquels aussi il reste incommensurable, étant d'une autre nature qu'eux. Un artiste de génie a peint une figure sur la toile. Nous pourrons imiter son tableau avec des carreaux de mosaïque multicolores. Et nous reproduirons d'autant mieux les courbes et les nuances du modèle que nos carreaux seront plus petits, plus nombreux, plus variés de ton. Mais il faudrait une infinité d'éléments infiniment petits, présentant une infinité de nuances, pour obtenir l'exact équivalent de cette figure que l'artiste a conçue comme une chose simple, qu'il a voulu transporter en bloc sur la toile, et qui est d'autant plus achevée qu'elle apparaît mieux comme la projection d'une intuition indivisible. »

En biologie, l'opposition entre antiréductionnistes et réductionnistes a souvent pris les aspects d'une opposition entre les frères ennemis que constituent les tenants d'une finalité interne et ceux d'une finalité externe[2]. À l'idée d'une intelligence organisatrice immanente se trouve alors souvent opposé un modèle d'organisation emprunté à la technologie de l'époque (machines mécaniques, thermiques, cybernétiques), ce qui provoque derechef cette rétor-

1. BERGSON H., *L'Évolution créatrice*, *op. cit.*, p. 571.

2. L'importance de ces questions de responsabilité et de finalité, leur prédominance relative par rapport au défi sans doute autrement fécond qu'aurait constitué une description fine des formes vivantes et de leur devenir, est sans doute l'un de ces points où s'est trouvée très chèrement payée l'identification par la science classique entre connaissance et contrôle, ou manipulation.

sion : « qui » a monté la machine, cet automate régi par une finalité externe ?

On connaît la réponse de certains biologistes contemporains. Selon eux, l'organisation biologique ne peut avoir d'autre explication que la sélection et l'accumulation des rares mutations favorables. L'organisation, compatible avec les lois physiques, a la seule particularité d'être d'une improbabilité vertigineuse au regard de ces lois. Nous pensons quant à nous que le dualisme mutation-sélection dissimule notre ignorance profonde à propos du rapport entre le « texte » génétique que modifient les mutations, et l'organisation vivante. Comment, par exemple, passe-t-on d'une organisation à l'autre ? Il est impossible de faire l'économie d'une théorie de l'organisation et de ses transformations, à moins de s'en tenir aux explications par le seul texte génétique, explications dont Weiss et Waddington ont dit le caractère verbal : les qualités d'organisateur, de régulateur, de programme, attribuées à des molécules individuelles constituent autant d'expressions tendancieuses. Attribuer à des molécules, par une métaphore anthropocentrique ou technocentrique, le pouvoir de contrôler, d'informer, de réguler, et cela à un niveau macroscopique, c'est selon eux faire passer la position du problème pour sa solution. La cellule n'est pas en effet un circuit électronique, elle ne peut être assimilée à un montage dont chaque relais est effectivement capable de déterminer le fonctionnement global du système, et peut donc à juste titre être dit responsable de ce fonctionnement. Le milieu cellulaire n'a pas le déterminisme et la précision de nos appareils technologiques ; il est constitué d'une population nombreuse de molécules, dont le nombre de degrés de liberté est infiniment plus élevé que ce qu'en manifeste le comportement global qui résulte de leur interaction[1].

Alors que le fonctionnement d'un circuit électronique peut être déduit de la nature et de la situation des relais qui le composent, parce que relais et circuit appartiennent en fait *à la même échelle*, parce que les relais ont pu être conçus et agencés par *le même ingénieur* qui a conçu la machine globale, la cohérence du comportement essentiellement aléatoire de la population des molécules biologiques ne peut pas être déduite de l'activité régulatrice des enzymes. Elle pose le problème du passage de la description de l'activité moléculaire à l'ordre supermoléculaire de la cellule.

1. Weiss P., *L'Archipel scientifique*, Paris, Maloine, 1974, et Waddington C. H., notamment dans *Towards a Theoretical Biology*, tomes I et II, Édimbourg, The University Press, 1968 et 1969. Cette critique vaut évidemment aussi pour l'« enveloppe » génétique.

Cependant, la simple dénonciation du réductionnisme risque de se borner à répéter les critiques d'Aristote contre les atomistes de son époque et à opposer à l'idée que le tout est simplement déductible du comportement des parties, la vieille notion d'organisation hiérarchique : à chaque niveau une nouvelle totalité émerge, qui suppose les parties mais les intègre dans un comportement d'ensemble régi par une logique qui leur est étrangère et qu'elles ne peuvent expliquer. Nous arrivons ici à une conception plus « équilibrée » des rôles respectifs des parties et des paramètres macroscopiques qui définissent le système comme un « tout ». Et cette conception n'est pas valable uniquement pour les structures physicochimiques où se trouvent liés de manière inséparable les aspects moléculaires, et en particulier les mécanismes catalytiques, et les aspects supermoléculaires. En effet, ce que ce nouveau développement de la physique nous mène à mettre en cause n'est autre que la généralité de ce que nous avons appelé le « principe d'ordre de Boltzmann », à savoir l'évidence de bon sens selon laquelle l'activité moyenne d'une population nombreuse correspond au nivellement des comportements individuels. Loin de l'équilibre, un régime de fonctionnement peut ressembler à une *organisation* parce qu'il résulte de l'amplification d'une déviation microscopique qui, au « bon moment », a privilégié une voie réactionnelle au détriment d'autres voies également possibles. Les comportements individuels peuvent donc, en certaines circonstances, jouer un rôle décisif.

C'est cette limite au principe d'ordre de Boltzmann que nous allons considérer au chapitre suivant. Elle concerne non seulement les sciences physico-chimiques, mais l'ensemble des sciences occupées de l'évolution de populations nombreuses d'individus au comportement déterminé par des interactions locales.

evol of population in a way determ. by
local interactions
(# of "loving science")

CHAPITRE VI

L'ORDRE PAR FLUCTUATION

1. *La loi des grands nombres*

Que les fluctuations puissent jouer un rôle décisif dans l'établissement d'un régime macroscopique signifie une transformation profonde des rapports entre le niveau microscopique et le niveau macroscopique tels qu'avait pu les définir le principe d'ordre de Boltzmann.

Chacun de nous a un sentiment instinctif de ce que sont les fluctuations et des circonstances dans lesquelles on peut les négliger. Considérons un gaz formé de N molécules, enfermé dans un volume V. Partageons ce volume en deux parties égales. Quel sera le nombre des particules, X, dans une des deux parties de ce volume ? La variable X est une variable « aléatoire » et nous nous attendons à ce qu'elle prenne des valeurs voisines de $N/2$.

Plus précisément, lorsque nous observons de manière répétée le nombre de particules dans une moitié, nous nous attendons à ce que la moyenne X définie[1] par la somme $X_1 + X_2 \ldots + X_k$, divisée par le nombre d'expériences k tende vers $N/2$. Il y aura bien sûr des « fluctuations ». La taille de ces fluctuations est liée à la *dispersion*, définie[2] comme la valeur moyenne du carré de la différence entre le nombre de particules effectivement observées à chaque expérience et le nombre moyen $N/2$, $<(X - N/2)^2>$. Mais nous nous attendons à ce que les fluctuations soient négligeables par rapport à $N/2$ si le nombre des particules est suffisamment grand.

1. $< X > = 1/k \sum_{i=1}^{k} X_i$.

2. $< (X - N/2)^2 > = 1/k \sum_{i=1}^{k} (X_i - N/2)^2$.

C'est là le contenu de la célèbre « loi des grands nombres ». Selon cette loi, la dispersion sera de l'*ordre de la moyenne* $<X>$ (c'est-à-dire $N/2$) ce qui signifie que les fluctuations peuvent être grandes en valeur absolue, mais que leur valeur *relative* mesurée par le rapport $\sqrt{<(X-N/2)^2>}/<X>$ est de l'ordre de $1/\sqrt{N}$ et tend donc vers zéro pour N suffisamment grand. La loi des grands nombres justifie ainsi, dès que le système est suffisamment grand, une distinction nette entre valeurs moyennes et fluctuations, et définit ces dernières comme négligeables.

La loi des grands nombres est mise en œuvre par les lois classiques qui figurent dans les ouvrages de calcul de probabilité, telles la loi de Gauss, la loi de Poisson et d'autres encore. Elle joue un rôle essentiel dans tous les domaines où doit être décrit le comportement d'une population. Nous avons déjà expliqué que c'est la loi des grands nombres, telle que la traduit le principe d'ordre de Boltzmann, qui permet la description thermodynamique de systèmes complexes en termes d'un *nombre restreint* de paramètres, tels que la pression, la température, les concentrations. Aucune prévision, physique, sociale ou économique, ne serait possible si, au lieu de garder le caractère négligeable que leur assigne la loi des grands nombres, les fluctuations au sein de populations nombreuses pouvaient *à tout moment* s'amplifier jusqu'à bouleverser un état qu'il n'y aurait dès lors plus de sens à appeler moyen.

Et pourtant, lors de l'apparition des structures dissipatives, il faut bien que, d'une manière ou d'une autre, cette loi soit « violée ». Il se produit effectivement une amplification d'une fluctuation d'abord microscopique. Les exemples de phénomènes de ce genre abondent, spécialement en biologie. Nous avons déjà cité le cas des amibes acrasiales qui se condensent en une masse supercellulaire. Un autre exemple frappant est celui de le première étape de la construction d'une termitière telle que Grassé l'a décrite, et que Deneubourg a étudié du point de vue qui nous intéresse ici[1]. Il s'agit d'un cas exemplaire puisque la construction d'un nid constitue une de ces activités cohérentes qui ont mené certains à invoquer une « âme collective » à propos des communautés d'insectes. Pour échapper à la difficulté réelle que traduit mais dissimule ce type d'invocation, il faudrait montrer que les termites n'ont besoin que d'une information restreinte pour participer à la construction

1. DENEUBOURG J.-L., « Application de l'ordre par fluctuation à la description de certaines étapes de la construction du nid chez les termites », in *Insectes sociaux. Journal international pour l'étude des arthropodes sociaux,* tome 24, n° 2, 1977, p. 117-130.

d'un édifice énorme et complexe comme la termitière. Or, le modèle montre que la première étape de cette activité, la construction de piliers, *peut* être engendrée par la foule des comportements désordonnés des termites dont on suppose qu'ils transportent et abandonnent de manière aléatoire des boulettes de terre et que, ce faisant, ils imprègnent ces boulettes d'une substance hormonale; on sait d'autre part que cette substance a la propriété d'attirer les termites. La fluctuation initiale dans ce cas est simplement l'accumulation légèrement plus forte de boulettes de terre en un point de l'espace où les termites se déplacent. L'amplification de cet événement à la fois aléatoire et prévisible est produite par la plus haute densité de présence des termites dans cette région où l'hormone en plus forte concentration les attire; dans la mesure où les termites se font plus nombreux dans une région, la probabilité augmente qu'ils y déposent leurs boulettes. Le calcul permet de prévoir la formation de « piliers », séparés par une distance liée à la distance sur laquelle l'hormone se diffuse à partir des boulettes.

L'exemple des termites constitue pour nous un cas type. Le principe d'ordre de Boltzmann permet certes de décrire, en chimie, en biologie ou dans les sciences des sociétés, les évolutions où s'aplanissent les différences, où s'érodent les inégalités. Il est impuissant devant ces situations où quelques « décisions » élémentaires, intervenant dans une situation instable, peuvent amener un système nombreux à se structurer et à se différencier.

read

2. *Fluctuations et cinétique chimique*

Des cinétiques chimiques non linéaires peuvent conduire, comme nous l'avons vu, à des structures dissipatives — ces structures proviennent de l'amplification de fluctuations qui appartiennent tout d'abord au niveau microscopique. Nous devons donc nous attendre à trouver une relation entre le type de cinétique chimique (par exemple, les étapes catalytiques) et les lois des fluctuations. Nous allons retrouver ici, à un niveau moléculaire, ce que nous avons dit à propos des lois de la thermodynamique. Nous sommes en effet amenés à conclure que si, près de l'équilibre, les lois des fluctuations sont *universelles*, plus loin de l'équilibre, lorsque le système est le siège de réactions répondant à une cinétique non linéaire, la valeur relative de la dispersion *n'obéit plus* à la formule générale donnée plus haut. Le destin des fluctuations devient alors spécifique; il faut étudier en chaque cas particulier *comment et à quel point* la dispersion relative correspondant à ce cas dévie par rapport à la formule classique expliquée dans la section précédente. Les questions soulevées par l'étude des fluctuations dans les systèmes à cinétique non linéaire sont récentes et en plein développement. Citons quelques résultats dans ce domaine encore obscur mais passionnant.

Au voisinage des points de bifurcation, là où le système a le « choix » entre deux régimes de fonctionnement et n'est, à proprement parler, ni dans l'un ni dans l'autre, la déviation par rapport à la loi générale est totale : les fluctuations peuvent atteindre le même ordre de grandeur que les valeurs macroscopiques moyennes. L'idée même d'une description macroscopique, c'est-à-dire d'une distinction entre fluctuations et lois moyennes, s'effondre. Des corrélations entre événements normalement indépendants peuvent apparaître. Ainsi, on a pu montrer sur le Brusselator que le système, au point de bifurcation, se comporte comme un *tout*. Des régions séparées par des distances macroscopiques sont corrélées : les vitesses des réactions qui s'y produisent se règlent l'une sur l'autre, les événements locaux se répercutent donc à travers tout le système. Il s'agit là vraiment d'un état paradoxal qui défie toutes nos « intuitions » à propos du comportement des populations, un état où les petites différences, loin de s'annuler, se succèdent et se propagent sans répit. Au chaos indifférent de l'équilibre a ainsi fait place un chaos créateur tel que l'évoquèrent les anciens, un chaos fécond d'où peuvent sortir des structures différentes.

Quittons maintenant cet « état » tout à fait singulier pour le cas où plusieurs régimes de fonctionnement différents sont possibles et où une fluctuation peut faire sauter un système de l'un à l'autre. Il est intéressant d'examiner d'un peu plus près le mécanisme d'amplification des fluctuations. Une conclusion générale s'impose. La fluctuation ne peut envahir d'un seul coup le système tout entier. Elle doit d'abord s'établir dans une région. Selon que cette région initiale est ou non plus petite qu'une dimension critique (qui dépend notamment, dans le cas des structures dissipatives chimiques, des constantes cinétiques et des coefficients de diffusion) la fluctuation régresse ou peut, au contraire, envahir tout le système.

Il s'agit là d'un phénomène de *nucléation*, familier dans la théorie classique des changements de phase : au sein d'un gaz, des gouttelettes de condensation ne cessent de se former, pour s'évaporer ensuite. Toutefois, lorsque la température et la pression sont telles que l'état liquide est lui aussi stable, il existe une taille critique de la goutte — taille d'autant plus petite que la température et la pression sont élevées; si la taille d'une gouttelette dépasse ce « seuil de nucléation », le système gazeux tout entier passe brusquement à l'état liquide. Ici encore, comme dans le cas de la morphogénèse, ou du comportement des populations de termites et d'acrasiales, le système, composé d'une foule d'éléments interagissant avec des forces à courte portée, se comporte comme un tout, comme si chaque molécule était « informée » de l'état de l'ensemble.

Les premiers travaux conduits aujourd'hui nous ont permis d'établir une conclusion générale inattendue: la taille critique est d'autant plus élevée, et la fluctuation instabilisante est donc d'autant plus rare, que la diffusion qui couple toutes les régions du système — et en particulier la région fluctuante avec son environnement — est élevée. En d'autres termes, plus rapide est la communication dans le système, plus grande est la proportion des fluctuations insignifiantes, incapables de transformer l'état du système: plus stable est cet état. Comment comprendre cette idée de taille critique? Elle résulte du fait que le « monde extérieur », l'environnement de la région fluctuante, tend toujours à amortir une fluctuation. Celle-ci sera donc détruite ou amplifiée selon l'efficacité du couplage entre les régions. La taille critique mesure le rapport entre le volume, où ont lieu les réactions, et la surface de contact, lieu du couplage. La taille critique est donc déterminée par une compétition entre le « pouvoir d'intégration » du système et les mécanismes chimiques qui amplifient la fluctuation à l'intérieur de la sous-région fluctuante.

Nous nous trouvons devant un élément de réponse à la question posée à partir de modèles écologiques[1], celle de la limite à la complexité. Le calcul montre que plus un système est complexe, plus sont élevées les chances que, pour tout état, certaines fluctuations soient dangereuses. Comment, ont demandé certains, se fait-il que des ensembles de la complexité des organisations écologiques ou humaines puissent se maintenir? Comment échappent-ils au chaos permanent? Il est probable que dans les systèmes très complexes, où les espèces ou les individus interagissent de manière très diversifiée, la diffusion, la communication entre tous les points du système est également très rapide. En ce cas, le seuil de nucléation très élevé des fluctuations dangereuses assure une certaine stabilité au sys-

1. May R. M., *Stability and Complexity in Model Ecosystems*, Princeton, The University Press, 1973.

tème. Ainsi, ce serait la rapidité de communication qui déterminerait la complexité maximale que peut atteindre l'organisation d'un système sans devenir trop instable.

Citons, dans le désordre, quelques exemples qui nous donnent à espérer que le concept de nucléation peut avoir un sens dans l'étude des phénomènes sociaux. On rencontre assez souvent l'idée que c'est de groupes restreints, exclus sinon persécutés par le reste de la société, que sont venues certaines des innovations qui ont bouleversé cette société : puissance innovatrice de groupes minoritaires caractérisés par une situation marginale par rapport aux circuits dominants. D'autre part, certains soulignent que la rapidité de la circulation des informations qui caractérise notre époque, la possibilité de tout diffuser immédiatement vers tout le monde, contribuent à maintenir tout événement dans l'insignifiance de l'anecdote, à soumettre toute idée aux lois du spectacle et de la mode. Enfin, toujours sur un mode qui se voudrait suggestif et non démonstratif, nous ne résisterons pas à la tentation de citer l'analyse par Gabriel Tarde du potin comme déterminant la stabilité des mœurs au sein d'une société : « Le rôle social des potins est immense. Supposez que, dans une petite ville de l'Antiquité ou du Moyen Âge, on n'ait pas potiné, est-ce que les institutions et les préjugés héréditaires qui faisaient la substance et la force de ces petits États auraient pu se maintenir ?... Le potin est une inquisition continuelle et réciproque, un espionnage et une surveillance de tous par tous à toute heure du jour et de la nuit. Grâce à lui, tous les murs des maisons sont de verre transparent... Ce qui fait que les grandes villes, et surtout les capitales modernes sont des foyers de corruption morale et de dégénérescence des mœurs ou des institutions nationales, c'est qu'on n'y potine pas[1]. »

En contrepoint, nous pouvons, pour terminer, poser cette question que rendent aujourd'hui très concrète les progrès de la technologie de l'information : que deviendrait le « système démocratique » au sein d'une société où les moyens de communication permettraient une consultation permanente de chacun par un organisme représentatif central, permettraient donc que la vitesse de communication domine entièrement celle des interactions non linéaires locales entre individus ? Ne s'agirait-il pas là en fait de la réalisation d'un ordre remarquablement stable et conservateur ?

1. TARDE G., *Écrits de psychologie sociale,* choix de textes présentés par ROCHEBLAVE - SPENLE A. M. et MILET J., Toulouse, Privat, 1973, p. 191.

Mais nous voilà bien trop loin des questions auxquelles nous sommes aujourd'hui en mesure de répondre.

3. *Stabilité des équations cinétiques*

De manière presque irrésistible, nous sommes passés de l'étude de la stabilité des états de non-équilibre des systèmes physico-chimiques aux implications du concept de stabilité pour des systèmes plus complexes, biologiques, écologiques ou sociaux. Dans ce cadre, il est intéressant d'élargir le concept de stabilité, de tenir compte du fait que des fluctuations comme celles de la densité des populations participant à l'activité d'un système sont loin d'être les seules possibles.

Remarquons d'abord que dans le cas des systèmes biologiques ou écologiques, l'idée d'une interaction constante avec le milieu est peu réaliste; la cellule comme les « niches » écologiques dépendent de leur environnement, mais cet environnement est variable et les flux qui maintiennent le système loin de l'équilibre sont fluctuants. Du point de vue de la modélisation, ce n'est que tout récemment que l'on a pu montrer que des fluctuations d'origine externe peuvent, tout comme celles d'origine interne, engendrer de nouvelles structures; dans certaines circonstances précises, le bruit, la perturbation aléatoire des conditions aux limites, peut donc devenir source d'ordre[1]. Cette sensibilité des états de non-équilibre, non seulement aux fluctuations qu'engendre leur activité interne, mais également à celles des flux qui les constituent, du milieu dans lequel ils sont plongés, confirme cette idée que la structure dissipative constitue bien la traduction singulière des flux qui la nourrissent. En ce sens, il n'y a aucun miracle à découvrir une « organisation adaptative » de l'activité du système en fonction de conditions aux limites fluctuantes, car ce n'est là qu'un autre aspect de cette participation au milieu dont il vit.

Cependant, on peut envisager une autre source d'instabilité, un autre type de fluctuation; jusqu'ici, les fluctuations dont nous avons envisagé les effets affectent des constituants déjà présents dans le

1. ARNOLD L., HORSTHEMKE W. et LEFEVER R., « White and Coloured External Noise and Transition Phenomena in Non Linear Systems », in *Zeitschrift für Physik B*, vol. 29, 1978, p. 367-373 et, appliqué à un cas biologique particulier, LEFEVER R. et HORSTHEMKE W., « Bistability in Fluctuating Environments. Implications in Tumor Immunology », in *Bulletin of Mathematical Biology*, vol. 41, 1979.

système, ou des flux qui l'alimentent en permanence. Mais qu'arrivera-t-il si, à la suite d'événements incontrôlables (mutations, innovations techniques), des constituants d'une espèce nouvelle sont introduits, qui peuvent prendre part aux processus dans le système, et se multiplier par leur intermédiaire ? Le problème de stabilité face à ce type de mutation s'énonce : les nouveaux constituants introduits en quantité infinitésimale entraînent, entre les constituants du système, un nouvel ensemble de relations de transformation qui entrent en compétition avec le mode de fonctionnement déjà établi au sein de ce système. Si les équations cinétiques du système sont stables par rapport à cette intrusion, le nouveau mode de fonctionnement ne pourra s'imposer, et les « innovateurs » qui l'ont introduit et se reproduisent grâce à lui ne survivront pas ; si, au contraire, la fluctuation est capable de s'imposer, si la cinétique qui entraîne la multiplication des « innovateurs » est assez rapide pour que ceux-ci, loin d'être détruits, envahissent l'ensemble du système, atteignent une concentration macroscopique, le système tout entier adoptera un nouveau mode de fonctionnement, son activité sera décrite par de nouvelles équations cinétiques[1].

L'exemple le plus simple est celui d'une population de macromolécules qui se reproduisent par polymérisation au sein d'un système nourri de monomères, par exemple *A* et *B*. Supposons que le processus de polymérisation soit autocatalytique : un polymère déjà synthétisé sert de modèle à la formation d'une chaîne de même séquence, et cette synthèse est beaucoup plus rapide que la synthèse sans modèle à copier. Chaque type de polymère, caractérisé par une séquence de *A* et de *B* particulière, sera décrit par un ensemble de paramètres qui mesurent la rapidité de la synthèse de sa copie, qu'il catalyse, la fidélité de cette copie, et le temps de vie moyen de la macromolécule elle-même. On peut montrer que, dans certaines conditions, un seul type de polymère, disons de séquence *ABABABAB*... domine la population, les autres polymères ne constituant que des fluctuations par rapport à cette lignée. Le problème de la stabilité des équations est posé chaque fois que, à la suite d'une « erreur » de copie, un nouveau type de polymère, caractérisé par une séquence inédite et par un nouvel ensemble de paramètres,

1. Allen P. M., « Darwinian Evolution and a Predator-Prey Ecology », in *Bulletin of Mathematical Biology*, vol. 37, 1975, p. 389-405, et « Evolution, Population and Stability », in *Proceedings of the National Academy of Science USA*, vol. 73, n° 3, 1976, p. 665-668 et Czaplewski R., « A Methodology for Evaluation of Parent-Mutant Competition », in *Journal of Theoretical Biology*, vol. 40, 1973, p. 429-439.

apparaît dans le système et commence à s'y multiplier, entrant en compétition avec l'espèce dominante pour l'emploi des monomères *A*, *B*. Il est possible, dans certains cas, de construire avec ces paramètres une grandeur dont la valeur détermine le résultat de cette compétition. Si l'espèce mutante est caractérisée par une valeur de cette grandeur supérieure à celle de l'espèce dominante, elle sera capable de renverser le rapport de forces, de ramener l'ancienne espèce dominante à des concentrations insignifiantes et de devenir la nouvelle « norme » qui définit toutes les autres séquences comme erreurs et déviations sans conséquence.

Cet exemple est très important puisqu'il a sans doute constitué un moteur de l'évolution prébiotique : Eigen[1] a montré en effet qu'il existe un type de système qui pouvait résister aux « erreurs » que les populations autocatalytiques que nous venons de décrire ne cessent d'engendrer. Ce système est constitué de deux ensembles de lignées. Les molécules du premier ensemble jouent un rôle de type « acide nucléique » : chacune d'elles est capable de s'autoreproduire et sert de catalyseur à la synthèse d'une molécule du second ensemble ; celle-ci joue un rôle de type protéique, elle sert de catalyseur à la synthèse autoreproductive d'une autre molécule du premier ensemble. Cette association transcatalytique entre deux ensembles de lignées peut se refermer en cycle fermé (chaque « acide nucléique » s'autoreproduit avec l'aide d'une « protéine » et catalyse la synthèse d'une autre « protéine »). Elle est capable, dès lors, de survivre de manière stable, à l'abri des continuels renversements des rapports de force et changements de population dominante ; un nouveau type d'évolution peut alors commencer sur cette base stable, où on peut voir un précurseur du code génétique.

Un autre exemple est celui de la compétition pour une niche écologique donnée. Exemple très simple puisque, ici comme dans le premier cas, les « mutants » n'introduisent pas de relations vraiment nouvelles, mais uniquement la possibilité d'exploiter la niche, de se reproduire et de survivre d'une manière quantitativement distincte, caractérisée par d'autres valeurs des paramètres mais par les mêmes équations (en l'occurrence, souvent construites *a posteriori*).

Citons, parce qu'il s'agit d'une équation classique dans le domaine de l'écologie théorique, l'équation donnant l'évolution d'une population dans un environnement écologique stable. La

1. On trouvera le point sur ces recherches dans EIGEN M. et SCHUSTER P., *The Hypercycle*, Berlin, Springer, 1979.

population caractérisée par le nombre N de ses individus se reproduit avec un taux r, alors que son taux de mortalité est m. La croissance de la population est d'autre part limitée par la quantité des ressources disponibles, mesurées par le paramètre K, $dN/dt = rN(K - N) - mN$. Pour une population déterminée, décrite dans ce cas très simple par une valeur déterminée des trois constantes, la croissance de la population est décrite par une courbe dite logistique, qui tend asymptotiquement vers une valeur de $N = K - m/r$. Lorsque la population a atteint cette valeur, le milieu est saturé et, en moyenne, autant de N naissent et meurent en chaque instant (*figure 9*).

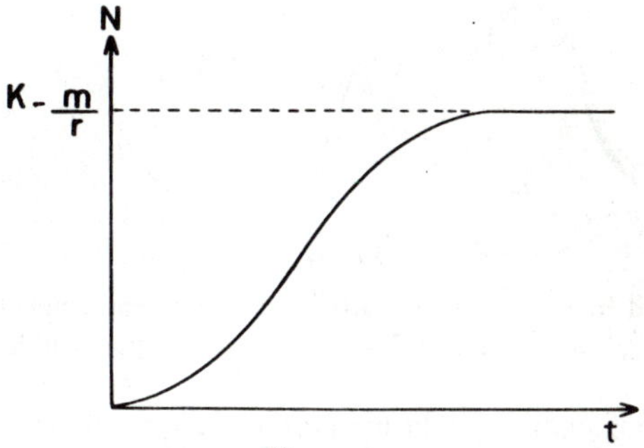

Figure 9

Courbe logistique. L'état stationnaire $N = 0$ est instable. L'état $N = K - m/r$ est stable par rapport aux fluctuations de N.

Nous avons ici l'image habituelle d'un monde écologique tendant vers un état stationnaire statique. Cependant, telle n'est pas la leçon du modèle car pour une évolution à long terme, l'équation de croissance, au lieu de vouer une population à cette espèce d'équilibre invariant, permet d'étudier une évolution en principe sans limite, sans optimum stable, une évolution qui ne permet de parler ni de fin ni de finalité.

L'évolution biologique nous montre en effet que les valeurs des paramètres écologiques K, r et m sont essentiellement variables, que les sociétés vivantes ne cessent d'introduire de nouvelles manières d'exploiter les ressources existantes ou de découvrir de nouvelles ressources (augmentation de K), ne cessent de trouver de nouveaux moyens soit de prolonger leur vie, soit de se multiplier plus vite. Chaque plafond est dès lors provisoire et la niche sera occupée par une succession d'espèces, chacune pouvant supplanter la précédente si son « aptitude », mesurée par la grandeur $K - m/r$, à exploiter la niche est supérieure. Nous avons donc ici, dans un cas extrêmement simple puisque le problème se réduit à l'exploitation d'une niche donnée, une interprétation quantitative de l'idée darwinienne de « survivance du plus apte » (*figure 10*).

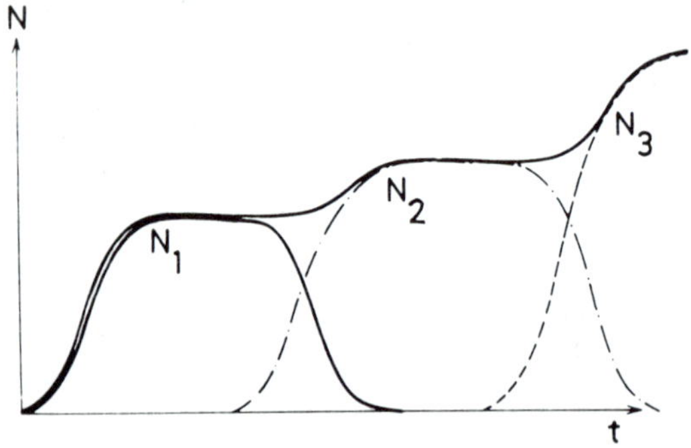

Figure 10

Succession d'états stationnaires atteints par différentes populations caractérisées par des valeurs croissantes N_1, N_2, N_3, de la grandeur $K - m/r$.

Il est remarquable que la même courbe qui montre la succession des croissances et des plafonds puisse aussi, dans bien des cas, décrire la multiplication de certains procédés techniques. Là aussi, peut-on dire, la découverte ou la mise en circulation d'une nouvelle technique ou d'un nouveau produit rompt un éventuel « équilibre » social, technique ou économique décrit par le plafond atteint par la courbe de croissance des techniques ou des produits avec lesquels l'innovation va entrer en compétition[1]. Ainsi, exemple parmi d'autres, non seulement la multiplication des bateaux à vapeur entraîna la disparition de la plupart des bateaux à voiles, mais, abaissant le coût du transport et augmentant sa rapidité, elle entraîna la croissance de la demande en transport maritime, et donc la croissance de la population de navires. Comme dans nos exemples écologiques, il s'agit ici d'une situation très simple puisque l'innovation se borne à satisfaire de manière différente un besoin préexistant. En écologie comme dans les sociétés humaines, beaucoup d'innovations s'imposent sans « niche » préalable ; elles trans-

1. Montroll E. W., « Social Dynamics and the Quantifying of Social Forces », in *Proceedings of the National Academy of Science USA*, vol. 75, nº 10, 1978, p. 4633-4637.

forment le milieu où elles apparaissent, et créent, à mesure qu'elles s'amplifient, les conditions de leur multiplication, leur « niche ».

C'est ainsi que, suivant un raisonnement de ce type, un scénario a été construit à Bruxelles qui met en scène une dynamique de l'urbanisation régionale sur base d'hypothèses de « rationalité » économique qui correspondent au modèle du géographe Christaller pour la distribution hiérarchique optimale des centres d'activité économique (réseau hexagonal de villes d'importances comparables, chacune entourée d'une couronne hexagonale de villes de rang immédiatement inférieur, etc.). En l'occurrence, le système d'équations, de type logistique, lie le plafond de croissance d'une population en une région donnée à l'importance des entreprises qui y sont installées; les entreprises, quant à elles, croissent selon la demande pour leur produit, qui est fonction des concentrations locales de populations constituant la clientèle potentielle, de la concurrence des autres entreprises similaires, des coûts de transport vers la clientèle et, par l'intermédiaire du prix du produit, de la taille de l'entreprise. Populations et entreprises voient donc leurs croissances respectives liées par des non-linéarités fortes. Chaque entreprise qui essaie de se développer dans une région entre en compétition avec les entreprises de même type situées dans d'autres régions pour satisfaire une demande elle-même variable. Ce scénario fait de la localisation des centres urbains le produit d'un jeu de « lois », ici purement économiques, et du « hasard » de l'implantation de tel type d'entreprise à tel endroit à tel moment. Alors que la distribution symétrique de Christaller reflète une optimalisation statique, ce scénario, qui permet de suivre les croissances, coexistences, destructions d'entreprises, décrit des *ruptures de symétrie*, l'amplification de petites différences, la multiplicité des histoires possibles dans l'établissement de différenciations géographiques[1].

De manière générale, on peut dire que l'innovation est certes sélectionnée, mais par un milieu qu'elle contribue à créer. Le processus évolutif n'a donc pas pour moteur la pression sélective, sa logique n'est pas purement et simplement celle des exigences du milieu[2].

1. Allen P. et Sanglier M., « Dynamic Models of Urban Growth », in *Journal for Social and Biological Structures*, vol. 1, 1978, p. 265-280.

2. On a souvent avancé que le développement du cerveau constitue l'exemple le plus spectaculaire que nous puissions identifier de processus évolutif débordant les exigences du milieu. Car le milieu de nos ancêtres n'a pu exiger d'eux les comportements qui sont

D'autres situations typiques de l'évolution biologique peuvent êtres explorées grâce à des modèles d'une grande simplicité; on peut calculer, par exemple, dans quelles conditions de compétition entre espèces pour une ressource donnée, une espèce l'emportera sur l'autre si une fraction de sa population se spécialise dans une activité belliqueuse et non productive (les « soldats » chez les insectes sociaux). On peut aussi déterminer dans quel type de milieu une espèce qui se spécialise, qui restreint la gamme de ses ressources alimentaires, pourrait survivre mieux qu'une espèce généraliste, qui consomme de manière moins économique une plus grande variété de ressources. Enfin, l'exigence de la stabilité d'un système constitué d'une population de proies, vivant des ressources d'un milieu donné, et d'une population de prédateurs, vivant de la première population, permet de prévoir certaines tendances évolutionnaires à long terme, permet de prévoir quelles innovations pourront faire évoluer le système sans le détruire, sans entraîner l'extinction des populations[1].

Nul ne s'étonnera de nous voir, tout au long de ce chapitre, proposer des approches qui font bon marché des cloisonnements académiques les mieux reconnus, et singulièrement de ceux qui séparent les sciences de l'animé et de l'inanimé. Nous pensons, après Leibniz et bien d'autres, que le geste de cloisonner est aussi vain que celui de partager les eaux des océans, même si ce geste ne va pas sans conséquences intellectuelles et institutionnelles. Attachons-nous cependant à quelques considérations sur la communication entre la physico-chimie et les sciences des populations vivantes et des sociétés.

Soulignons d'abord qu'il ne s'agit pas d'une communication à sens unique. Ainsi, en ce qui concerne les structures dissipatives,

requis de nous aujourd'hui. Voir à ce sujet S. H. Washburn qui écrit (« The Evolution of Man », in *The Scientific American*, vol. 239, septembre 1978, p. 194-208): « Le cerveau avec lequel l'homme commence maintenant à comprendre le long passé biologique qui est le sien, s'est développé dans des conditions qui ont depuis longtemps cessé d'exister. Ce cerveau a évolué à la fois en dimension et en complexité neurologique pendant quelques millions d'années, période pendant laquelle nos ancêtres ont vécu dans l'obligation quotidienne d'agir et de réagir sur base d'une information très limitée. Qui plus est, beaucoup de cette information était fausse... Et pourtant ce cerveau est le même que celui qui, aujourd'hui, se préoccupe des subtilités des mathématiques et de la physique moderne » (p. 194).

1. Deneubourg J.-L. et Allen P. M., « Modèles théoriques de la division du travail dans les sociétés d'insectes », in *Académie royale de Belgique, Bulletin de la Classe des Sciences*, tome LXII, 1976, p. 416-429; Allen P. M., *op. cit.*, et « Evolution in an Ecosystem with Limited Ressources », in *Académie royale de Belgique, Bulletin de la Classe des Sciences*, tome LXII, 1976, p. 408-415.

avec les notions de crise et d'instabilité qui les accompagnent, on peut avancer que les résonances qu'elles ont éveillé en physique même ne sont pas indépendantes de l'intérêt que suscitent ces notions dans la culture contemporaine. De plus, sans l'exploration par la biochimie des voies métaboliques avec leurs non-linéarités multiples, la condition de non-linéarité imposée par la thermodynamique pour l'instabilité de l'état stationnaire de référence serait apparue trop contraignante : les non-linéarités étaient à l'époque pratiquement inconnues dans le monde inorganique.

L'étude des états d'équilibre, mécanique puis thermodynamique, rencontra, dès la fin du XIXe siècle, des résonances fécondes en biologie et dans les sciences des sociétés. Là encore, il est inutile de souligner que la charge intellectuelle et affective du concept d'équilibre lui vient non pas de la science mathématique des Bernoulli, d'Alembert, Euler, Lagrange, mais d'idées d'ordre et d'harmonie provenant de champs tout différents. Et ce sont ces mêmes idées qui donnèrent leur poids aux méthodes physiques et mathématiques lorsque celles-ci pénétrèrent finalement la biologie, l'économie, la sociologie.

Plus récemment, on sait avec quelle fécondité il a été fait usage des mathématiques discrètes, et quelle source d'inspiration ont été les théories de l'information. Nous avons beaucoup parlé, dans ce livre, d'une physique qui désenchantait le monde, en niait la complexité et la diversité. Mais la théorie de l'information, quant à elle, découvrit un monde « enchanté », elle déchiffra dans la nature des messages qui circulent et font sens. Les modèles de « coévolution », où des messages visuels ou chimiques sont émis, mais aussi détournés de leur signification, captés par des récepteurs pirates ou par des émetteurs pirates[1], les travaux sur le cancer et sur l'immuno-

1. La coévolution semble, en particulier, avoir joué un rôle dans l'histoire commune des plantes et des insectes. On connaît l'adaptation réussie autour du problème de la fécondation des plantes, mais il existe une autre dimension récemment explorée, celle de la véritable escalade dans la « guerre chimique » qui oppose plantes et insectes. Beaucoup de plantes sont riches en « substances secondaires » souvent toxiques, dont le rôle métabolique était resté obscur. En fait, il s'agit souvent de moyens de défense contre les insectes et autres herbivores. Et l'escalade commence : une race d'insectes arrive à métaboliser le poison et, jouissant dès lors de l'exclusivité d'une ressource nutritive, en devient « spécialiste », le poison l'*attire* ; accumulé dans les glandes, ce poison sert alors parfois de défense contre les oiseaux ; et d'autres insectes, chimiquement inoffensifs, développent enfin une ressemblance avec les premiers pour profiter de la protection créée par la répugnance des oiseaux. Voir, à ce sujet, EHRLICH P. et RAVEN, « Butterflies and Plants », in *The Scientific American*, vol. 216, 1967, p. 104-113, et l'article classique de FRAENKEL G.S., « The Raison d'Etre of Secondary Plant Substances », in *Science*, vol. 129, 1959, p. 1466-1470.

logie où se découvrent de complexes ensembles de communications intercellulaires, témoignent, parmi bien d'autres, de ce que les théories de la communication n'en sont encore qu'à leurs débuts, notamment si elles sont couplées avec des études portant sur la dynamique des populations qui communiquent.

Si nous voulons maintenant situer l'apport des notions de non-linéarité, d'instabilité, d'amplification des petits écarts, il est bon de commencer par souligner que les sciences des sociétés n'ont pas attendu la physique pour décrire des types de processus selon les perspectives que nous venons d'introduire. Ainsi, pour nous référer au « structuralisme », que l'on qualifie souvent de statique, renvoyons aux derniers chapitres du *Cours de linguistique générale* où Saussure décrit la propagation des « ondes linguistiques » soumises aux deux forces, l'« intercourse » qui crée les communications, et l'« esprit de clocher » qui maintient les particularités locales. De même, les méditations que Lévi-Strauss consacre à la dynamique de l'Occident dans ses rapports avec les autres cultures appellent comme naturellement des concepts utilisés en parallèle dans les sciences de la nature. En particulier, le processus d'industrialisation y est caractérisé comme processus autoaccéléré (réactions en chaîne), créateur de différenciations internes (ruptures de symétrie), comme processus ouvert sur les autres systèmes qui ont alimenté certains de ses circuits et s'en sont trouvés irréversiblement modifiés. L'ethnologue est bien placé pour écrire que « Le rapport d'étrangeté entre les sociétés dites sous-développées, et la civilisation mécanique, consiste surtout dans le fait qu'en elles, cette civilisation retrouve son propre produit, ou, plus précisément, la contrepartie des destructions qu'elle a commises dans leur sein pour instaurer sa propre réalité[1]. »

Il reste que les théories de l'anthropologie structurale à propos des structures élémentaires de la parenté, comme son approche des mythes, dont les transformations sont rapprochées de la croissance cristalline, ont utilisé les instruments de la logique et des mathématiques finies où des éléments discrets se comptent, se distribuent, se combinent, plutôt que ceux qui analysent une évolution en termes de processus affectant des populations nombreuses et chaotiques. Nous avons bien là affaire à deux perspectives, correspondant à deux types de modèles que Lévi-Strauss a caractérisés comme res-

1. « Humanisme et Humanités », in *Anthropologie structurale II*, Paris, Plon, 1973, p. 368-369.

pectivement « mécaniques » et « statistiques ». Dans les modèles mécaniques, « les éléments sont à l'échelle des phénomènes » et, par exemple, les comportements individuels répondent à des prescriptions qui se réfèrent à une organisation globale de la société; c'est la logique de ces comportements que l'ethnologie chercherait à pénétrer. Par contre la sociologie travaille des modèles statistiques où on devra définir des moyennes et des seuils[1].

Le modèle mécanique n'est qu'un modèle, il représente ce vers quoi, dirait un aristotélicien, tend le fonctionnement de certaines organisations, telles qu'un ministère, par exemple, où chaque fonctionnaire n'est censé accomplir que la tâche prévue par l'organigramme. Les termites et autres insectes sociaux semblent, eux, près de réaliser l'idéal du modèle statistique. Ils n'obéissent pas à des prescriptions ou informations se rapportant au tout; seules sont spécifiées des interactions entre individus qui favorisent ou inhibent certains types de comportement. Dès lors, les descriptions sont par définition moyennes, et la question posée est, par exemple, celle du seuil à partir duquel un ensemble d'interactions individuelles peut produire un effet singulier au niveau de la population. Se trouvent donc nettement distingués le niveau de description local, où le comportement est considéré comme stochastique, et celui, global et par définition nombreux, où un comportement collectif peut se trouver engendré.

Entre les mises en perspective que nous venons de tenter et une théorie générale de la société, la distance est grande, et nous n'avons pas l'intention d'essayer de la franchir. Nous ne savons qu'une chose: la présence d'interactions non linéaires dans une population détermine la possibilité de modes d'évolution particuliers (effets boule de neige, propagations épidémiques, différenciation par amplification de petites différences), et cela, quelle que soit la population. Elle impose certaines questions: quels événements, quelles innovations vont rester sans conséquence, quels autres sont susceptibles d'affecter le régime global, de déterminer irréversiblement le choix d'une évolution; quelles sont les zones de choix, les zones de stabilité? Et, dans la mesure où la taille, par exemple, ou la densité du système, peuvent jouer le rôle de paramètre de bifurcation, comment une croissance purement quantitative peut-elle ouvrir la possibilité de choix qualitativement nouveaux?

1. « Méthode et enseignement », in *Anthropologie structurale*, Paris, Plon, 1958, p. 311-317.

Cependant beaucoup de questions restent encore sans réponse, et en particulier, celle de la description d'une évolution qui rende plus « mécanique » une population d'événements. Comment, par exemple, la sélection de l'information génétique qui détermine les vitesses et les régulations des réactions métaboliques, privilégie-t-elle certains chemins au point que le développement semble finalisé, ou apparaisse comme la traduction d'un message ? On reconnaît le problème de la « chréode » de Waddington, avec son double impératif de sécurité et de souplesse. C'est un problème qu'il faut rappeler étant donné les confusions fâcheuses possibles entre le développement biologique et les évolutions qui ne répètent pas une longue histoire et ne sont donc pas canalisées ou finalisées. C'est dans un espace où des distinctions de ce genre seront clairement formulées que pourront se poser les problèmes de l'organisation, et notamment celui des situations où se conjuguent le statistique et le mécanique, c'est-à-dire où coexistent les interactions locales et l'information globale.

4. *Hasard et nécessité*

Nous en avons donné maintes illustrations, l'ordre par fluctuation mène à l'étude du jeu entre hasard et nécessité, entre innovation provocatrice et réponse du système, mène à distinguer entre les états du système où toute initiative individuelle est vouée à l'insignifiance, et les zones de bifurcation où un individu, une idée ou un comportement nouveau peuvent bouleverser l'état moyen. Non pas n'importe quel individu, idée ou comportement, mais ceux qui sont « dangereux », ceux qui peuvent utiliser à leur profit les relations non linéaires qui assuraient la stabilité de l'ancien état moyen : ce sont dans les modèles simples les mêmes non-linéarités qui font naître un ordre déterminé du chaos des processus élémentaires, et qui peuvent, éventuellement, dans d'autres conditions, déterminer la destruction de cet ordre, l'apparition, au-delà d'une autre bifurcation, d'un autre régime de fonctionnement.

Pas plus qu'il n'admet l'opposition entre hasard et nécessité, le concept d'ordre par fluctuation ne suppose donc la distinction (traditionnelle dans certaines écoles sociologiques) entre fonctionnel et dysfonctionnel ; ce qui est à un moment donné déviation insignifiante par rapport à un comportement normal peut, dans d'autres circonstances, être source de crise et de renouvellement. Si les modèles de l'ordre par fluctuation peuvent nous apprendre quelque chose, c'est bien que toute norme est issue d'un choix, contient un élément de hasard, mais non pas d'arbitraire. Le fait qu'une organisation ou un régime de fonctionnement ne puissent pas être déduits comme nécessaires, et qu'ils soient toujours à la merci d'une fluctuation, ne signifie pas, soulignons-le, qu'ils soient arbitraires; comme le disait laconiquement Samuel Butler, « *nothing is ever merely anything* »[1] : une organisation ou un régime de fonctionnement non déductible d'une loi générale relève néanmoins d'un *calcul* au sein d'une nature où les processus macroscopiques stables sont engendrés par une multitude de processus désordonnés et, dans certaines conditions, à la merci de l'activité fluctuante dont ils sont le produit.

Nous avons parlé à plusieures reprises de « hasard » et de « nécessité ». Cette expression nous ramène bien sûr au domaine à propos duquel le problème de l'évolution a été discuté avec le plus de précision, le domaine de la biologie. Dans le très beau livre où il commente les implications philosophiques des découvertes de la biologie moléculaire, Jacques Monod conclut que l'évolution biologique, et donc l'homme issu de cette évolution, sont le produit du hasard et de la nécessité, hasard des mutations, nécessité des lois physiques et des lois statistiques de la sélection naturelle. Il reprenait ainsi la découverte majeure de Darwin, l'influence décisive de certains événements particuliers et improbables, telle l'apparition d'une lignée mieux adaptée à son environnement, mais lui conférait des résonances tragiques : l'Univers « normal », celui que l'on peut déduire des lois de la nature, est un Univers sans vie; les seules lois prévisibles et reproductibles sont des lois de mort et de retour à l'inanimé, comme la cristallisation dont Monod fait le principe de toute morphogénèse. Le hasard — miracle statistique de l'apparition du code génétique et succession des mutations favorables — est donc opposé à la légalité naturelle; le hasard arrache le vivant à l'ordre inanimé de la nature, en fait un mort en sursis aux marges d'un Univers où il ne constitue qu'une particularité arbitraire.

La grande lucidité de Monod permet de mettre au jour la remarquable stabilité de la situation conceptuelle créée par la science moderne. Selon son interprétation, la biologie contemporaine cons-

1. « Rien n'est jamais n'importe quoi », cité dans Needham J., *Time the Refreshing River*, p. 183.

titue l'expression ultime de la science classique : elle semble justifier le biologiste qui affirme que la décomposition de la complexité vivante en ses constituants au comportement simple suffit en principe, qui entend faire l'économie d'une théorie positive de l'organisation biologique et de ses transformations, et considère donc que ce que Stahl appelait les « lois communes de la matière », c'est-à-dire les lois universelles qui décrivent les comportements simples, suffisent en principe à épuiser tout ce qu'il y a à comprendre dans le vivant. « On n'interroge plus la vie aujourd'hui dans les laboratoires », écrivait Jacob[1]. Et en effet, l'analyse des systèmes vivants semble dans ces conditions ne pouvoir laisser aucune place à un concept du vivant en tant que tel.

Le biologiste retrouve dès lors l'homme, et avec lui tout le monde vivant, dans la même position d'extériorité où l'avait à la fois réduit et haussé la science classique. Dans l'austérité ascétique à laquelle nous convie Monod, on ne peut s'empêcher de retrouver l'humilité orgueilleuse, la marginalité assumée de ceux qui détruisirent l'ancien monde harmonieux et centré, lancèrent la terre dans les espaces infinis, mais trouvèrent dans l'érection de leur subjectivité extra-naturelle la base d'une nouvelle certitude. Et nous retrouvons, cette fois sous forme de paradoxe, la même situation de l'homme par rapport au monde : qui, sinon une âme surnaturelle, peut se savoir et se dire étrangère au monde ? Comment une réunion d'atomes, au hasard, le pourrait-elle ?

Le Hasard et la nécessité de Jacques Monod peut donc être lu comme le point fait sur la situation de la biologie dans le contexte de la physique classique, contexte où s'opposent la particularité des conditions initiales et l'universalité déterministe des lois d'évolution, et où la seule loi d'évolution macroscopique prévisible et reproductible est l'évolution vers l'équilibre et la disparition de toute activité globale. On voit que la biologie est bien dans la même position que celle analysée par Stahl. Celui-ci avait déjà vu que les lois de la matière permettent de comprendre non pas la vie mais la mort, non pas l'organisation vivante mais la décomposition de cette organisation instable, la corruption et la putréfaction. Là où Stahl avait vu l'activité organisatrice d'une âme, la biologie moléculaire déchiffre l'expression du texte génétique, de l'information contenue dans l'acide nucléique et traduite sous forme de protéines enzymatiques, véritable conservatoire du hasard, texte

1. JACOB F., *La Logique du vivant*, Paris, Gallimard, 1970, p. 320-321.

enrichi de génération en génération par les rares mutations favorables. Ce sont les enzymes en effet qui, pour un temps bref, retardent la mort, traduisent, dans le miracle statistique de l'organisation macroscopique qu'elles créent, la succession de miracles statistiques dont elles résultent.

Dans le contexte nouveau de la physique des processus irréversibles, les résultats de la biologie ont évidemment une signification et des implications très différentes. Certes, les seules lois macroscopiques universelles sont bien les lois qui décrivent l'évolution vers le désordre, vers les états d'équilibre ou les états stationnaires proches de l'équilibre; mais ces lois physiques ne constituent pas le contexte par rapport auquel le vivant doit se définir: non pas parce qu'il est vivant mais parce que, physiquement, il ne remplit pas les conditions d'application de ces lois, les conditions sous lesquelles ces lois sont pertinentes. Le vivant fonctionne loin de l'équilibre, dans un domaine où les conséquences de la croissance de l'entropie ne peuvent plus être interprétées selon le principe d'ordre de Boltzmann, il fonctionne dans un domaine où les processus producteurs d'entropie, les processus qui dissipent l'énergie, jouent un rôle constructif, sont source d'ordre. Dans ce domaine, l'idée de loi universelle fait place à celle d'exploration de stabilités et d'instabilités singulières, l'opposition entre le hasard des configurations initiales particulières et la généralité prévisible de l'évolution qu'elles déterminent fait place à la coexistence de zones de bifurcation et de zones de stabilité, à la dialectique des fluctuations incontrôlables et des lois moyennes déterministes.

Dès lors, l'alternative dressée par Monod entre un monde animiste, qui depuis toujours attendait l'apparition de l'homme, fin et clef de son évolution, et le monde silencieux où l'homme est étranger, n'est plus nécessaire. L'homme dans sa singularité n'était certainement ni appelé, ni attendu par le monde; en revanche, si nous assimilons la vie à un phénomène d'auto-organisation de la matière évoluant vers des états de plus en plus complexes, alors, dans des circonstances bien déterminées et qui ne semblent pas d'une rareté exceptionnelle, la vie, elle, est prévisible dans l'Univers, y constitue un phénomène aussi « naturel » que la chute des corps graves.

Nous sommes très loin de pouvoir répondre aux questions posées par cette conception du vivant en tant que système maintenu loin de l'équilibre. Nous en sommes encore à formuler, ou à reformuler, ces questions.

Ainsi, on sait que la biologie moléculaire fait remonter l'explication de l'origine de la vie au couple établi entre protéines et acides nucléiques. Mais cette association, et le code génétique lui-même, ne doivent-ils pas être compris dans le contexte d'une organisation spatio-temporelle globale? Le maintien hors de l'équilibre devient dès lors une question essentielle en ce qui concerne l'origine de la vie. En revanche, en ce qui concerne l'être vivant produit d'une longue évolution, il faut distinguer avec soin les « points chauds » — les régimes de transformations métaboliques rapides et les interactions cellulaires intenses — des « stocks », maintenus près de l'équilibre, et des structures cristallines mortes. L'être vivant n'est pas partout également vivant. Dire qu'il fonctionne loin de l'équilibre est pour le moins insuffisant.

Notre problème n'est donc pas de réduire le vivant à une description unique, mais d'apprendre à décrire l'« économie politique » des processus naturels, d'apprendre comment l'énergie, la matière, les informations sont emmagasinées, transformées, distribuées. Et nous avons tout lieu de penser que l'économie politique de la nature sera très éloignée des calmes modèles de division du travail et de gestion harmonieuse et centralisée auxquels l'idée d'organisme a été longtemps associée. Peut-être, dans l'avenir, la prolifération, plus ou moins contrôlée, des cellules cancéreuses, ou la production des anticorps, remplacera-t-elle la vieille représentation rassurante des « fonctions » du vivant[1].

Mais nous devons maintenant nous tourner vers une autre question. Nous disions que la vie apparaît désormais comme un phénomène aussi « naturel » que la chute des corps. Auto-organisation et chute des corps, qu'y a-t-il de commun entre ces deux processus naturels? Quel lien existe-t-il entre la dynamique, la science des forces et des trajectoires, et la science de la complexité et de l'évolution, la science des processus vivants et du devenir naturel auquel ils participent? À la fin du XIXe siècle, l'irréversibilité était associée aux phénomènes de friction, de viscosité, d'échauffement; elle était à l'origine des pertes et du gaspillage de l'énergie contre lesquels luttaient les ingénieurs; la fiction pouvait être maintenue qu'il ne s'agissait là que d'un phénomène secondaire, lié à la maladresse de

1. Ainsi, dans un très beau texte de l'*Anti-Œdipe* (Paris, Minuit, 1972), G. Deleuze et F. Guattari renvoient dos à dos l'organisme conçu comme unité structurale (mécanisme) et conçu comme unité individuelle et spécifique (vitalisme), p. 336-340. Ils se situent ainsi dans une perspective fonctionnaliste élargie (ou éclatée) assez proche de celle que peuvent inspirer les théories résumées ici.

nos manipulations, à la grossièreté de nos machines et que, fondamentalement, la nature était réversible comme le voulait la dynamique. Mais cette fiction devient désormais intenable : les processus irréversibles jouent un rôle constructif; les processus de la nature complexe et active, notre propre vie, ne sont possibles que parce qu'ils sont maintenus loin de l'équilibre par les flux incessants qui les nourrissent.

Dès lors nous ne pouvons plus éluder cette interrogation : quelle est la relation entre cette nouvelle science du complexe et la science des comportements élémentaires simples? Quelle est la relation entre les deux vues complètement différentes de la nature que produisent ces deux sciences? Comment pouvons-nous combiner ces deux niveaux, le niveau de l'élémentaire et le niveau du complexe, les trajectoires et les affinités chimiques? Comment pouvons-nous retrouver la nature dans son unité complexe et diversifiée à partir de ces deux descriptions que sépare un abîme? Quel rapport pouvons-nous trouver entre les lois newtoniennes, générales et déterministes, et la description théorique à laquelle nous sommes arrivés, où se combinent le déterminisme statistique et le hasard des fluctuations incontrôlées?

D'une certaine manière, nous sommes à nouveau à l'aube du savoir moderne, à cette époque où Newton guettait dans la fournaise le devenir de la matière et analysait la vie sociale des corps chimiques. La première synthèse, la synthèse newtonienne, ne pouvait être complète : la force d'interaction universelle dont la dynamique décrit l'action est incapable de rendre compte du comportement complexe et irréversible de la matière. Comme au temps de Newton, deux sciences sont affrontées, la science de la gravitation, qui décrit une nature intemporelle et légale, et la science de feu, la chimie. *Ignis mutat res*, nous avons déjà cité cette ancienne devise, les corps chimiques sont les créatures du feu, les créatures du devenir irréversible. Comment franchir l'abîme qui sépare le temps des processus complexes et le temps ramené à l'identité de la loi, la science du devenir et la science de l'être, deux sciences que tout oppose et qui pourtant décrivent le même monde?

LIVRE III

De l'être au devenir

CHAPITRE VII

LE HEURT DES DOCTRINES

1. *La percée de Boltzmann*

Whitehead a écrit : « *A clash of doctrines is not a disaster, it is an opportunity*[1]. » Si cela est vrai, l'histoire des sciences a connu peu d'occasions aussi prometteuses, car le heurt apparaît massif : deux mondes s'affrontent, qui n'ont, semble-t-il, rien en commun.

Comment caractériser l'univers que décrit la dynamique classique? C'est un univers au sein duquel toutes les transformations sont, du point de vue du niveau de description fondamental, réductibles au mouvement de la matière dans l'espace, et ce mouvement lui-même peut être décrit en termes de trajectoires. C'est donc autour du concept de trajectoire que se concentre la vérité dynamique du monde.

Pour définir une trajectoire, il faut connaître simultanément deux types de données différentes : il faut la loi générale de la trajectoire, la loi qui détermine le passage du système entre deux états instantanés successifs, n'importe lesquels, et il faut la description complète de l'état instantané du système, n'importe lequel. À partir de cet état, l'application de la loi permettra à la trajectoire de se déployer d'état en état, vers le passé comme vers le futur. La loi dynamique est une loi *réversible*, elle décrit aussi bien le passage d'un état vers l'état immédiatement précédent que vers l'état immédiatement suivant. Le futur et le passé jouent, en dynamique, exactement le même rôle — c'est-à-dire pas de rôle du tout. La définition d'un état instantané en termes des positions des particules qui

1. « Un heurt de doctrines n'est pas un désastre, c'est une chance à saisir », WHITEHEAD A. N., *Science and the Modern World*, p. 186.

le constituent et des vitesses de ces particules, contient le passé et le futur du système; chaque état pourrait être un état initial ou, aussi bien, l'état résultant d'une longue évolution. Comme le disait Bergson, en chaque instant, tout est donné, le changement n'est que déploiement d'une suite d'états fondamentalement équivalents.

Nous découvrirons plus loin le point faible de cette conception, la constatation surprenante que, dans certains cas, l'idée de détermination des conditions initiales de la trajectoire n'est plus compatible avec les implications de la loi dynamique. Mais cette surprise est toute récente. Jusqu'ici, l'idéalisation newtonienne, l'idée d'un univers statique décrit en termes de trajectoires déterministes, semblait *imposée* par la dynamique et était solidaire de l'idée d'un *niveau de description fondamental*, tel que les transformations naturelles, aussi complexes soient-elles, une fois ramenées à ce niveau apparaîtraient comme simples. Selon cette conception classique, on devait donc affirmer que les processus complexes ne sont pas intrinsèquement différents des trajectoires simples, telles les trajectoires planétaires. Certes, le nombre énorme des interactions et des degrés de liberté du système complexe peut causer des difficultés pratiques de calcul, mais les lois elles-mêmes sont universelles — elles s'appliquent de *la même manière* à toutes les échelles, quelles que soient les masses et les distances —, et elles sont *suffisantes* — elles constituent l'explication ultime et la seule explication complète de toutes les transformations naturelles.

Comme nous le verrons, malgré son caractère révolutionnaire à bien d'autres égards, la situation est restée la même en mécanique quantique. La notion de trajectoire est remplacée par celle de « paquet d'onde » (ou fonction d'onde), mais le mouvement du paquet d'onde reste tout aussi réversible : le présent implique tout aussi bien, et de manière symétrique, le futur que le passé.

Il est difficile d'imaginer un contraste plus grand avec le monde que décrivent les concepts issus de ce que nous avons appelé l'ordre par fluctuation. Aux trajectoires dynamiques répondent les processus qui travaillent la matière, réactions chimiques, conduction, décompositions radio-actives; à la réversibilité des lois dynamiques, l'irréversibilité de la croissance entropique que déterminent ces processus. Certes, les lois thermodynamiques restent universelles près de l'équilibre : tous les systèmes thermodynamiques connaissent la même évolution monotone vers l'équilibre ou vers un état stationnaire proche de l'équilibre, mais, au-delà du seuil de stabilité, l'idée d'universalité de la loi fait place à l'exploration de comportements qualitativement divers et qui dépendent non seulement du détail des transformations dissipatives mais aussi du passé du système. Et justement parce que la définition de l'état où ils se trouvent ne peut plus être purement instantanée mais doit évoquer les bifurcations successives traversées, il n'est plus possible d'affirmer qu'en chaque instant « tout est donné ». Le déterminisme dynamique fait place à la dialectique complexe entre hasard et nécessité, à la distinction entre les régions d'instabilité et les régions entre deux bifurcations où les lois moyennes, déterministes, dominent. L'ordre par fluctuation oppose à l'univers statique de la dynamique un monde ouvert, dont l'activité engendre la nouveauté, dont l'évolution est innovation, création et destruction, naissance et mort.

Dès la formulation du second principe par Clausius, le heurt entre thermodynamique et dynamique était apparent. Clausius, puis Maxwell[1], vont réintroduire dans la description physique la notion de collision et, avec elle, la possibilité d'une description statistique. On peut en effet *compter* les collisions, car ce sont des événements *discrets*, estimer la fréquence moyenne des différents événements — par exemple, les collisions qui produisent une particule de vitesse v, et celles qui déterminent une particule de vitesse v à modifier sa vitesse.

Maxwell posa cette question : existe-t-il un état physique d'un gaz tel que les collisions, dont nous savons que sans cesse elles modifient les vitesses des molécules, ne fassent pourtant plus évoluer la distribution des vitesses, c'est-à-dire le nombre moyen de particules pour chaque valeur de la vitesse ? Pour quelle distribution des vitesses l'effet des collisions sur chaque molécule se compense-t-il à l'échelle des populations ?

Maxwell démontra que cet état particulier, qui est un état d'équilibre thermodynamique, est atteint lorsque la distribution des vitesses correspond à la célèbre « courbe en cloche », cette courbe qui, dans les travaux de Laplace, Gauss, Quételet, apparaît comme l'expression même du hasard.

La théorie de Maxwell permet de comprendre de manière simple les lois thermodynamiques qui décrivent le comportement des gaz à

1. Voir à ce sujet BRUSH S., *The Kind of Motion we Call Heat*, livre I, *Physics and the Atomists*; livre II, *Statistical Physics and Irreversible Processes*, Amsterdam, North Holland Pub. Comp., 1976, ainsi que son anthologie commentée : *Kinetic Theory*, vol. 1, *The Nature of Gases and Heat*; vol. 2, *Irreversible Processes*, Oxford, Pergamon Press, 1965 et 1966, et GILLIPSIE C.C., « Intellectual Factors in the Background of Analysis by Probability », in *Scientific Change*, éd. CROMBIE A., New York, Basic Books, 1963.

l'équilibre. L'augmentation de la température correspond à une augmentation de la vitesse moyenne des molécules, et donc de l'énergie de leur mouvement. Des lois classiques de la physico-chimie sont directement déductibles de cette hypothèse, et en particulier la liaison entre la température d'un gaz et la pression sur les parois qui le contiennent. La distribution des vitesses de Maxwell a été vérifiée expérimentalement avec grande précision. Elle est encore aujourd'hui à la base de la solution de nombreux problèmes de chimie physique (par exemple le calcul du nombre des collisions dans un mélange réactionnel).

Mais Boltzmann, quant à lui, voulait faire plus. Il voulait décrire non seulement l'*état* d'équilibre mais l'*évolution* vers l'équilibre, l'évolution vers la distribution maxwellienne. Il voulait découvrir le mécanisme moléculaire assurant la croissance de l'entropie, assurant l'évolution du système, à partir de n'importe quelle fonction de distribution initiale des vitesses, vers l'état final commun, l'état d'équilibre.

Pour Boltzmann, poser la question de l'évolution physique non pas au niveau des trajectoires individuelles mais de la *population de molécules*, décrite par une fonction de distribution moyenne, c'était en quelque sorte accomplir en physique la démarche de Darwin : le moteur de l'évolution biologique, la sélection naturelle, ne peut lui non plus être défini à l'échelle d'un individu, mais seulement pour une population nombreuse, c'est un concept statistique[1].

Sans entrer dans les détails techniques, disons que l'« équation cinétique » de Boltzmann décrit l'évolution de la fonction de distribution des vitesses comme la somme de deux effets ; le nombre de particules ayant en un instant donné, t, la position r et la vitesse v, $f(r,v,t)$, varie d'une part en fonction du mouvement continu des particules considérées comme indépendantes (effet dénoté par $[\partial f(v, t)/\partial t]_{\text{traj.}}$), et, d'autre part, à la suite des collisions entre les particules (effet dénoté par $[\partial f(v, t)/\partial t]_{\text{coll.}}$). Le premier effet se calcule sans difficulté par la dynamique, mais c'est dans l'étude du second effet que se trouve l'originalité de la méthode de Boltz-

1. Comme Y. Elkana le souligne (« Boltzmann's Scientific Research Program and its Alternatives », in *Interaction Between Science and Philosophy*, Atlantic Highlands, New Jersey, Humanity Press, 1974), l'idée darwinienne d'évolution s'exprime de manière explicite surtout dans les théories de Boltzmann sur la connaissance et dans sa défense des modèles mécaniques contre les énergétistes. Voir par exemple la conférence de 1886 sur « La seconde loi de thermodynamique » dans les *Populäre Schriften* (réédités en traduction anglaise, *Theoretical Physics and Philosophical Problems*, éd. Mc Guinness B., Dordrecht-Holland, Reidel, 1974).

mann. Devant la difficulté de suivre exactement les trajectoires, Boltzmann va utiliser des concepts analogues à ceux que nous avons évoqués au chapitre V à propos des réactions chimiques, et calculer le nombre *moyen* de collisions qui créent ou détruisent une molécule de vitesse v.

Ici aussi, nous aurons deux processus ayant des effets opposés, les collisions « directes », celles qui donnent une molécule de vitesse v à partir de deux molécules de vitesse v' et v'', et les collisions « inverses » qui détruisent une molécule de vitesse v par collision avec une molécule de vitesse v_1. Comme dans le cas des réactions chimiques (chapitre V, 1), on évalue la fréquence de tels événements comme proportionnelle au nombre des molécules susceptibles d'y participer. Bien entendu, historiquement, la méthode de Boltzmann (1872) a précédé celle de la cinétique chimique.

Le terme de collision de Boltzmann, la variation instantanée du nombre de molécules de vitesse v à la suite des collisions, s'obtient en sommant sur tous les processus qui produisent ou détruisent une particule de vitesse v. Les détails importent peu, mais il est essentiel de noter que les propriétés de symétrie de ce terme $[\partial f(v,t)/\partial t]_{coll.}$ sont différentes de celles du terme « continu » $[\partial f(v, t)/\partial t]_{traj.}$. Ce dernier possède la symétrie classique des équations dynamiques : l'inversion des vitesses force le système à « remonter dans le temps ». Par contre, après l'inversion, les collisions continuent, comme avant l'inversion, à mener le système vers l'état d'équilibre. L'évaluation statistique de leur bilan, $[\partial f(v, t)/\partial t]_{coll.}$, reste inchangée ; la contribution à l'équation de Boltzmann déterminée par les collisions est *invariante par rapport à l'inversion des vitesses.*

La symétrie du terme de collision constitue une propriété physique nouvelle, étrangère à la dynamique. L'équation de Boltzmann contient à la fois une contribution possédant la symétrie habituelle des équations de la dynamique ($v \rightarrow -v$ équivalant à $t \rightarrow -t$) et une contribution qui mène le système vers l'équilibre même si on effectue une inversion de vitesse.

Intégrer l'équation cinétique de Boltzmann est une entreprise ardue. C'est une équation non linéaire car la fonction distribution inconnue $f(v, t)$ entre de manière non linéaire dans le terme de collision. Mais le résultat fondamental de Boltzmann s'obtient à l'aide des propriétés générales de son équation sans qu'une résolution de cette équation soit nécessaire. Boltzmann a en effet montré qu'une conséquence remarquable de la symétrie de son équation était qu'une intégrale effectuée sur la fonction de distribution, et, plus précisément, la grandeur $\mathcal{H} = \int dv\, f(v, t) \log f(v, t)$ ne pouvait que *diminuer* au cours du temps jusqu'à atteindre un minimum au moment où f correspond à la distribution maxwellienne d'équilibre. Boltzmann a vu dans cette grandeur $\mathcal{H}$ la clef de l'interprétation microscopique de l'entropie. Un principe d'évolution moléculaire était né! On comprend que toutes les générations de physiciens qui ont suivi Boltzmann aient été fascinés, Planck, Einstein et Schrödinger entre autres[1].

Boltzmann a posé $S = -k\mathcal{H}$, où k est de nouveau (voir chapitre IV, 4) la constante universelle de Boltzmann. Nous avons déjà indiqué la formule également célèbre, $S = k \log P$, qui rattache l'entropie au nombre de complexions. La nouvelle formule va plus loin encore car elle rattache l'entropie à la fonction f que nous pouvons calculer à tout instant à l'aide de l'équation cinétique.

Un point mérite d'être souligné. La formule $\mathcal{H} = \int dv\, f \log f$ ne dépend pas du mécanisme supposé de l'interaction entre molécules. Le modèle de la collision entre sphères dures comme celui qui fait des molécules des centres d'attraction aboutissent à *la même formulation*. Il s'agit bien de la définition d'un *attracteur universel*. Alors que l'équation cinétique reflète la particularité des modèles à travers les forces intermoléculaires qui définissent le type d'interaction, toute trace des hypothèses dynamiques sur les interactions a disparu dans la définition de $\mathcal{H}$. Celle-ci ne dépend que de la fonction de distribution des vitesses. Dès qu'on connaît $\mathcal{H}$, on sait de combien le système est éloigné de l'état attracteur, de l'état d'équilibre.

Il y a eu ces dernières années de nombreuses vérifications numériques de la décroissance de $\mathcal{H}$ au cours du temps. Elles ont confirmé la prédiction de Boltzmann. De plus l'équation cinétique joue encore aujourd'hui un rôle important dans la physique des gaz et des milieux ionisés; elle permet de calculer en termes moléculaires des coefficients tels que ceux qui caractérisent le transfert de chaleur ou de matière.

Mais c'est au point de vue conceptuel que le progrès réalisé par Boltzmann a été immense : la distinction entre phénomènes réversibles et irréversibles, à la base comme nous l'avons vu du second

1. Dans son *Autobiographie scientifique*, Planck décrit ses relations changeantes avec Boltzmann (d'abord hostile à la distinction phénoménologique de Planck entre réversible et irréversible). Voir aussi, à ce sujet, ELKANA Y., *op. cit.*, et BRUSH S., *Statistical Physics and Irreversible Processes*, p. 640-651 ; en ce qui concerne Einstein, le même livre p. 672-674 ; pour Schrödinger, SCHRÖDINGER E., *Science, Theory and Man*, New York, Dover, 1957.

principe, se trouve transposé au niveau microscopique. Le terme $(\partial f/\partial t)_{\text{trajectoires}}$ correspond à la partie réversible de l'évolution, la partie $(\partial f/\partial t)_{\text{collisions}}$ à la partie irréversible.

La percée de Boltzmann est ainsi un pas décisif dans la voie d'une physique des *processus*, sa portée est comparable à celle de la dynamique. Faut-il pour autant en conclure que le problème de l'irréversibilité est résolu, que la théorie de Boltzmann a réalisé une dérivation du second principe à partir de la dynamique? L'entropie a-t-elle été ramenée à la dynamique? À cette question, la réponse est très claire, et elle est négative.

2. *Dynamique et thermodynamique : deux mondes séparés*

Dès la publication du travail de Boltzmann en 1872, des objections furent opposées à l'idée que le modèle proposé ramenait l'irréversibilité à la dynamique. Retenons ici deux d'entre elles, l'une de Poincaré[1], l'autre de Loschmidt[2].

L'objection de Poincaré porte sur la question de la symétrie de l'équation de Boltzmann. Un raisonnement correct ne peut mener à des conclusions en contradiction avec les prémisses. Or, comme nous l'avons vu, les propriétés de symétrie de l'équation d'évolution obtenue par Boltzmann pour la fonction de distribution contredisent celles de la dynamique; Boltzmann ne peut donc pas avoir déduit l'entropie de la dynamique, il a introduit quelque chose, un élément étranger à la dynamique. Son résultat ne peut donc être qu'un modèle phénoménologique, sans rapport direct avec la dynamique.

Poincaré était d'autant plus ferme dans sa position qu'il avait étudié dans une brève note s'il était possible de construire une fonction M des positions et des moments, $M(p, q)$, qui auraient les propriétés de l'entropie (ou plutôt de la fonction $\mathcal{H}$) : alors qu'elle même serait positive ou nulle, sa variation au cours du temps ne pourrait que la faire décroître ou la maintenir à une valeur constante. Sa conclusion fut négative — dans le cadre de la dynamique *hamiltonienne* une telle fonction n'existe pas. Comment, d'ailleurs, s'en étonner? Comment les lois réversibles de la dynamique

1. Poincaré H., « La mécanique et l'expérience », in *Revue de Métaphysique et de Morale*, vol. 1, 1893, p. 534-537.
2. Voir à ce sujet Brush S., *op. cit.*, et les remarques de Planck (dont Loschmidt était l'élève) dans son autobiographie.

pourraient-elles engendrer, de quelque manière que ce soit, une évolution irréversible? C'est sur une note découragée que Poincaré termine ses célèbres *Leçons de thermodynamique*: il faudra sans doute faire appel à d'autres considérations, au calcul des probabilités. Mais comment justifier cet appel à des notions étrangères à la dynamique?

L'objection de Loschmidt permet, quant à elle, de mesurer les *limites de validité* du modèle cinétique de Boltzmann. Il note en effet que ce modèle ne peut rester valable après un renversement du sens des vitesses $v \to -v$. *Du point de vue de la dynamique,* il n'y a pas d'échappatoire: les collisions, se produisant en sens inverse, « déferont » ce qu'elles ont fait, le système retournera vers son état initial. Et la fonction $\mathscr{H}$, qui dépend de la distribution des vitesses, devra bien croître elle aussi jusqu'à sa valeur initiale. Le renversement des vitesses impose donc une évolution *antithermodynamique*. Et en effet, la simulation sur ordinateur confirme bien une *croissance de* $\mathscr{H}$ après l'inversion des vitesses sur un système dont les trajectoires sont calculées de manière exacte.

Il faut donc admettre que la tentative de Boltzmann n'a rencontré qu'un succès partiel: certaines conditions initiales, notamment celles qui résultent de l'opération d'inversion des vitesses, peuvent engendrer, en contradiction avec le modèle cinétique, une évolution *dynamique* à $\mathscr{H}$ croissant. Mais comment distinguer les systèmes auxquels le raisonnement de Boltzmann s'applique de ceux auxquels il ne s'applique pas?

Ce problème une fois posé, il est facile de reconnaître la nature de la limitation imposée au modèle de Boltzmann. Ce modèle repose en fait sur une hypothèse statistique qui permet l'évaluation du nombre moyen de collisions — le « chaos moléculaire ». Cette hypothèse suppose qu'*avant* la collision, les molécules ont des comportements indépendants les uns des autres, ce qui revient à dire qu'il n'y a aucune corrélation entre leurs vitesses[1]. Or, si on impose au système de « remonter le temps », on crée une situation tout à fait anormale: certaines molécules sont désormais « destinées » à se rencontrer en un instant déterminable à l'avance et à subir à cette occasion un changement de vitesse prédéterminé. Aussi éloignées qu'elles soient les unes des autres au moment de l'inversion des vitesses, cette opération crée donc entre elles des corrélations, elles ne sont plus indépendantes. L'hypothèse du chaos moléculaire ne

1. Brush S., *op. cit.*, p. 616-625.

peut être faite à propos d'un système qui a subi l'opération d'inversion des vitesses.

L'inversion des vitesses est donc une opération qui crée un système *hautement organisé*, au comportement apparemment finalisé : l'effet des diverses collisions produit, comme par harmonie préétablie, une évolution globale « antithermodynamique » (par exemple la ségrégation spontanée entre molécules lentes et rapides si, à l'instant initial, le système avait été préparé par la mise en contact de deux gaz de températures différentes). Mais accepter la possibilité de telles évolutions antithermodynamiques, mêmes rares, même exceptionnelles (aussi exceptionnelles que la condition initiale issue de l'inversion des vitesses), c'est mettre en cause la formulation du second principe : il existe des cas où par exemple une différence de température pourrait se produire « spontanément ». Nous devons alors préciser les circonstances dans lesquelles un processus irréversible pourrait devenir réversible, voire même annuler un processus irréversible qui s'est produit dans le passé. Le principe cesse d'être un principe pour devenir une généralisation de portée limitée.

Cette conclusion ne peut être exclue *a priori*. Même aujourd'hui nous ne savons guère si le second principe est compatible avec l'ensemble des interactions connues entre particules, et en particulier avec l'interaction gravifique. Nous ne savons donc pas si réellement, comme le voulait Clausius, l'entropie de l'Univers augmente ou si cette croissance est limitée à une situation gravifique donnée de notre galaxie. Mais, pour les forces à courte portée du type des interactions moléculaires, nous n'avons aucune raison de douter du second principe. Ne devons-nous pas alors essayer de préciser l'argument de Boltzmann et d'en éliminer la partie « phénoménologique »? Le problème se pose, en particulier, à propos de l'introduction du terme de collision à partir de considérations étrangères à la dynamique c'est-à-dire en invoquant l'hypothèse du chaos moléculaire.

Comme il ne peut exister d'irréversibilité au niveau d'une trajectoire, nous devons essayer de trouver une synthèse plus satisfaisante des idées de « population » et des idées de trajectoire dynamique. C'est là précisément l'objet de la théorie des ensembles de Gibbs et Einstein vers laquelle nous nous tournons maintenant.

3. *Les ensembles de Gibbs*

La description dynamique d'un système macroscopique que composent environ 10^{23} molécules, pose un premier problème : il est évident que nous ne connaissons pas les positions et vitesses initiales des 10^{23} molécules. La théorie des ensembles fondée par Gibbs et Einstein introduit une description dynamique *indépendante* de la spécification de ces conditions initiales.

La théorie des ensembles représente tout système dynamique dans l'« espace des phases ». L'état instantané d'un système composé par exemple de *n* particules indépendantes peut être représenté par *n* points et *n* vecteurs de vitesse dans un espace à *trois* dimensions, il peut aussi être représenté par *un seul point* dans un espace à 6*n* dimensions. Son évolution au cours du temps sera alors décrite par une trajectoire dans cet espace appelé « espace des phases ». À chaque système dynamique correspond un espace des phases tel que chaque état du système puisse y être représenté par un point et un seul.

Comme nous l'avons déjà indiqué, nous ne connaissons pas les conditions initiales précises d'un système macroscopique. Mais rien ne nous empêche de lui faire correspondre un ensemble de *points représentatifs* : ce sont les points qui correspondent aux états dynamiques compatibles avec les informations dont nous disposons à propos du système. Ainsi chaque région de l'espace des phases sera remplie de points représentatifs, d'autant plus nombreux que la probabilité d'y trouver effectivement le système est grande. Plutôt que de considérer les points discrets, la théorie des ensembles introduit une *densité continue* des points représentatifs dans l'espace des phases, $\rho(q_1 \dots q_{3N}, p_1 \dots p_{3N})$. Cette densité peut être considérée comme mesurant la probabilité de rencontrer un système dynamique autour d'un point $[q_1 \dots q_{3N}, p_1 \dots p_{3N}]$ dans l'espace des phases.

Ainsi présentée, la fonction densité peut apparaître comme une construction artificielle, contrairement aux trajectoires qui, elles, peupleraient « naturellement » le monde. Pourtant, c'est bien la trajectoire qui est une idéalisation. En effet, nous ne connaissons *jamais* les conditions initiales avec la précision infinie qui les réduirait à un point unique dans l'espace des phases ; dès lors, nous ne pouvons jamais déployer une trajectoire unique à partir de ce point unique ; nous pouvons seulement calculer un ensemble de trajectoires à partir de l'ensemble des points représentatifs du système à l'instant initial. C'est donc bien ρ qui représente la connaissance que nous avons d'un système, et le volume de l'espace des phases où ρ est différent de zéro, où le système a une chance non nulle de se trouver, traduit la précision de cette connaissance. Lorsque ρ n'est nul en aucune région de l'espace, mais possède une valeur uniforme partout, notre connaissance est « minimale. »

Dans cette perspective, la trajectoire représente par contre la connaissance maximale d'un système, et ne peut résulter que d'un passage à la limite pour une précision croissante de la connaissance des conditions initiales. On le verra, le problème fondamental est de savoir quand ce passage à la limite est possible, quand l'idée de « cerner » un système par approximations successives a un sens. A mesure que nous accroissons la précision de nos mesures, nous passons d'une région donnée de l'espace des phases, où ρ est non nul, à une région plus petite, à l'intérieur de la première. Et ainsi de suite, jusqu'à ce que la région où le système peut se trouver tende vers zéro. Jamais une mesure, qui est toujours de précision finie, ne permettra de passer d'une région aussi petite que l'on veut à un *point*, sauf par idéalisation. Que l'idéalisation du passage à la limite, et donc de la trajectoire, ne soit pas toujours possible, est à la base du renouvellement contemporain de la dynamique.

L'introduction de la théorie des ensembles par Gibbs et Einstein a été le prolongement naturel de l'effort de Boltzmann ; la fonction ρ y remplace en un sens la fonction de distribution des vitesses f. Mais le contenu physique de ρ dépasse celui de f. Tout comme f, ρ détermine la distribution des vitesses mais en plus il nous donne d'autres renseignements tels que la probabilité de rencontrer deux particules à une certaine distance, donc les corrélations entre les particules.

Nous devons maintenant décrire l'équation pour l'évolution de la distribution statistique ρ. À première vue, cela paraît une tâche plus difficile encore que celle que s'est imposée Boltzmann pour la fonction de distribution des vitesses. Mais il n'en est rien, les équations d'Hamilton, discutées dans le chapitre II, nous permettent d'obtenir directement une équation d'évolution exacte pour ρ sans introduire aucune approximation statistique. C'est la célèbre équation de Liouville sur laquelle nous reviendrons (chapitre IX). Notons seulement que les propriétés de la dynamique hamiltonienne impliquent que l'évolution de ρ dans l'espace des phases s'effectue comme dans un *fluide incompressible* : si initialement les points représentatifs occupent un volume V de l'espace des phases, ce volume est *conservé* au cours du temps. La forme du volume peut se déformer arbitrairement, mais sa valeur doit rester constante (voir chapitre IX, *figure 15*, p. 245).

La théorie des ensembles de Gibbs permet donc de combiner de manière rigoureuse le point de vue statistique (étude de la population de systèmes dynamiques décrite par ρ) avec les lois de la dynamique. Elle permet d'autre part de se faire une représentation plus précise de l'état d'équilibre thermodynamique. Ainsi, dans le cas d'un système isolé, l'ensemble des points représentatifs correspond à des systèmes ayant tous la même énergie E. La densité ρ ne sera donc différente de zéro que sur la « surface » correspondant dans l'espace des phases à cette valeur de l'énergie, la surface « microcanonique » telle que $H(q_1 \dots q_{3N}, p_1 \dots p_{3N}) = E$.

Initialement, la densité ρ peut être distribuée arbitrairement sur cette surface. À l'équilibre, il faut que ρ, qui permet de calculer les valeurs moyennes correspondant aux grandeurs macroscopiques que l'équilibre définit comme constantes, ne varie plus au cours du temps et soit indépendante de la particularité de l'état initial; la distribution qu'elle caractérise devient *uniforme* sur la surface microcanonique, ce qui signifie que chacun des points de cette surface a désormais une probabilité égale de représenter effectivement le système. On parle alors d'*ensemble microcanonique* caractérisé par une valeur de ρ constante sur la surface $H = E$ et nulle partout ailleurs. Gibbs a montré qu'à partir de la densité d'un ensemble microcanonique, on pouvait bien en effet retrouver toutes les propriétés des systèmes thermodynamiques isolés à l'équilibre.

Sommes-nous alors plus près de la solution du problème de l'entropie? La théorie de Boltzmann permettait d'expliquer l'attracteur thermodynamique en termes de la fonction de distribution des vitesses f: cette fonction évolue jusqu'à atteindre la distribution maxwellienne et au cours de cette évolution, la grandeur $\mathscr{H}$ décroît. Pouvons-nous maintenant prendre, de manière plus générale, l'évolution de la distribution ρ dans l'espace des phases vers l'ensemble microcanonique comme explication de la croissance de l'entropie? Suffit-il de remplacer la grandeur $\mathscr{H}$ de Boltzmann par une grandeur $\mathscr{H}_G$ de Gibbs, définie d'une manière identique, mais cette fois en termes de ρ, $\mathscr{H}_G = \int \rho \ln \rho \, dp \, dq$?

Malheureusement, il n'en est rien; si nous utilisons l'équation de Liouville avec sa conservation du volume de l'espace des phases, la conclusion est immédiate: *$\mathscr{H}_G$ est une constante* et ne peut donc représenter l'entropie. Au lieu de progresser, nous avons régressé par rapport à Boltzmann!

Après coup, faut-il s'en étonner? La théorie des ensembles de Gibbs n'introduit qu'un seul élément supplémentaire, très important il est vrai, par rapport à la dynamique — l'ignorance des conditions initiales. Cette ignorance était-elle suffisante pour conduire à l'idée d'irréversibilité? Devions-nous conclure que tous les systèmes de la dynamique satisfont au second principe à la seule condition que nous ignorions leurs conditions initiales? Lier l'irréversibilité à notre connaissance au lieu d'en faire une propriété physique constitue l'interprétation subjectiviste du second principe que nous devons discuter maintenant.

4. *L'interprétation subjectiviste de l'irréversibilité*

Gibbs pensait, semble-t-il, qu'il nous faut abandonner tout espoir d'obtenir une solution « objective » des problèmes de l'irréversibilité, et nous résigner à une interprétation subjectiviste, fondée non sur des propriétés physiques intrinsèques mais sur la connaissance et l'ignorance de l'observateur. Mélangeons, proposait-il, une goutte d'encre noire à de l'eau pure. Bientôt l'eau devient grise en une évolution qui, pour nous, est l'irréversibilité même; cependant, pour l'observateur aux sens assez aigus pour observer non pas le liquide macroscopique mais chacune des molécules qui constituent la population, le liquide ne deviendra jamais gris; l'observateur pourra suivre les trajectoires de plus en plus délocalisées des « molécules d'encre » d'abord rassemblées dans une petite région du système, mais l'idée que le milieu d'hétérogène est irréversiblement devenu homogène, que l'eau est « devenue grise » sera, de son point de vue, une illusion déterminée par la grossièreté de nos moyens d'observation, une illusion subjective. Lui-même n'a vu que des mouvements, réversibles, et ne voit rien de gris, mais du « noir » *et* du « blanc ». S'il décrit l'évolution dans le cadre de la théorie des ensembles, il a vu la ramification, à travers tout l'espace des phases, de la région initiale qui contenait les points représentatifs du système, mais, pour lui, la région n'a pas changé de volume (évolution liouvillienne), alors que « pour nous » qui n'avons pas accès aux trajectoires, ce volume n'a cessé d'augmenter (évolution irréversible).

Selon cette interprétation, la croissance de l'entropie ne décrit pas le système lui-même, mais seulement notre connaissance du système. Ce qui ne cesse de croître c'est l'ignorance où nous sommes de l'état où se trouve le système, de la région de l'espace des phases où le point qui le représente a des chances de se trouver. À l'instant initial, nous pouvons avoir beaucoup d'informations sur un système, et le localiser assez précisément dans une région restreinte de l'espace des phases, mais, à mesure que le temps passe, les points compatibles avec les conditions initiales pourront donner naissance à des trajectoires qui s'éloignent de plus en plus de la région de départ. L'information liée à la préparation initiale perd ainsi irréversiblement sa pertinence jusqu'au stade ultime où on ne connaît plus du système que les grandeurs que l'évolution dynamique laisse invariantes. Le système est alors à l'équilibre, il peut se trouver en tous points de la surface microcanonique. La croissance de l'entropie représente donc la dégradation de l'information disponible; le système est initialement d'autant plus loin de l'équilibre que nous le connaissons mieux, que nous pouvons le définir plus précisément, le situer dans une région plus petite de l'espace des phases[1].

Cette interprétation subjectiviste de l'irréversibilité comme croissance de l'ignorance (encore renforcée par l'analogie ambiguë avec la théorie de l'information) fait de l'observateur le vrai responsable de l'asymétrie temporelle qui caractérise le devenir du système. Puisque l'observateur ne peut embrasser d'un seul coup d'œil les positions et les vitesses des particules qui constituent un système complexe, il n'a pas accès à la vérité fondamentale de ce système : il ne peut connaître l'état instantané qui en contient à la fois le passé et le futur, il ne peut saisir la loi réversible qui, d'instant en instant, lui permettrait d'en déployer l'évolution. Et il ne peut pas non plus manipuler le système comme le fait le démon imaginé par Maxwell, capable de séparer les particules rapides et les particules lentes, et d'imposer ainsi à un système une évolution antithermodynamique vers une distribution de température de moins en moins uniforme[2].

La thermodynamique est certes la science des systèmes complexes, mais, selon cette interprétation, la seule spécificité des systèmes complexes, c'est que la connaissance qu'on a d'eux est

1. Voir, par exemple JAYNES E. T., « Gibbs Vs Boltzmann Entropies », in *American Journal of Physics*, vol. 33, 1965, p. 391-398.

2. Le démon de Maxwell apparaît dans MAXWELL J. C., *Theory of Heat*, chapitre XXII, Londres, Longmans, 1871 ; à son sujet voir aussi DAUB E. E., « Maxwell's Demon », in *Studies in History and Philosophy of Science*, vol. 1, 1970, p. 213-227 et, dans le même volume, consacré à Maxwell, HEIMANN P., « Molecular Forces, Statistical Representation and Maxwell's Demon », p. 189-211.

toujours approximative et que l'incertitude déterminée par cette approximation va croissant au cours du temps. Au lieu de pouvoir reconnaître dans le devenir irréversible des choses l'analogue du devenir qui le constitue lui-même, l'observateur doit admettre que la nature, étrangère à ce devenir, se borne à lui renvoyer l'image de la croissance de sa propre ignorance; la nature est muette, le devenir naturel, loin de parler à l'homme de son enracinement dans le monde, n'est que l'écho des entreprises humaines et de leurs limites.

Cependant, l'objection est immédiate: dans ce cas, la thermodynamique devrait être aussi universelle que notre ignorance. C'est là la pierre d'achoppement de l'ensemble des interprétations « simples » de l'entropie, en termes d'incertitude sur les conditions initiales ou sur les conditions aux limites. Car, l'irréversibilité *n'est pas une propriété universelle*; articuler dynamique et thermodynamique nécessite donc la définition d'un critère *physique* de différenciation entre les systèmes, selon qu'ils peuvent ou non être décrits thermodynamiquement, nécessite une définition de la complexité en termes physiques et non en termes de manque de connaissance. C'est le problème que nous étudierons au chapitre IX; nous y retrouverons les thèmes de l'observation et de l'ignorance, mais associés cette fois à des propriétés spécifiques des systèmes étudiés.

Comment expliquer que l'interprétation subjectiviste ait pu convaincre certains scientifiques? Peut-être une partie de sa séduction rhétorique provient-elle de ce qu'effectivement, à l'origine, la croissance irréversible de l'entropie fut associée à l'idée de manipulation imparfaite, de manque de contrôle sur des opérations qui, idéalement, auraient été réversibles, au souci du gaspillage et de la perte de rendement qui en résultent.

Cependant, cette interprétation devient absurde dès qu'on quitte les associations imaginaires déterminées par ces préoccupations technologiques, et qu'on restitue le contexte qui conféra au second principe sa signification de flèche du temps au sein de la nature. Ainsi, l'affinité chimique, la conduction thermique dont Fourier souligna le caractère universel, la viscosité, l'ensemble des propriétés liées à la croissance irréversible de l'entropie, ne dépendraient pas de l'objet mais de l'observateur? Ainsi la combustion irréversible au sein de la fournaise, le feu qui dévore la matière, seraient en rapport étroit avec la croissance de notre ignorance au sujet de ces objets? Les anciens chimistes avaient évoqué le caractère *spécifique* des propriétés thermiques et chimiques de la matière pour protester contre l'impérialisme de la mécanique, abstraite et générale; et ce serait précisément ces propriétés-là dont on nierait le caractère objectif, dont on nierait qu'elles soient liées intrinsèquement à la matière, dont on prétendrait faire des propriétés déterminées par le caractère approximatif de notre connaissance!

L'absurdité devient plus criante encore dès le moment où les limites du principe d'ordre de Boltzmann ont été établies en thermodynamique. Tant qu'il s'agissait de compter les nombres de complexions, le second principe pouvait seulement faire la différence entre les évolutions prévisibles et reproductibles vers le plus probable, et toutes les autres, improbables mais compatibles avec les lois de la physique. C'est ce rôle de « principe régulateur », qui n'explique rien mais définit des classes de possibilité, qui créait la tentation d'identifier la description thermodynamique à un ensemble de recettes de manipulation et de prévision, et de négliger complètement les processus irréversibles qui expliquent le comportement du système[1]. Lorsque le problème de la stabilité est posé, par contre, lorsqu'il n'est plus exclu qu'une fluctuation, au lieu de régresser, s'amplifie, l'activité irréversible devient constructive, le système acquiert une autonomie définie par les différents modes que son activité est susceptible d'adopter pour le même ensemble de conditions aux limites. Et c'est la description de cette activité et non la manipulation et l'exploitation du système qui, désormais, constitue le problème de la thermodynamique.

Dans la mesure où les phénomènes d'organisation dont l'irréversibilité est la source jouent un rôle déterminant en biologie, il devient impossible d'en faire une simple apparence liée à notre ignorance: sommes-nous nous-mêmes, êtres vivants qui observons et manipulons, des illusions produites par l'imperfection de nos sens?

L'évolution récente des théories de la thermodynamique a donc encore ajouté à la violence du heurt entre les deux disciplines, la thermodynamique et la dynamique. La prétention de la dynamique, de réduire la spécificité de la thermodynamique à l'effet d'une connaissance approximative, devient démesurée dès le moment où le rôle constructif de l'entropie se révèle. Inversement,

1. Dans *Différence et répétition* (Paris, Puf, 1972, p. 288-314), Gilles Deleuze montre l'alliance science-bon sens-philosophie qui a prévalu tant que le second principe est resté un principe général, qui explique tout mais ne rend compte de rien. La version nietzschéenne de l'énergétisme qu'il présente constituait bien en effet, *dans le cadre de la thermodynamique d'équilibre* (qui n'a besoin de l'irréversibilité que pour garantir la stabilité des états d'équilibre), le point de vue cohérent.

il est difficile, au nom de l'irréversibilité, de nier la dynamique : le mouvement des planètes est conservatif et n'innove point, le mouvement pendulaire ne manifeste aucune créativité et son oscillation constitue bien une approximation du mouvement éternel que prévoit la dynamique dans un monde sans frottement. Il y a dès lors, apparemment, deux mondes affrontés, un monde de trajectoires, un monde de processus, et aucun moyen de nier l'un pour affirmer l'autre.

En fait, il est intéressant de remarquer que, d'une certaine manière, notre situation n'est pas sans analogie avec celle dont est issu le matérialisme dialectique. L'évolution contemporaine de la physique, la découverte du rôle constructif de l'entropie, a imposé à l'intérieur des sciences de la nature une question depuis longtemps posée par ceux pour qui comprendre la nature, c'était la comprendre capable de produire les hommes et leurs sociétés. Nous avons décrit une nature que l'on peut qualifier d'« historique », capable de développement et d'innovation, mais l'idée d'une histoire de la nature a été affirmée depuis longtemps par Marx et, de manière plus détaillée, par Engels, comme partie intégrante de la position matérialiste.

À l'époque où Engels écrivait la *Dialectique de la Nature*, il pouvait sembler que la science physique elle-même s'était dégagée du mécanisme, et imposait l'idée d'un développement historique de la nature. Engels cite trois découvertes fondamentales, celle de l'énergie et des lois de ses transformations qualitatives, celle de la cellule, entité constitutive du vivant qui permet de comprendre à la fois l'unité du monde vivant et la capacité des organismes à se développer, enfin la découverte darwinienne de l'évolution des espèces. De ce renouveau de la science de son époque, Engels conclut que le mécanisme est mort et que rien ne s'oppose à la recherche, dans l'histoire de la nature et des sociétés humaines, des lois générales du développement historique : les lois dialectiques.

Nous savons aujourd'hui que les découvertes des sciences de la nature au XIXe siècle n'ont pas suffi à transformer les principes de ces sciences. Non pas que la science classique se soit révélée capable de les assimiler : l'ensemble des interprétations subjectivistes de l'entropie, et la négation de la singularité des processus irréversibles qu'elles impliquent constituent au contraire une sorte de confirmation de l'accusation bien connue selon laquelle le mécanisme implique un idéalisme plus ou moins avoué. Mais le matérialisme dialectique s'est, quant à lui, trouvé confronté à cette difficulté majeure : quels sont les rapports entre les lois générales de la dialectique, et les lois tout aussi universelles du mouvement mécanique? Ces dernières « cessent »-elles de s'appliquer à partir d'un certain point, ou bien sont-elles fausses, ou incomplètes? Comment, et nous retrouvons notre question, articuler le monde des processus et le monde des trajectoires[1]?

Cependant, pour répondre à cette question, nous disposons désormais de deux atouts supplémentaires. D'abord, nous savons que la question n'est pas tellement celle de l'articulation de deux types de lois universelles, mais celle de la limite des lois universelles. La thermodynamique, au moment où elle a découvert le domaine des processus auto-organisateurs, a aussi découvert qu'elle ne pouvait plus déduire universellement les réactions d'un système à un changement de ses conditions aux limites, mais devait explorer la stabilité des structures singulières qu'engendrent les processus irréversibles dans certaines circonstances. Ensuite, parallèlement à l'évolution de la thermodynamique, se sont produites d'autres transformations conceptuelles fondamentales. La situation de la dynamique classique au sein de la physique n'est plus, aujourd'hui, celle que connurent Boltzmann, Poincaré et Lénine. Ce que nous pouvons décrire, en ce qui concerne la fin du XIXe siècle, comme un « océan » de différence entre dynamique et thermodynamique, entre le monde de l'être et le monde du devenir, s'est aujourd'hui rétréci jusqu'à n'être plus qu'une « rivière » : trop large encore pour être ignorée mais assez étroite pour qu'un pont puisse être construit qui la franchisse, un pont entre la science de l'« être » et celle du « devenir ».

C'est ce pont qu'il nous reste à découvrir. Et nous devrons pour cela retourner à notre point de départ, aux conceptions fondamentales de la dynamique. Car les nouvelles théories physiques enrichissent notre conception du temps; elles introduisent, à côté du temps général, du temps de l'horloge, un « second temps », gros du devenir thermodynamique. Mais avant de décrire ces développements tout récents, nous devons les situer dans le cadre des théories qui les ont rendus possibles, dans le cadre du renouvellement de la physique de ce siècle.

1. Il semble que beaucoup des philosophes marxistes de la nature s'inspirent de Engels (repris par Lénine dans *Les Cahiers philosophiques*), qui écrivait dans l'*Anti-Dühring* (Paris, Éditions sociales, 1971, p. 150) que « le mouvement lui-même est contradiction; déjà le simple changement mécanique de lieu lui-même ne peut s'accomplir que parce qu'à un seul et même moment un corps est à la fois dans un lieu et dans un autre lieu, en un seul et même lieu, et non en lui ».

CHAPITRE VIII

LE RENOUVELLEMENT DE LA SCIENCE CONTEMPORAINE

1. *Au-delà de la simplicité du microscopique*

La science newtonienne constituait une synthèse, la thermodynamique en constitua une autre. De telles synthèses font de l'histoire des sciences un développement plein de surprises, très différent du monotone et irréversible déploiement de spécialités de plus en plus cloisonnées que suggère l'analogie avec l'évolution des espèces biologiques. La convergence de lignées de problèmes et de points de vue différents, lorsqu'elle se produit, détruit au contraire les cloisonnements, brasse l'ensemble de la culture scientifique, et aussi la culture non scientifique dont les préoccupations ont souvent servi de source d'inspiration et se trouvent transformées en retour. Le demi-succès de Boltzmann, le scepticisme de Poincaré manifestent bien qu'il ne fallait rien moins qu'une nouvelle synthèse des deux synthèses affrontées pour retrouver une conception cohérente de la nature. Cette synthèse, aujourd'hui, nous la voyons se faire, aussi inattendue que les autres, produite à son tour par la convergence de recherches qui, toutes, ont contribué à nous faire abandonner l'idée newtonienne de ce qu'une théorie scientifique devrait être : universelle, déterministe, fermée, d'autant plus objective qu'elle ne contiendrait aucune référence à l'observateur, d'autant plus parfaite qu'elle atteindrait un niveau fondamental, échappant à la morsure du temps.

Sans doute le spectacle de la stabilité du mouvement des astres, l'observation et le calcul de leur retour périodique, toujours à la même place, ont été l'une des plus anciennes sources d'inspiration de ce projet qui est celui de la science classique : trouver la stabilité comme vérité du changement. De même, ceux qui étudient la matière y cherchaient autrefois la simplicité de l'élémentaire : les atomes, les insécables dont les anciens faisaient les lettres indestructibles qui composent le texte du monde.

Depuis l'âge classique, l'univers physique ouvert à nos recherches a éclaté ; dans ses dimensions d'abord : nous pouvons étudier les particules élémentaires, dont l'ordre de grandeur type est de 10^{-15} cm, et étudier des signaux venus des confins de l'Univers, de distances de l'ordre de 10^{28} cm. Notre connaissance, certes fort lacunaire, porte donc sur des phénomènes dont les extrêmes sont séparés par une différence d'échelle de l'ordre de quarante puissances de 10. Mais peut-être plus importante que cette extension des limites de l'Univers, est la mort de l'idée de son immuabilité. Là où la science classique avait souligné la permanence, nous voyons maintenant changement et évolution, nous voyons des particules élémentaires qui se transforment les unes dans les autres, qui entrent en collision, se décomposent et naissent ; nous voyons dans les cieux non plus les trajectoires périodiques qui remplissaient d'admiration le cœur de Kant au même titre que la loi morale qui l'habitait ; nous voyons d'étranges objets, quasars, pulsars, les galaxies explosent et se déchirent, les étoiles, nous dit-on, s'effondrent en *black holes* qui dévorent irréversiblement tout ce qu'ils peuvent piéger ; et l'Univers entier semble garder, avec la radiation de corps noir, le souvenir de son origine, le souvenir de l'événement qui commença son histoire actuelle.

Ce n'est donc pas seulement en biologie, en géologie, dans la science des sociétés et des cultures que le temps a pénétré mais aux deux niveaux d'où il était le plus traditionnellement exclu au profit d'une loi éternelle, au niveau fondamental et au niveau cosmologique.

Nous venons de parler d'un niveau fondamental comme si ce niveau avait enfin été découvert, comme si l'ambition avait été enfin réalisée de ramener la complexité du monde au comportement simple d'un nombre défini d'espèces de particules. À plusieurs reprises, certes, certains ont cru avoir réussi ; on a vu dans l'atome, cœur positif et électrons négatifs, puis dans le noyau, protons et neutrons, les briques dont serait composé notre Univers, mais chaque fois un autre niveau, apparemment plus fondamental, a été découvert, il a fallu introduire d'autres particules, d'autres interactions. Du point de vue théorique, l'objet de la quête fascinée était la loi universelle qui remplacerait celle de Newton pour tenir compte des nouvelles interactions découvertes, la théorie unitaire, la formule magique d'où un démon mathématicien pourrait déduire l'ensemble des lois physiques. Une telle loi est restée introuvable.

Cette quête, qui obséda la vie d'Einstein et qui permet encore à certains de présenter, avec des accents religieux, les difficultés que rencontre l'étude des particules élémentaires comme « la crise », où se joue le destin du savoir humain, nous est aujourd'hui étrangère. L'optimisme qu'elle supposait, l'idée de la simplicité du niveau microscopique, nous ne pouvons plus les prendre au sérieux; les particules élémentaires ne sont pas simples, pas plus que le monde des étoiles. Les seuls objets dont le comportement soit vraiment simple appartiennent à notre monde, à notre échelle macroscopique; ce sont les premiers objets de la science newtonienne, les planètes, les corps graves, les pendules. La science classique avait soigneusement choisi ses objets dans ce niveau intermédiaire; nous savons maintenant que cette simplicité n'est pas la marque du fondamental, et qu'elle ne peut être attribuée au reste du monde.

Apparemment, cela pourrait suffire; la transformation de nos conceptions, qui nous montrent désormais la stabilité et la simplicité comme exceptionnelles, devrait nous amener à négliger tout bonnement les prétentions totalitaires de la dynamique, science de ces objets simples et stables. Pourquoi se préoccuper, pourrait-on dire, de l'incompatibilité entre dynamique et thermodynamique puisque le spectre du niveau fondamental que la dynamique prétendait décrire s'est de fait évanoui?

Ce serait oublier cette parole de Whitehead, que confirme sans cesse l'histoire des sciences : le heurt des doctrines est une occasion, une opportunité. L'abandon pur et simple de certaines questions sous prétexte qu'elles sont peu raisonnables a souvent été proposé, rarement été tout à fait accepté. Au début de ce siècle, plusieurs physiciens proposèrent l'abandon du déterminisme comme issue au paradoxe de Loschmidt, le paradoxe du renversement des vitesses et de la décroissance de l'entropie qu'il entraîne. Si les lois régissant la population de particules décrite par Boltzmann sont intrinsèquement statistiques, si le chaos moléculaire constitue la vérité fondamentale, l'opération de renversement des vitesses sera impuissante, elle ne pourra contraindre le système à remonter vers son passé[1]. Plus près de nous, Brillouin espérait lui aussi ruiner le déterminisme en rappelant cette vérité de bon sens qu'une prédiction précise

1. Voir, à ce sujet, BRUSH S., *Statistical Physics and Irreversible Processes*, notamment p. 616-625.

réclame une connaissance précise des conditions initiales, et que cette connaissance doit être payée; la prédiction exacte que suppose le déterminisme suppose un prix infini, elle est donc absurde.

Ces objections aux prétentions de la dynamique ont un défaut majeur; elles sont raisonnables mais stériles, elles n'ont aucune fécondité propre, elles n'apportent aucun point de vue nouveau sur la réalité; elles veulent régler et rationaliser le dialogue avec la nature, mais ne constituent pas la promesse d'un nouveau dialogue, la découverte d'un nouvelle richesse, d'un nouveau champ d'exploration.

C'est la raison du rôle majeur joué par les démonstrations d'impossibilité. La découverte d'une impossibilité physique n'est pas le produit d'une résignation au bon sens, c'est la découverte d'une structure *intrinsèque* du réel que l'on ignorait jusque-là et qui condamne à l'impossibilité un projet théorique. Certes, cette découverte a pour conséquence d'exclure la possibilité d'une opération que l'on pouvait jusque-là imaginer réalisable en principe; nulle machine n'aura de rendement supérieur à un, nulle machine thermique ne pourra exploiter la chaleur du milieu si elle n'est pas simultanément en contact avec une source froide; mais c'est aussi l'ouverture d'un point de vue nouveau sur le monde, la base d'une nouvelle possibilité de science.

Notre siècle a vécu deux démonstrations d'impossibilité physique, celle qui fonde la relativité et celle qui fonde la mécanique quantique, mais il les a vécues « à reculons », comme la révélation de limites opposées aux ambitions de la physique; il y a vu à la fois l'apogée et la crise ultime, la fin d'une exploration parvenue à la découverte de ses propres limites. Nous cherchons à montrer ici que les deux révolutions scientifiques du XXe siècle doivent être vues non comme un aboutissement mais comme un début, l'ouverture à de nouvelles possibilités théoriques.

2. *La fin de l'universalité : la relativité*

L'idée que la description scientifique doit être cohérente avec la définition des moyens théoriquement accessibles à un observateur appartenant à ce monde, et non à un être totalement indépendant des contraintes physiques, un être contemplant le monde physique « de l'extérieur », constitue une des idées fondamentales de la relativité. C'est à propos de la propagation des signaux qu'elle a découvert une limite à laquelle est soumise tout observateur appartenant au monde physique. En effet, la vitesse de la lumière dans le vide (c = 300 000 km/s) apparaît en physique comme une vitesse-limite de propagation des signaux, quelle que soit leur nature (ondes électromagnétiques, acoustiques ou chimiques). Elle joue également un rôle fondamental, celui de constante universelle de la nature.

Il n'y a pas de constante universelle dans la physique newtonienne au sens où celle-ci constitue une théorie générale : elle s'applique de la même manière, quelle que soit l'échelle de ses objets ; les mouvements des atomes, des planètes, des étoiles sont régis par une loi identique. L'Univers est donc homogène, et le vieux rêve qui renaît sans cesse est encore possible : notre système planétaire ne serait-il pas un atome, au sein d'un organisme géant ? Et nous-mêmes, un univers pour des êtres infimes mais qualitativement semblables à nous ? Ce rêve, la découverte des constantes universelles l'a finalement fait éclater. Au moment où la relativité a réussi ce tour de force de faire la synthèse de la dynamique et du champ électromagnétique responsable de la propagation des ondes lumineuses, elle a établi une distinction entre les vitesses faibles et celles que nous pouvons comparer à la vitesse de la lumière. Le comportement des objets physiques est désormais nettement différencié selon que leur vitesse approche celle de la lumière, ou qu'elle est beaucoup plus lente. De la même manière, la constante h de Planck, sur laquelle nous reviendrons, détermine une échelle naturelle selon la masse des objets. Nous ne pouvons plus imaginer l'atome comme un petit système planétaire. Les électrons appartiennent à une autre échelle que les planètes, et que l'ensemble des êtres macroscopiques, massifs et lents, dont nous-mêmes faisons partie.

Non contentes de détruire l'homogénéité de l'Univers en y introduisant une échelle physique en fonction de laquelle les comportements se différencient qualitativement, les constantes universelles entraînent, nous l'avons dit, une nouvelle conception de l'objectivité physique. Aucun être soumis aux lois physiques ne peut transmettre de signaux à une vitesse supérieure à celle de la lumière dans le vide. Il en résulte cette conclusion remarquable dégagée par Einstein : on ne peut plus parler de simultanéité absolue entre deux événements distants. La simultanéité ne peut se définir que relativement à un référentiel particulier. Le plan suivi dans ce livre ne nous permet pas d'entrer dans un exposé de la physique relativiste ; contentons-nous d'observer ici que les lois de Newton ne supposaient pas, quant à elles, que l'observateur soit un être physique; l'objectivité y était définie comme l'absence de référence, dans la description de l'objet, à celui qui le décrit. Et si nous imaginons des intelligences « non physiques », capables de communiquer à une vitesse infinie, pour ceux-là, dont le point de vue a le caractère absolu que supposait l'ancienne objectivité, les lois de la relativité sont fausses. Le fait que la relativité se fonde sur une contrainte qui ne vaut que pour des observateurs physiques, pour des êtres qui ne peuvent être qu'en un seul endroit à la fois et non partout simultanément, fait de cette discipline une physique *humaine* — ce qui ne veut pas dire une physique subjective, produit de nos préférences et de nos convictions, mais une physique soumise aux contraintes intrinsèques qui nous identifient comme appartenant au monde physique que nous décrivons. Et c'est cette physique, supposant un observateur situé dans le monde, et non l'autre physique théoriquement concevable, la physique de l'absolu, que ne cesse de confirmer l'expérimentation. Notre dialogue avec la nature est bien mené de l'intérieur de la nature et ici la nature ne répond positivement qu'à ceux qui, explicitement, reconnaissent qu'ils lui appartiennent.

3. *La fin de l'objet galiléen : la mécanique quantique*

La relativité, si elle a modifié l'ancienne conception de l'objectivité physique, gardait intacte une autre caractéristique fondamentale de la physique classique, l'ambition d'obtenir la description « complète » de la nature. Après la relativité, le physicien ne peut plus invoquer l'extrapolation d'un démon qui observerait la totalité de l'Univers de l'extérieur, mais il peut encore imaginer le mathématicien, celui dont Einstein affirmait qu'il ne trichait ni ne jouait aux dés, celui qui possède la formule de l'Univers dont peut être déduite mathématiquement la totalité des points de vue possibles sur le monde, la totalité des phénomènes de la nature tels qu'ils sont observables de chaque point de vue possible. En ce sens, la relativité se situe encore dans le prolongement de la physique classique.

La mécanique quantique correspond par contre à la première théorie physique qui ait véritablement coupé les amarres, abandonné toute référence à ce point fixe que constituait la connaissance divine du monde; la mécanique quantique ne nous localise pas seulement dans la nature, elle nous identifie comme êtres « lourds », constitués d'un nombre macroscopique d'atomes. On a dit que, pour mieux concevoir les conséquences du caractère de constante universelle de la vitesse de la lumière, Einstein s'était imaginé chevauchant un photon; mais la mécanique quantique découvre que nous sommes trop lourds, nous ou nos instruments de mesure, pour chevaucher un photon ou un électron; il nous est impossible de nous imaginer à la place d'êtres si légers, de nous identifier à eux, de décrire ce qu'ils penseraient s'ils pensaient, ce dont ils feraient l'expérience s'ils pouvaient ressentir quelque chose.

Depuis maintenant plus de cinquante ans que Bohr, Heisenberg et quelques autres sont arrivés à cette conclusion, elle reste difficile à penser; elle est même radicalement inacceptable pour certains qui, comme Einstein, luttent pour que la physique ne renonce pas à décrire l'électron « en soi », abstraction faite des contraintes déterminées par le caractère macroscopique de nos instruments de mesure. C'est là l'enjeu de la fameuse question des « variables cachées » : pouvons-nous imaginer que le mouvement des électrons et des autres êtres quantiques est déterminé par des variables physiques, même si ces variables sont pour nous inobservables? En d'autres termes : pouvons-nous retourner au point de vue classique? Récemment des tentatives ingénieuses ont été faites pour trancher la question, au moins partiellement, sur le plan expérimental. Jusqu'ici la réponse est non : l'existence des variables cachées aurait des conséquences que contredit l'expérimentation[1].

Notre point de vue est très différent. Comme nous le verrons, la mécanique quantique introduit en fait une nouvelle cohérence dans les phénomènes. Les « propriétés ondulatoires » expriment un caractère collectif des mouvements, inconnu en mécanique classique. Or, des variables cachées correspondraient à la situation opposée, on s'attendrait à ce que leur effet soit celui d'un accroissement du caractère désordonné du mouvement. Nous serons amenés à conclure que le problème n'est pas d'ajouter des variables (cachées ou non) mais plutôt d'en retrancher.

L'histoire de la mécanique quantique, comme celle de toutes les innovations conceptuelles, est une histoire complexe et pleine d'inattendus, l'histoire d'une logique dont les implications sont découvertes après qu'elle-même a été produite dans l'urgence du dialogue expérimental. Nous ne pouvons retracer ici cette histoire, mais seulement souligner la manière inattendue dont elle participe à

1. Voir, à propos des hypothèses qui permettent de tester certains modèles supposant des variables cachées, ESPAGNAT B., D', *Conceptual Foundations of Quantum Mechanics*, 2e éd. augmentée, Reading Massachusetts, Benjamin, 1976.

la convergence qui, aujourd'hui, aboutit à renouveler la dynamique, à construire le pont entre cette science de l'être et le monde du devenir.

À l'origine de la mécanique quantique, il y a un ensemble de données nouvelles que la mécanique classique n'arrivait pas à interpréter, tout comme elle avait été incapable, un siècle auparavant, d'exprimer les lois du fonctionnement des nouvelles machines qui mettaient en œuvre non pas les forces de pesanteur mais la puissance motrice du feu. Cette fois encore, c'est du feu qu'il s'agit, de la chaleur ou de l'étincelle électrique qui travaillent un corps chimiquement pur, et de la lumière qu'émet ou absorbe ce corps excité. On savait à la fin du XIXe siècle que chaque élément chimique émet une lumière qui lui est spécifique, une lumière qui, contrairement à la lumière blanche, ne possède pas l'ensemble continu des fréquences mais uniquement un spectre discontinu; cette lumière, lorsque, décomposée en ses fréquences constituantes, elle impressionne une plaque photographique, révèle une véritable *signature* de l'élément chimique, un ensemble de raies, de lignes d'intensité et de fréquence caractéristiques. Pourquoi un atome excité émet-il sur une série de fréquences discontinues? Quelle structure atomique peut expliquer que chaque élément chimique ait un spectre particulier? Ce sont les données de l'étude spectroscopique de la matière qui constituent un des points de départ historiques de la mécanique quantique.

D'autre part, en 1900, l'étude de certaines propriétés des radiations lumineuses avait mené Max Planck à introduire une constante universelle. À l'origine des travaux de Planck, il y avait l'ambition de faire pour l'interaction matière-lumière ce que Boltzmann avait fait pour l'interaction matière-matière : découvrir un modèle cinétique de l'évolution irréversible. C'est au cours de ces travaux (sur le « corps noir ») qu'il dut admettre que seule une répartition discontinue de l'énergie (dont h permet de définir le « grain élémentaire ») pouvait rendre raison des données expérimentales.

Une fois de plus, le défi posé par le problème de l'irréversibilité avait contribué à réaliser un progrès décisif de la physique.

La découverte de Planck resta isolée, et presque ignorée, jusqu'à ce qu'Einstein (1905) comprenne la signification générale de cette constante h, et ses implications en ce qui concerne la nature de la lumière. La constante de Planck rattache l'aspect ondulatoire de la lumière, bien connu depuis le XVIIe siècle, à un aspect apparemment contradictoire, l'aspect corpusculaire. L'onde lumineuse est caractérisée par une fréquence, ν, et une longueur d'onde, λ; h permet de passer de la fréquence à une grandeur corpusculaire, un « grain » ou quantum d'énergie ($h\nu = \epsilon$), et permet de passer de λ à une grandeur mécanique, le moment, ou quantité de mouvement ($h/\lambda = p$). C'est cette dualité onde-particule que Louis de Broglie étendit à la matière (1924), et qui fut le point de départ de la formulation moderne de la mécanique quantique, avec son bouleversement de catégories classiques comme celle de causalité. Mais à l'origine, la quantification de l'énergie appliquée par Einstein à des problèmes comme celui de la chaleur spécifique à basse température, inspira l'idée que les atomes et les molécules n'évoluent pas de manière continue mais « sautent » entre les niveaux discrets d'énergie qui sont les seuls où ils peuvent se trouver.

C'est Niels Bohr qui rattacha cette physique quantique nouvelle aux données concernant les spectres d'émission et d'absorption, et donc au problème de l'atome. En effet, dès 1913, Bohr proposait un modèle d'atome, d'apparence assez simple, mais dont les postulats à première vue paradoxaux allaient finalement donner naissance à la mécanique quantique. Des électrons chargés négativement tournent autour d'un noyau chargé positivement. Premier paradoxe, l'électron chargé devrait dans ces conditions, suivant la physique classique, émettre un rayonnement, perdre ainsi progressivement son énergie et, finalement, s'écraser sur le noyau : dès lors, l'orbite électronique définie par Bohr ne peut être stable. Aussi Bohr postule-t-il que ce mouvement de l'électron n'est pas décrit par la science classique ; il postule explicitement la stationnarité de l'orbite électronique et le caractère conservatif du mouvement de l'électron ; il postule que celui-ci n'émet pas de rayonnement tant qu'il tourne sur son orbite. Il peut dès lors s'y maintenir indéfiniment.

C'est seulement lorsque l'atome est excité que l'électron peut être expulsé de son orbite, et c'est au moment où il passe d'une orbite à l'autre qu'il émet ou absorbe un photon dont la fréquence correspond à la différence des énergies qui caractérisent le mouvement électronique sur chacune des deux orbites ; d'où les spectres d'absorption où se repèrent les fréquences lumineuses des photons qui ont été absorbés par les électrons sautant vers des orbites plus éloignées du noyau, et les spectres d'émission, rayonnement émis spontanément par les atomes lorsqu'ils retombent de l'état excité à l'état normal : les électrons émettent un photon lorsqu'ils sautent vers une orbite plus proche du noyau, où leur mouvement aura une énergie plus basse.

Reste à expliquer le caractère discontinu et spécifique des lignes spectrales. C'est ici qu'interviennent directement les « niveaux quantiques ». Deuxième postulat : pour chaque atome, il n'existe qu'un certain nombre d'orbites permises ; l'énergie liée au mouvement orbital de l'électron ne peut avoir que certaines valeurs déterminées. La signature spectroscopique de l'atome, les lignes spectrales qu'il émet ou absorbe, dénote donc les différences entre les niveaux d'énergie permis pour chaque atome, elle nous permet d'identifier et de calculer la valeur de l'ensemble des orbites caractéristiques de chaque type d'atome, ou de molécule, l'ensemble des états stationnaires quantiques de chaque corps chimique.

L'une des conséquences du modèle de Bohr[1], c'est que, puisque le mouvement orbital n'émet ni n'absorbe aucune énergie, il ne produit rien que nous puissions mesurer, il n'interagit pas avec le monde extérieur. Nous pouvons connaître quelque chose de l'électron seulement au moment où il saute d'une orbite à l'autre : à cette occasion, nous pouvons connaître la différence d'énergie entre les deux niveaux orbitaux. En conséquence, seuls les niveaux d'énergie des orbites sont observables, peuvent être reconstitués, mais le mouvement lui-même sur ces orbites, la position et la vitesse de l'électron en chaque instant, nous ne pouvons pas les connaître.

C'est une théorie étrange, hybride, que la théorie de Bohr. D'un côté, elle est encore formulée en termes de mécanique classique, et plus spécifiquement de la théorie des systèmes intégrables (tels que nous les avons définis au chapitre II, 3) ; d'autre part, elle doit « ajouter » aux concepts classiques des règles supplémentaires (stationnarité des orbites correspondant aux niveaux quantiques, émission de rayonnement seulement au moment des « sauts »).

Il est instructif de comparer la théorie de Bohr à la théorie de Boltzmann que nous avons exposée au chapitre précédent. Dans les deux cas, il s'agit d'une œuvre dans laquelle l'intuition physique joue un rôle essentiel. Ce sont vraiment, en ce sens, des exemples magnifiques de ce dialogue avec la nature invoqué dans l'introduction de ce livre. Dans les deux cas, le modèle imaginé débordait la science de l'époque : il ne s'agissait pas de déduction mais plutôt de percée vers des continents inconnus. Les schémas théoriques postulés par Boltzmann et par Bohr permettaient certes de mieux com-

1. L. Feuer a montré de manière assez convaincante (*Einstein et le conflit des générations*, Bruxelles, éditions Complexe, 1978) comment le contexte culturel de la jeunesse de Bohr avait pu faciliter sa décision d'introduire dans son modèle des postulats résolument non mécaniques.

prendre les données expérimentales mais ils allaient surtout susciter des recherches dont la fécondité domine encore la science contemporaine.

Dans le cas de la théorie quantique, c'est à Heisenberg, Jordan, Born, Schrödinger et Dirac (au cours des années 1925-1927) que revient d'avoir transformé l'essai de Bohr en un édifice cohérent, d'une élégance comparable à celle de la mécanique classique et ce, en y incorporant la dualité onde-corpuscule d'Einstein et de Broglie.

Avant tout, il avait fallu trouver un concept nouveau, inconnu de la physique classique, qui permette d'incorporer dans le langage théorique la « quantification », le fait observé qu'un atome ne peut se trouver que dans des états discrets. Cela signifie en particulier que l'énergie (ou l'Hamiltonien) ne peut plus être cette simple fonction des positions et des moments qu'elle est en mécanique classique. Sans quoi, en donnant à ces positions et ces moments des valeurs voisines, l'énergie varierait de manière continue. Or, il y a des niveaux énergétiques discrets.

La découverte de l'insuffisance des concepts de la dynamique classique est inséparable d'une atmosphère générale de « crise » qui régna, en Allemagne particulièrement, après la Première Guerre mondiale. Il semble bien que beaucoup aient, à l'exemple d'Heisenberg qui les inventa, vécu comme une libération, comme l'occasion d'un renouvellement, l'introduction en physique d'une notion tout à fait nouvelle, la notion d'opérateur[1]. Il faut cependant souligner que, quel que soit le contexte social et culturel de leur invention, les opérateurs se sont imposés en physique parce qu'ils constituent la seule méthode formulée jusqu'à ce jour pour tenir compte de la quantification.

Afin de comprendre le rôle des opérateurs associés par Heisenberg et les autres fondateurs de la mécanique quantique aux grandeurs physiques de la mécanique classique, telles que, par exemple, les coordonnées de position q, les moments p ou l'énergie $H(p, q)$, nous devons introduire de plus les objets sur lesquels les opérateurs agissent, « opèrent ». Prenons une fonction simple, par exemple « x^2 », et faisons-lui subir une opération mathématique, par exemple, une dérivation, représentée par « d/dx »; le résultat de cette opération est une nouvelle fonction, ici « $2x$ »; mais certaines

1. Heisenberg W., *La Partie et le tout*, Paris, Albin Michel, 1972 et Serwer D., « Unmechanischer Zwang: Pauli, Heisenberg and the Rejection of the Mechanical Atom, 1923-1925 », in *Historical Studies in the Physical Sciences*, vol. 8, 1977, p. 189-256.

fonctions se comportent de manière particulière par rapport à l'opération de dérivation; par exemple, la fonction exponentielle : si on dérive « e^{3x} », on obtient « $3e^{3x}$ », c'est-à-dire qu'on retrouve la fonction de départ simplement multipliée par un nombre. Ces fonctions qui se reproduisent par application d'un opérateur sont appelées « fonctions propres » de l'opérateur, et les nombres par lesquels la fonction propre se trouve multipliée après l'application de l'opérateur sont les « valeurs propres » de l'opérateur.

À tout opérateur correspond ainsi un ensemble, un « réservoir » de valeurs numériques — cet ensemble forme son *spectre*. Ce spectre peut être *discret* lorsque les valeurs propres forment une suite discrète. Il existe par exemple un opérateur dont les valeurs propres sont tous les entiers 0,1,2, ... Un spectre peut aussi être continu, formé par exemple par tous les nombres entre 0 et 1.

A toute grandeur physique de la mécanique classique correspond en mécanique quantique un opérateur, et les valeurs numériques que cette grandeur physique peut prendre sont les valeurs propres de cet opérateur. Ce qui est essentiel, c'est que la notion de grandeur physique (représentée par un opérateur) se trouve disjointe de celle de ses valeurs numériques (représentées par les valeurs propres de l'opérateur). En particulier l'énergie sera maintenant représentée par l'opérateur hamiltonien et les niveaux, c'est-à-dire les valeurs énergétiques observées, seront les valeurs propres correspondant à cet opérateur.

Dans le domaine de la physique atomique et moléculaire cette construction audacieuse a été admirablement vérifiée par l'expérience. Elle a ouvert à la physique un monde microscopique d'une richesse insoupçonnée et c'est certainement une des faiblesses de cet ouvrage que nous ne puissions consacrer que si peu de place à ce domaine fascinant où imagination créatrice et observation expérimentale se rejoignent de manière particulièrement inattendue. Nous nous bornerons à souligner ici que la structure si originale de la mécanique quantique a révélé que le monde microscopique est régi par des lois d'une structure nouvelle, mettant fin une fois pour toutes aux espoirs d'une description unique de l'Univers à l'aide d'un seul schéma conceptuel.

Chaque langage possède une logique, que suppose toute phrase mais que chacune, prise en particulier, ne révèle que de manière partielle; chaque langage mathématique, mis au point pour exprimer une situation particulière, ouvre en fait, bien au-delà des intentions de ceux qui l'inaugurent, un champ d'exploration riche en surprises.

La structure de la mécanique quantique, construite à propos de découvertes expérimentales déjà acquises, allait rapidement se révéler lourde d'un contenu physique neuf, à proprement parler inouï.

Aujourd'hui, nous pouvons nous interroger, avec le recul du temps, sur la signification que l'on peut attribuer à l'introduction d'opérateurs. Historiquement, les opérateurs sont certes liés à l'existence des niveaux énergétiques, et nous verrons d'autre part l'interprétation que Niels Bohr en a donnée avec la complémentarité. Mais, comme nous le verrons, les opérateurs trouvent désormais une application dans la mécanique classique elle-même; c'est dire que leur signification se trouvera élargie bien au-delà de ce qu'avaient prévu les fondateurs de la mécanique quantique. On peut dire qu'en toute généralité la notion d'opérateur s'introduit désormais de manière naturelle chaque fois que, pour une raison ou pour une autre, il faut dépasser le concept de trajectoire, et donc introduire une description statistique, *cela en mécanique classique comme en mécanique quantique*. Nous étudierons plus loin quelques-unes des raisons qui mènent à un tel dépassement; elles peuvent être multiples; l'essentiel reste que c'est *l'abandon de la trajectoire*, et du déterminisme qu'elle implique, qui mène à l'introduction en physique du concept d'opérateur.

4. *Relations d'incertitude et complémentarité*

Nous avons vu qu'un « opérateur » agit sur une fonction. Si celle-ci est une fonction propre, on peut dire que la grandeur physique que représente l'opérateur a une valeur bien déterminée, c'est-à-dire précisément la valeur propre correspondante. Prenons à présent *deux* grandeurs physiques représentées par des opérateurs O_1 et O_2. Pouvons-nous leur attribuer *simultanément* des valeurs bien déterminées? Cette question admet une réponse précise dans le cadre de la mécanique quantique. À l'aide de O_1, O_2 nous pouvons former les deux opérateurs $O_1 O_2$ et $O_2 O_1$. Ces deux opérateurs diffèrent par l'ordre des opérations: $O_1 O_2 f = O_1 [O_2 f]$ signifie que nous appliquons d'abord O_2 à la fonction f, et puis O_1 au résultat, tandis que $O_2 O_1 f$ correspond à l'ordre inverse. En général les résultats sont différents selon qu'on applique $O_1 O_2$ ou $O_2 O_1$, et on dit alors que les opérateurs O_1 et O_2 ne commutent pas. Donnons un exemple; si O_1 est l'opérateur « multiplier par la coordonnée q » et O_2, l'opérateur « dériver par rapport à q », nous avons $O_1 O_2 f = q [\partial f/\partial q]$ et $O_2 O_1 f = \partial/\partial q [qf]$. La règle de dérivation d'un produit entraîne que $(O_2 O_1 - O_1 O_2) f = (\partial/\partial q\, q - q\, \partial/\partial q) f = f$, et comme ce résultat est vrai *quelle que soit la fonction* f, on écrit de manière abrégée $O_2O_1 - O_1O_2 = 1$. $O_2O_1 - O_1O_2$ est par définition le *commutateur* des opérateurs O_1 et O_2.

Nous pouvons maintenant formuler la réponse à la question posée : nous ne pouvons faire correspondre des valeurs numériques bien déterminées *à la fois* à O_1 et à O_2 que si ces opérateurs commutent, c'est-à-dire si $O_1 O_2 = O_2 O_1$. Ce n'est que dans ce cas que le système pourra être représenté par des fonctions qui soient des fonctions propres à la fois de O_1 et de O_2. Considérons d'abord un exemple classique. Étudions l'application des opérateurs $O_1 = q$, $O_2 = \partial/\partial q$ à la fonction de distribution classique ρ dans l'espace des phases (l'espace des coordonnées q et des moments p). Ceci implique simplement que si ρ est fonction propre de q, la distribution statistique dans les coordonnées se réduit à une valeur bien déterminée de la coordonnée, la valeur propre, toutes les autres ont une probabilité nulle. Au contraire, si ρ est une fonction propre de $\partial/\partial q$, on peut démontrer aisément que l'ensemble statistique *ne dépend pas* des coordonnées — toutes les valeurs des coordonnées ont la même probabilité. On comprend dès lors qu'une même fonction ρ ne pourra être *à la fois* fonction propre de q et de $\partial/\partial q$. La distribution ρ ne peut à la fois correspondre à une valeur bien déterminée et indéterminée de la même grandeur physique, et la non-commutation des opérateurs q et $\partial/\partial q$ (ou p et $\partial/\partial p$) exprime simplement une *impossibilité logique*.

Cette non-commutation prend un sens nouveau et plus fondamental en mécanique quantique. Comme nous le verrons dans la suite de manière un peu plus détaillée, la constante h *réduit* le nombre de variables par rapport à ce qui est nécessaire pour décrire entièrement un système classique. Coordonnées et quantités de mouvement (q et p) cessent d'être indépendantes. On pouvait pressentir cette diminution du nombre de variables indépendantes à partir de la relation d'Einstein et de Broglie, $\lambda = h/p$ qui lie la longueur d'onde λ (propriété ondulatoire) à la quantité de mouvement p (propriété corpusculaire). De cette manière, la constante de Planck lie les longueurs (et donc les coordonnées) à des quantités de mouvement. De manière plus précise, la mécanique quantique associe à q et p des opérateurs, $q_{op} = q$ et $p_{op} = h/2\pi i\, \partial/\partial q$, ce qui, comme nous l'avons vu, les définit comme non commutatifs (on pourrait prendre aussi $q_{op} = h/2\pi i \partial/\partial q$, $p_{op} = p$, ce qui est essentiel c'est que les opérateurs associés aux coordonnées et aux quantités de mouvement ne commutent dans aucun cas).

L'impossibilité « logique » que nous avons rencontrée en mécanique classique prend donc un sens nouveau. Nous ne pouvons attribuer à p et q simultanément des valeurs bien déterminées en mécanique quantique. D'où le nom de relation d'incertitude donné par Heisenberg à cette relation de non-commutation.

En mécanique classique nous pouvons considérer toute une gamme d'ensembles caractérisés par la fonction ρ; par exemple, une distribution peut correspondre à une valeur bien déterminée en q et indéterminée en p (toutes les valeurs de p ont la même probabilité). Nous pouvons aussi (là où le phénomène d'instabilité que nous introduirons au chapitre suivant ne joue pas) passer à la limite d'une trajectoire unique, correspondant à un ensemble caractérisé *à la fois* par des valeurs bien déterminées de q et de p. En mécanique quantique, cela devient impossible; nous pouvons choisir un ensemble bien déterminé en q, ou en p, mais il n'existe pas d'ensemble bien déterminé en q et en p à la fois. La mécanique quantique, sur la nouveauté radicale de laquelle Bohr et Heisenberg ont tant insisté, ne réclame dès lors pas nécessairement une nouvelle logique, elle correspond en fait à la même exigence de non-contradiction que le formalisme classique, mais redéfinit ce qui est contradictoire.

Niels Bohr avait plaidé pour l'abandon total du réalisme au sens classique. Il soulignait que la constante de Planck définit comme non décomposable l'interaction entre un système quantique et un instrument de mesure. C'est donc le *phénomène* quantique résultat de l'opération de mesure qui peut se voir attribuer les grandeurs dont nous mesurons les valeurs numériques. Dès lors, toute description implique le *choix* de l'opération de mesure, nécessairement macroscopique, à effectuer, le choix du dispositif expérimental par la médiation duquel le système sera exploré, bref, le choix de la question posée au système quantique. La réponse enregistrée ne nous permet pas de découvrir une réalité donnée; le nombre quantique mesuré caractérise le système dans l'état propre dans lequel nous avons *choisi* de le produire et de le décrire, en lui posant *expérimentalement* telle question et non telle autre.

L'objectivité classique identifie description objective du système « tel qu'il est en lui-même » et description complète. En ce sens, la mécanique quantique nous impose certes de redéfinir la notion d'objectivité, de ne pas la lier à l'observation simultanée des coordonnées et des moments (ou quantités de mouvement). Mais cette redéfinition est bien plus générale que ne le pensait Bohr, elle ne se limite pas au problème du « phénomène » quantique, dans la définition duquel l'interaction de mesure est partie prenante, mais porte également sur les systèmes de la dynamique classique puisque, là aussi, le passage à la limite vers les trajectoires peut devenir impossible.

Insistons sur le fait que cette nouvelle objectivité ne nous paraît en tout cas pas résulter de perturbations arbitraires introduites par l'opération de mesure, et que ce n'est pas en ce sens qu'il faut comprendre le changement de structure par rapport à la dynamique que médie *h*. L'interprétation souvent suggérée, qui met aux fondements de la mécanique quantique l'idée des perturbations entraînées par l'observation, conduit, on le sait, à la situation fausse où le système « en soi » semble effectivement caractérisé par des valeurs bien déterminées de l'ensemble des paramètres même si les valeurs de quelques-uns d'entre eux sont « brouillées » par la mesure. Le réalisme traditionnel se doublerait donc alors simplement d'un interdit d'apparence étroitement positiviste : ne pas attribuer simultanément une position et une vitesse à une particule sous prétexte que, si on mesure l'une, on modifie l'autre de manière incontrôlable.

C'est contre une telle interprétation, qui laisse intacte l'idée classique de la réalité physique mais interdit abstraitement de s'y référer, que Bohr avait souligné la nouveauté de l'idée *positive* d'un choix nécessaire. Le physicien ne découvre pas une vérité donnée, que taisait le système, il doit choisir un langage, c'est-à-dire l'ensemble des concepts macroscopiques en termes desquels il sera demandé au système de répondre. C'est précisément cette idée de choix que Bohr exprimait avec le principe de complémentarité. Aucun langage, c'est-à-dire aucune préparation du système qui permet de le représenter par une fonction propre de l'un ou l'autre opérateur, ne peut épuiser la réalité du système ; les différents langages possibles, les différents points de vue pris sur le système, sont *complémentaires* ; tous traitent de la même réalité mais ils ne peuvent être réduits à une description unique. Ce caractère irréductible des points de vue sur une même réalité, c'est très exactement l'impossibilité de découvrir un point de vue de survol, un point de vue à partir duquel la totalité du réel serait simultanément visible. La leçon du principe de complémentarité n'est pas une leçon de résignation, il ne s'agit pas de renoncer raisonnablement à une description trop complète ou précise; Bohr disait qu'il ne pouvait penser sans vertige à la signification de la mécanique quantique, et c'est bien en effet un arrachement vertigineux aux habitudes du bon sens que de comprendre que toute propriété macroscopique est inséparable de l'« éclairage » que nous choisissons de projeter sur la réalité, et que celle-ci est trop riche, que ses reliefs sont trop complexes pour qu'un seul projecteur puisse l'éclairer dans sa totalité.

La vraie leçon du principe de complémentarité, celle qui peut être traduite dans d'autres champs de connaissance, comme Bohr avait toute sa vie essayé de le faire, c'est sans doute cette richesse du réel qui déborde chaque langage, chaque structure logique, chaque éclairage conceptuel; chacun peut seulement en exprimer — *mais réussit à en exprimer* — une partie; ainsi, la musique n'est épuisée par aucune de ses stylisations, le monde des sons est plus riche qu'aucun des langages musicaux, que ce soit celui de la musique esquimaude, de Bach ou de Schönberg, ne peut l'exprimer; mais chacun constitue un choix, une exploration élective et, en tant que tel, la possibilité d'une plénitude[1].

5. *Le temps quantique*

Cependant, si la mécanique quantique a profondément renouvelé la physique en introduisant pour la première fois l'idée d'opérateurs qui ne commutent pas, de transformations entre points de vue différents, il est un aspect par rapport auquel elle reste traditionnelle, et c'est la question du rôle du temps dans l'évolution du système quantique. À ce niveau, la logique de la dynamique hamiltonienne impose à la mécanique quantique le même type de conception du changement qu'elle traduisait en dynamique.

Comme en dynamique classique, l'énergie, devenue un opérateur, joue en mécanique quantique un rôle central, en fait même un double rôle. L'Hamiltonien classique était d'une part un *invariant* du mouvement : exprimant l'énergie totale du système en termes des variables canoniques, il gardait une valeur constante pour toute

1. Le principe de complémentarité, sa signification et ses difficultés sont étudiés notamment dans ESPAGNAT B., D', *op. cit.*, et *Conceptions de la physique contemporaine*, Paris, Hermann, 1965; JAMMER M., *The Philosophy of Quantum Mechanics*, New York, Wiley, 1974; PETERSEN A., *Quantum Mechanics and the Philosophical Tradition*, Boston, MIT Press, 1968.

évolution dynamique d'un système isolé; mais, par l'intermédiaire des équations canoniques, c'était aussi la structure de l'Hamiltonien qui déterminait l'évolution de p et q, c'était lui qui contenait la *loi* du mouvement dynamique. L'opérateur hamiltonien, H_{op}, lui aussi donne par ses valeurs propres les niveaux d'énergie du système. Il donne de plus l'évolution temporelle du système à travers l'équation de Schrödinger qui, en mécanique quantique, remplace les équations canoniques d'Hamilton.

L'équation de Schrödinger, qui est l'équation fondamentale de la mécanique quantique, a une structure très proche de celle de l'équation de Liouville, que nous avons citée au chapitre précédent et que nous écrivons $L\rho = i\partial\rho/\partial t$. Elle s'écrit en effet $ih/2\pi\,\partial\psi/\partial t = H_{op}\psi$. La différence majeure tient au nombre de variables qu'admet la mécanique quantique. Nous avons déjà vu que les opérateurs qui, en mécanique quantique, correspondent aux coordonnées q et aux moments p ne sont pas indépendants. Ils sont liés par la relation d'incertitude. Alors que la forme de la distribution statistique ρ dépend à la fois des q et des p, la fonction d'onde ψ en mécanique quantique ne dépend que de la *moitié* de ces variables, *soit* des opérateurs correspondant à q, *soit* des opérateurs correspondant à p. La description statistique devient donc ici *irréductible* et nous ne pouvons plus passer à la limite de la trajectoire classique.

La fonction d'onde ψ n'a pas de sens statistique simple ; elle peut être positive ou négative, et, comme le montre le symbole i dans l'équation de Schrödinger, ce n'est même pas nécessairement une grandeur réelle. Mais si nous prenons $/\psi/^2$ nous obtenons une grandeur réelle positive; c'est elle que nous pouvons identifier à une probabilité. Ainsi, comme le montra Max Born, $/\psi(q)/^2$ permet de calculer la probabilité de rencontrer une particule au point de coordonnée q.

Plus généralement, la règle qui rattache la fonction d'onde ψ aux probabilités est celle-ci: pour calculer les probabilités de résultat d'une mesure particulière, il faut développer la fonction ψ en termes de fonctions propres de l'opérateur représentant la grandeur physique en question, c'est-à-dire représenter ψ comme $\sum_i c_i u_i$, comme une *superposition* de ces fonctions propres « u_i ». Chaque fonction $u_1 \ldots u_n$ se trouve pondérée par un coefficient $c_1 \ldots c_n$ et chaque c_i permet de calculer la *probabilité* que la mesure éventuellement effectuée sur le système donne la valeur propre correspondant à la fonction propre u_i.

Il n'y a qu'un seul cas où l'équation de Schrödinger conduit à une prédiction déterministe, c'est lorsque ψ, au lieu d'être une *super-*

position de fonctions propres, se *réduit* à une seule d'entre elles. Ainsi, on peut préparer un système de telle sorte que le résultat d'une mesure particulière puisse être prévu. On « sait » alors que le système est décrit par la fonction propre correspondante. Mais, et nous retrouvons ici les relations d'incertitude, seules des informations *statistiques* pourront être données à propos des grandeurs correspondant à des opérateurs qui ne commutent pas avec celui dont une valeur propre est ainsi déterminée.

Il faut donc souligner que ψ n'est pas une quantité physique observable en soi, mais qu'elle contient l'évolution des différentes probabilités des valeurs que peuvent prendre les grandeurs observables. C'est son évolution qui détermine tout changement observable du système au cours du temps. Nous l'avons dit, de manière analogue à la dynamique, c'est l'opérateur hamiltonien qui détermine cette évolution $H_{op}\ \psi = hi/2\pi\, \partial\psi/\partial t$. Et cette équation de Schrödinger, comme les équations dynamiques régies par l'Hamiltonien classique, engendre une évolution de ψ *réversible* et *déterministe*. Au mouvement réversible sur une trajectoire correspond le changement réversible de la fonction d'onde. D'autre part, dès que la fonction d'onde est connue à un instant donné, l'équation de Schrödinger permet de la calculer à tout instant antérieur ou ultérieur : la situation est de ce point de vue strictement analogue à celle de la mécanique classique. C'est ce qui découle du fait que les relations d'incertitude de la mécanique quantique ne s'appliquent pas au temps. Celui-ci reste un nombre, non un opérateur, et seuls des opérateurs peuvent apparaître dans les relations d'incertitude. Mais nous le verrons au chapitre suivant, cette conclusion n'est pas générale : certains systèmes, classiques ou quantiques, nous permettent d'introduire un second temps, un temps-opérateur qui obéira à une relation d'incertitude. C'est là une conclusion remarquable : la relation entre l'« être » et le « devenir » devient à son tour l'objet d'une complémentarité élargie. Mais n'anticipons pas.

La représentation du système en termes de fonctions propres de l'opérateur hamiltonien constitue très précisément, quant à elle, l'analogue quantique de la représentation privilégiée des systèmes intégrables classiques, en termes des invariants du mouvement (chapitre II, 3). Ainsi, par exemple, le modèle atomique de Bohr, avec ses orbitales aux niveaux d'énergie bien déterminés, correspond à ce type de représentation : la probabilité de trouver l'électron sur une orbite stationnaire d'énergie E_i ne varie pas au cours du temps. De manière générale, les *états stationnaires* superposés qui constituent ψ dans cette représentation évoluent sans aucune interaction les uns avec les autres, comme si chacun était « seul au monde ». Il apparaît ainsi encore plus clairement que, comme les équations dynamiques, l'équation de Schrödinger décrit une évolution où rien de nouveau ne peut « se produire ».

Cependant, on sait que l'électron ne se maintient pas indéfiniment sur son orbite, sinon nous serions incapables de le décrire. Lorsque le système est perturbé par une interaction avec le monde extérieur, il peut subir une transformation irréversible, l'électron peut changer d'état stationnaire, sauter d'une orbite à l'autre — et c'est seulement à la suite de ce processus que nous pouvons connaître les valeurs des différents niveaux d'énergie du système. C'est à cause de cette intervention d'un processus irréversible, nécessaire pour rendre accessibles les données concernant les états stationnaires, que le problème de l'irréversibilité, loin d'être résolu par la mécanique quantique, s'y pose avec une nouvelle urgence.

Le fait que l'évolution de la fonction d'onde ne permette pas de décrire l'interaction avec le monde à la suite de laquelle sont connues les données au sujet du système quantique est aujourd'hui au centre d'intérêt des spécialistes de la mécanique quantique. C'est le problème de la mesure.

Toute mesure, comme l'ont souligné avec force N. Bohr et L. Rosenfeld, possède toujours un élément *d'irréversibilité*, contient toujours un appel à des phénomènes irréversibles, tels, par exemple, que les processus chimiques qui correspondent à l'enregistrement photochimique des « données »[1]. Cela est déjà vrai en mécanique classique. Lorsqu'il s'agit de phénomènes quantiques, l'obtention des données ne peut être idéalisée comme repérage spatio-temporel instantané. L'enregistrement s'accompagne d'une amplification telle qu'un événement microscopique produit un effet au niveau macroscopique, au niveau observable où nous pouvons déchiffrer les instruments de mesure. *Le phénomène quantique suppose l'irréversibilité.*

Mais le problème de la mesure se pose de manière urgente en mécanique quantique surtout parce qu'il se pose au niveau du for-

1. Rosenfeld a tout spécialement insisté sur la dimension matérialiste de l'idée que nous ne pouvons connaître le monde que par des interactions irréversibles. Voir ROSENFELD L., « L'évidence de la complémentarité », in *Louis de Broglie, physicien et penseur*, Paris, Albin Michel, 1953, « The Measuring Process in Quantum Mechanics », in *Supplement of the Progress of Theoretical Physics*, 1965, p. 222 et tout au long du colloque *Observation and Interpretation*, éd. KÖRNER S., Londres, Butterworth's Scientific Publications, 1957.

malisme lui-même. Idéalement, la mesure quantique est aussi une préparation : elle ramène, « *réduit* » la fonction d'onde ψ (exprimée avant la mesure par la *superposition* des fonctions propres de l'opérateur correspondant à la grandeur physique mesurée) à *une seule* de ces fonctions propres. Le système mesuré n'est plus dès lors représenté par une superposition, il n'y a plus de distribution des probabilités de le trouver dans chacun des états propres caractérisés par une valeur déterminée de la grandeur mesurée. Il est, avec certitude, dans l'état propre que désigne le résultat de la mesure. Ce processus de *réduction* de la fonction d'onde ψ à l'une de ses composantes n'est pas réversible. Il ne peut dès lors pas être représenté par l'équation de Schrödinger.

Le problème de la mesure est donc au cœur de la mécanique quantique, non seulement du point de vue physique mais du point de vue formel. Le point de vue usuel est que la mécanique quantique est amenée à postuler la coexistence de deux types d'évolution irréductibles, l'évolution réversible et continue décrite par l'équation de Schrödinger, la réduction irréversible et discontinue lors de la mesure. Cette coexistence serait irréductible puisque l'évolution réversible ne décrit pas une grandeur physique mais une entité abstraite qui contient les probabilités des différentes mesures, et dès lors cette évolution n'a aucun sens sans la mesure irréversible, qu'elle est pourtant incapable de décrire. Les deux évolutions, réversible et irréversible, se trouvaient ainsi solidaires, le concept d'état stationnaire impliquant par définition l'existence de processus intrinsèquement différents. La mécanique quantique semblait donc dans l'impossibilité de constituer une structure fermée, de prétendre ramener toute évolution physique à une transformation déterministe et réversible, d'état équivalent en état équivalent.

Devant ces difficultés, certains physiciens se sont encore réfugiés dans le subjectivisme, expliquant que c'est *nous* — *notre* mesure, et même, pour certains, *notre* esprit — qui déterminons l'évolution du système à enfreindre la réversibilité naturelle, « objective »[1]. D'autres ont conclu que l'équation de Schrödinger n'était pas « complète » et qu'elle devait donc être complétée par des termes qui tiendraient compte de l'irréversibilité de la mesure. Ces deux

1. À propos de ces paradoxes, voir les livres de Jammer et d'Espagnat. De manière remarquable, tous ces paradoxes (ami de Wigner, chat de Schrödinger, univers multiples) font, sous des formes apparemment révolutionnaires, resurgir, chacun à sa manière, l'éternel Phénix de la théorie « objective et close » en l'occurrence incarnée par l'équation de Schrödinger. Ce sont autant de cauchemars de la raison classique.

solutions, étroitement parallèles à des solutions analogues proposées pour résoudre le problème de l'irréversibilité en mécanique classique, ne sont pas plus acceptables dans un cas que dans l'autre. Le problème supplémentaire posé en mécanique quantique, la coexistence de la réversibilité et de l'irréversibilité, traduit le fait que l'idéalisation classique qui menait à décrire le monde dynamique comme « isolé » est impossible en ce qui concerne le monde microscopique. C'est ce que soulignait Bohr lorsqu'il rappelait que le langage par lequel nous décrivons un système quantique est solidaire des concepts macroscopiques qui décrivent le fonctionnement de nos appareils de mesure; l'équation de Schrödinger ne décrit pas un niveau fondamental de la réalité; elle nous implique essentiellement, elle implique le monde macroscopique auquel nous appartenons.

Le problème de la mesure en mécanique quantique traduit donc, au niveau de la mécanique quantique, le problème fondamental qui constitue l'axe de ce livre, l'articulation entre le monde simple, des trajectoires hamiltoniennes et de l'équation de Schrödinger, et le monde macroscopique où nous vivons. Nous verrons au chapitre suivant que l'irréversibilité classique commence là où l'idéalisation des trajectoires devient inadéquate. Le problème de la mesure en mécanique quantique peut recevoir le même type de solution. Dans cette analogie, la fonction d'onde représente à son tour la connaissance maximale, idéale, d'un système, quantique cette fois. Dans le cas classique comme dans le cas quantique, la restriction à l'objet idéal de la théorie conduit à des équations d'évolutions réversibles. Dans les deux cas aussi, l'irréversibilité et le processus de mesure correspondent à des situations où cet objet idéal doit être remplacé au bénéfice d'ensembles statistiques. La raison physique de cet abandon est dans les deux cas la même : l'instabilité. C'est vers l'étude de ce concept que nous devons nous tourner maintenant.

CHAPITRE IX

VERS LA SYNTHÈSE DU SIMPLE ET DU COMPLEXE

1. *A la limite des concepts classiques*

Nous pouvons maintenant aborder de front le problème du heurt des doctrines sur lequel s'achevait le chapitre VII de ce livre. L'impasse à laquelle s'étaient heurtés les physiciens à la fin du XIXe siècle, l'impossibilité de donner un sens à l'irréversibilité dans un monde de trajectoires réversibles, n'est insurmontable que si la trajectoire a titre de concept irréductible. C'était ce que pensaient même les fondateurs de la théorie des ensembles, Einstein et Gibbs, pour qui la fonction ρ représentant la densité dans l'espace des phases n'était qu'une construction auxiliaire, nécessaire pour prendre en compte une ignorance factuelle à propos d'une situation physique déterminée en droit. Mais la position du problème devient toute différente à partir du moment où il s'avère que, pour certains types de systèmes, l'idée d'une détermination infiniment précise des conditions initiales, nécessaire pour la définition d'une trajectoire, n'est pas seulement une idéalisation, mais encore une idéalisation inadéquate. Dès ce moment, le fait que nous ne connaissions *jamais* une trajectoire mais un ensemble de trajectoires dans l'espace des phases n'est plus seulement une manière plus prudente d'exprimer les limites de notre connaissance, mais le point de départ d'une manière nouvelle de concevoir la description dynamique.

Nous sommes ici une fois de plus face au problème du passage à la limite depuis une région aussi petite que l'on veut dans l'espace des phases jusqu'au point unique correspondant à la trajectoire. Ce passage à la limite est-il toujours possible? Pour le savoir, nous devons étudier la *structure* de l'espace des phases.

Dans les cas simples, passer de la fonction de distribution au point n'entraîne pas de difficulté. Prenons un pendule. Il peut osciller, ou bien tourner autour de son axe, selon les conditions initiales : il faut, pour le faire tourner, que son énergie cinétique soit assez grande pour qu'il ne « retombe » pas avant d'avoir atteint la position verticale. Dans l'espace des phases, ces deux types de mouvement correspondent à des régions séparées. La raison en est toute simple : la rotation a besoin de plus d'énergie que l'oscillation *(figure 11)*. Si nos mesures nous permettent d'assurer que le système

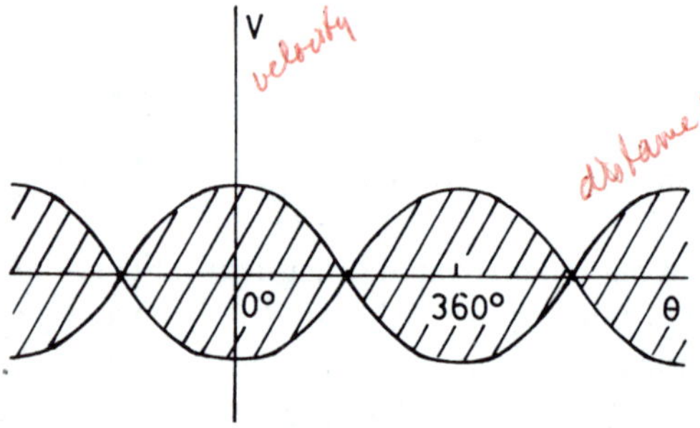

Figure 11

Représentation des mouvements du pendule dans un espace où V est la vitesse et θ l'angle d'écartement du pendule par rapport à l'équilibre. Tous les points compris dans la zone hachurée correspondent à des états appartenant à des trajectoires d'oscillation, les autres points appartiennent à des trajectoires de rotation. Ces deux régions sont séparées par deux courbes « séparatrices » : un pendule dont un état, à un instant donné, appartient à une séparatrice, arrivera avec une vitesse $V = 0$ à la verticale ($\theta = 180°$).

est initialement dans une région donnée, nous pouvons être certains du *type* de mouvement que le pendule va adopter. Nous pouvons augmenter la précision de nos mesures, et localiser l'état initial du pendule dans une région plus restreinte à l'intérieur de la première, mais cela importe peu, nous sommes sûrs du comportement du système dynamique pour tout temps ; rien de neuf, d'inattendu, ne peut se produire.

Un des résultats les plus surprenants des études dynamiques poursuivies au cours du XXe siècle, après l'impulsion décisive d'Henri Poincaré, c'est que, en général, *il n'en est pas ainsi*.

Désignons par + un type de trajectoire (telle que l'oscillation), par * un autre type. Au lieu de la figure 11, où les deux régions étaient clairement séparées, nous avons maintenant un mélange inextricable *(figure 12)*

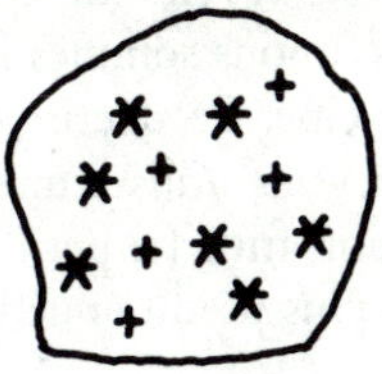

Figure 12

Représentation schématique de toute région, aussi petite soit-elle, de l'espace de phases d'un système à stabilité faible. Deux types de trajectoires (au moins) y possèdent des états, ici représentés par + et *.

Si nous savons seulement que l'état initial de notre système est dans une région donnée, nous ne pouvons pas en déduire que sa trajectoire est du type +, elle pourrait aussi bien être de type *. Nous avons beau augmenter la précision, passer à une région plus petite, l'incertitude reste entière. *Dans toute région, si petite soit-elle, il reste toujours des états appartenant aux deux types de trajectoires.*

Nous devons donc conclure que pour de tels systèmes, la notion de trajectoire devient une *inobservable*, et cela au sens fort. Il s'agit d'une démonstration d'impossibilité analogue à celles que nous avons rencontrées à la base de la relativité et de la mécanique quantique. Elle nous découvre les limites de l'idéalisation newtonienne, les limites de l'indépendance entre loi et conditions initiales que suppose cette idéalisation. Cette indépendance, ici, se trouve détruite : la loi dynamique du système rend théoriquement intenable l'idéal de détermination d'une condition initiale. Chaque trajectoire de type + est entourée de trajectoires de type *. On peut penser à ce sujet à une situation familière, celle des nombres sur l'axe où chaque rationnel est entouré d'irrationnels, et chaque irrationnel de rationnels. On peut également penser à la manière dont Anaxagore conçut la richesse des possibilités créatrices de l'Univers : toute chose contient, en toutes ses parties, jusqu'aux plus infimes, une multiplicité infinie de germes qualitativement différents intimement mélangés. Ici aussi, toute région de l'espace des phases garde une richesse de possibilités qualitativement différentes, reste susceptible d'engendrer des mouvements qualitativement différents.

Cette situation de « mélange intime » des trajectoires de types différents se trouve souvent réalisée en dynamique, à tel point qu'on peut dire qu'elle correspond au cas général. Dès lors, la trajectoire déterministe se révèle un concept d'application très limitée. Dans la mesure où nous sommes incapables, non seulement en pratique mais en principe, de décrire le système à l'aide d'une trajectoire, et où nous devons utiliser une fonction de distribution correspondant à une région finie (si petite soit-elle) de l'espace des phases, nous ne pouvons plus prédire que le destin *statistique* du système.

Insistons sur ce fait : la trajectoire est un concept « global », qui se rapporte en principe à un temps arbitrairement long. Une trajectoire peut sembler périodique pendant un million d'années, puis cesser de l'être. On peut donc aboutir à la conclusion selon laquelle, pour déterminer le type de trajectoire d'un système à stabilité faible, il faudrait un degré de précision infini, par un raisonnement *ad absurdum* : si nous pouvions observer un système dynamique pendant un temps infini, nous saurions sur quel type de trajectoire il est, nous n'aurions besoin d'aucun élément statistique pour prévoir son évolution. Mais observer pendant un temps illimité et « prévoir » une évolution sont évidemment *incompatibles*. L'association des deux activités est en elle-même une réduction à l'absurde de l'idée de prévision déterministe.

Notre ami Léon Rosenfeld aimait dire qu'on ne comprend les concepts que *par leurs limites*. En ce sens, nous pouvons mieux comprendre aujourd'hui la mécanique classique dont la formulation jeta les bases de la science moderne.

Mais comment sommes-nous arrivés à ce point de vue nouveau? Ici, il nous faut évoquer le véritable renouveau de la dynamique au cours de ce siècle. Cette science, qui semble constituer le type même de la discipline achevée, parfaite et close, a en fait connu une transformation très profonde, que nous allons maintenant esquisser.

2. *Le renouveau de la dynamique*

Dans la première partie de cet ouvrage, nous nous sommes attachés à décrire la dynamique telle qu'elle se présentait au XIXe siècle. Les systèmes intégrables étaient alors le modèle de système dynamique. Trouver les « bonnes » coordonnées, telles que les moments correspondants soient simplement des invariants du mouvement, c'est-à-dire telles que toutes les interactions entre les entités en mouvement soient éliminées, semblait la méthode générale à suivre pour analyser les équations du mouvement.

Ce programme simple et global n'a pu être maintenu, et cela sous l'influence de deux grands courants d'idées formulées au XIXe siècle, mais qui ne trouvèrent leur plein développement qu'au XXe siècle.

Le premier trouve son origine dans la théorie cinétique de Boltzmann et la théorie des ensembles de Gibbs. Nous avons vu au septième chapitre de ce livre que, selon la théorie des ensembles, un système est à l'équilibre lorsqu'il est représenté par un ensemble microcanonique, c'est-à-dire lorsque la fonction de distribution ρ qui lui correspond attribue la même probabilité de le représenter à tous les points d'une surface d'énergie donnée. Pour qu'un système tende vers l'équilibre, selon cette conception, il faut donc que la conservation de l'énergie constitue le seul invariant de son évolution : quelles que soient ses conditions initiales, son évolution doit pouvoir le faire passer par n'importe lequel des points de même énergie. Or, pour un système intégrable, l'énergie est loin d'être le seul invariant (chapitre II, 3). L'évolution admet en effet autant d'invariants que le système qui évolue a de degrés de liberté. Dès lors, la trajectoire d'un système intégrable à *N* degrés de liberté ne peut quitter une région de l'espace des phases qui est constituée par l'intersection des *N* surfaces, chacune définie par un des *N* invariants. Le système est donc « prisonnier » dans une fraction très petite de la surface à énergie constante *(figure 13)*.

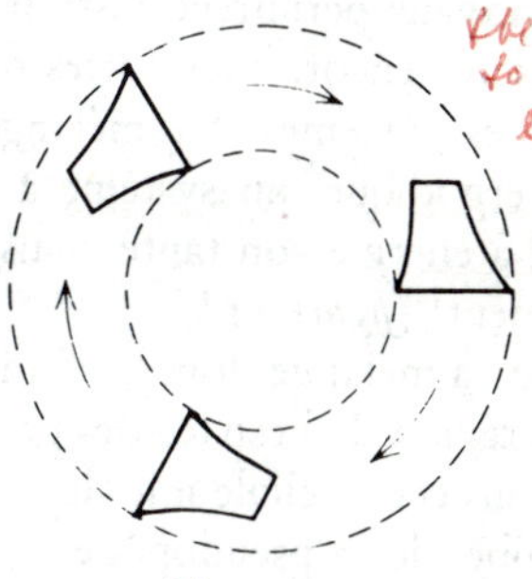

Figure 13

Représentation de l'évolution typique dans l'espace de phase du volume initial contenant les points représentatifs d'un système intégrable. Le volume initial garde sa forme, et son évolution le maintient dans une région limitée de l'espace des phases.

Maxwell et Boltzmann introduisirent donc l'idée d'un type de système dynamique tout différent, dont l'évolution parcourrait la totalité de la surface à énergie constante, le système « ergodique » *(figure 14)*.

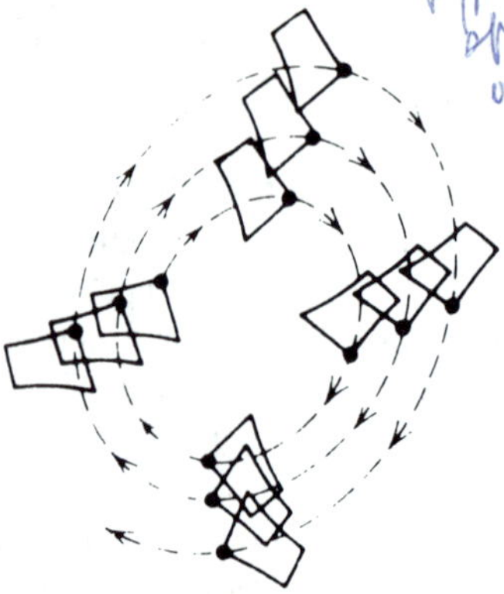

Figure 14

Représentation de l'évolution typique dans l'espace des phases du volume initial contenant les points représentatifs d'un système ergodique. Le volume garde sa forme mais sa trajectoire en spirale le mène à balayer la totalité de l'espace.

C'est seulement à partir des années 1930, avec les travaux de Birkhoff, Von Neumann, Hopf, entre autres, que l'idée de système ergodique prit une forme mathématique précise, et trouva des applications dans des branches nombreuses des mathématiques et de la physique. Ces travaux permirent aussi de définir des systèmes possédant des propriétés encore plus fortes que celles du système ergodique : ce sont les systèmes « à mélange » ; non seulement, comme un système ergodique, un système à mélange parcourt la totalité de la surface à énergie constante, mais il s'y répand jusqu'à la couvrir uniformément[1] *(figure 15)*.

Prenons un système à mélange dont la condition initiale est localisée dans une petite région de l'espace des phases. Au cours de son évolution, nous verrons cette cellule initiale se distordre, envoyer, à la manière d'une amibe, des « pseudopodes » dans toutes les directions, s'étendre en filaments de plus en plus minces et torturés, jusqu'à envahir finalement tout l'espace. Aucun dessin ne peut rendre justice à la complexité de la situation finale. En effet, au cours de l'évolution dynamique d'un système à mélange, deux points aussi voisins que l'on veut dans l'espace des phases, représentant donc

1. Pour un exposé d'ensemble, consulter LEBOWITZ J. et PENROSE O., « Modern Ergodic Theory », in *Physics Today*, février 1973, p. 23-29. Pour une étude plus détaillée, voir BALESCU R., *Equilibrium and Non-equilibrium Statistical Mechanics*, New York, Wiley, 1975.

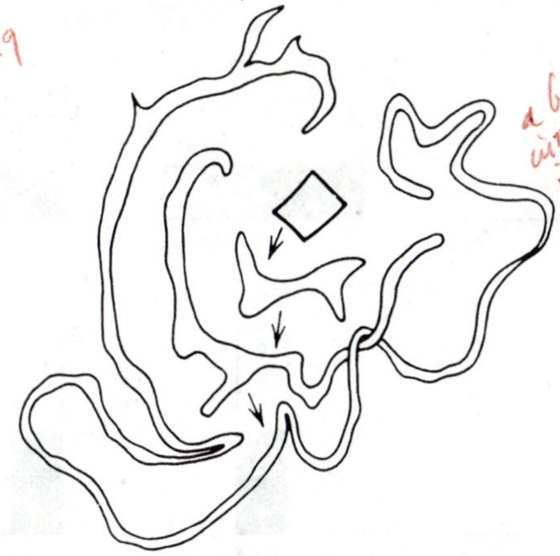

Figure 15

Représentation de l'évolution typique dans l'espace des phases du volume initial contenant les points représentatifs d'un système à mélange. Le volume est conservé mais se déforme et s'étire peu à peu à travers tout l'espace.

deux systèmes aussi semblables que l'on veut, peuvent, à tout moment, s'orienter dans des directions complètement différentes. Même si nous avons beaucoup d'informations sur le système, si la cellule initiale de ses points représentatifs est très petite et de forme simple, son évolution en fait un véritable « monstre » géométrique, étirant ses filaments ténus et ramifiés à travers l'espace des phases.

Donnons un exemple qui permette de saisir la situation à laquelle nous aboutissons, et que caractérise une coexistence remarquable du « hasard » et de la « nécessité ». Cet exemple, purement mathématique, est quelque peu simplifié mais déjà très intéressant. Il s'agit d'une transformation que, pour des raisons d'analogie évidentes, les mathématiciens appellent la « transformation du boulanger »[1] : nous partons d'un carré; en une première opération, comme le ferait un boulanger, nous l'étirons en un rectangle puis nous rabattons la seconde moitié du rectangle au-dessus de la première pour reformer un nouveau carré. Cet ensemble d'opérations est représenté figure 16; il peut être répété autant de fois que l'on veut, et chaque fois la surface du carré est fragmentée et redistribuée. Si le carré en question forme l'espace des phases, nous voyons que la transformation du boulanger transforme chaque point en un nou-

1. Arnold V. I. et Avez A., *Problèmes ergodiques de la mécanique classique*, Paris, Gauthiers Villars, 1967.

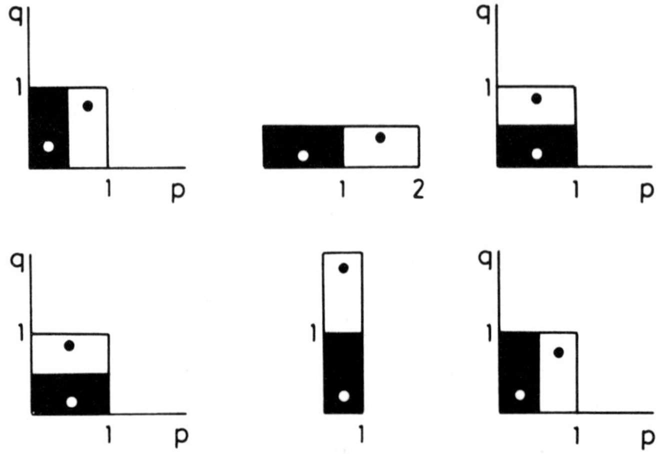

Figure 16

Étapes de la transformation du boulanger (B) et de la transformation inverse (B_{-1}). On suivra les deux taches, qui donnent une idée de la transformation.

$$B\,j(p,q) = j(2p,\ q/2) \text{ si } 0 \leqslant p < 1/2$$
$$= j(2p-1,\ q/2 + 1/2) \text{ si } 1/2 \leqslant p < 1$$
$$B_{-1}j(p,q) = j(p/2,\ 2q) \text{ si } 0 \leqslant q < 1/2$$
$$= j(p/2 + 1/2,\ 2q-1) \text{ si } 1/2 \leqslant q < 1.$$

veau point *bien déterminé*. La figure 17 montre un exemple de la série de points engendrée à partir d'un point initial par la transformation du boulanger. Mais si la succession des points engendrés par la transformation est déterministe, le système a aussi des aspects statistiques irréductibles. Considérons par exemple un système décrit par une condition initiale telle qu'une région A du carré est initialement remplie de manière uniforme de points représentatifs. On peut montrer qu'après un nombre suffisant d'applications de la transformation du boulanger, cette surface, quelle que soit sa dimension et sa localisation, se trouvera fragmentée. Le point essentiel, c'est que *toute région,* quelle que soit sa dimension, contient en conséquence des trajectoires de types différents, les unes se séparant des autres chaque fois que la région est fragmentée. Ainsi, l'évolution d'un point est déterministe mais la description de l'évolution de toute région, aussi petite que l'on veut, a un caractère statistique; on peut seulement parler de la probabilité qu'un système, dont la condition initiale correspond à une région, suive tel ou tel type de trajectoire.

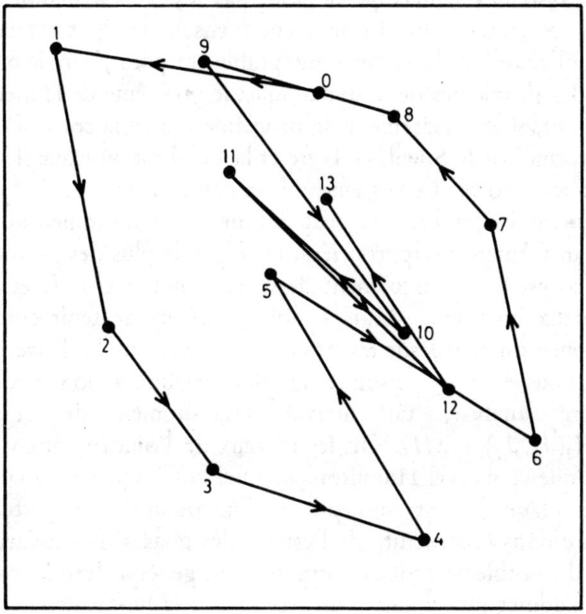

Figure 17

Positions successives d'un point placé initialement en $q = 0{,}5456$ et $p = 0{,}8558$ à la suite de treize transformations du boulanger; les lignes ne sont que des interpolations.

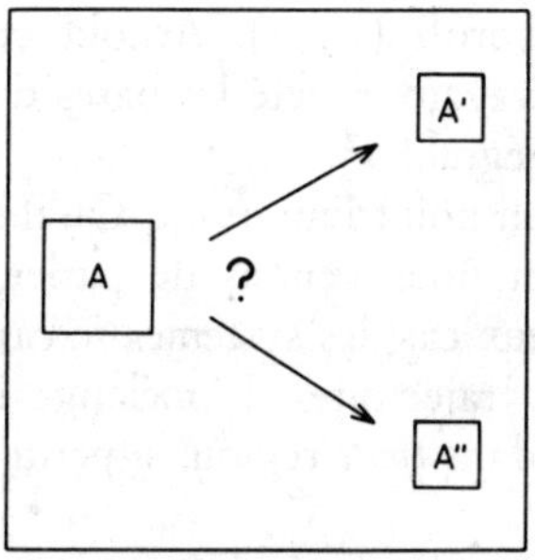

Figure 18

Après fragmentations de la surface *A*, il n'est plus possible de savoir avec déterminisme dans lequel des fragments se trouve un système initialement en *A*.

Les systèmes à mélange ne sont pas les seuls à manifester des propriétés statistiques. Et le second ensemble de travaux qui a mené à l'abandon du système intégrable eut pour cadre le plus classique des problèmes de la dynamique, le problème de la mécanique céleste, et, plus précisément, le problème « à trois corps ». Le système formé par le Soleil, la Terre et la Lune est un exemple de système à trois corps. Le système à deux corps, la Terre et la Lune, est un système intégrable : on peut définir un Hamiltonien qui, après des transformations appropriées, ne dépende plus des positions des deux corps, mais uniquement de deux « moments » J_1 et J_2, qui sont deux invariants. Mais si nous essayons de tenir compte de l'influence du Soleil sur les positions relatives de la Terre et de la Lune, nous devons introduire de nouvelles interactions et donc, en dernière analyse, un nouvel Hamiltonien de la forme $H = H_2(J_1, J_2) + \lambda H_3$. Or, les travaux de Poincaré mirent en évidence que ce nouvel Hamiltonien, aussi faible que soit la constante de couplage λ, est susceptible d'introduire une perturbation majeure dans la structure de l'espace des phases. Les invariants J_1 et J_2 du problème à deux corps sont en général détruits et le système n'admet plus d'autres invariants que H lui-même. Certes certains mouvements gardent leur caractère : le Soleil n'empêche pas la Lune d'avoir une trajectoire périodique; mais d'autres types de trajectoires deviennent possibles et la perspective qu'un jour une trajectoire jusque-là périodique file vers l'infini ne peut plus être exclue. À long terme, le système planétaire est-il stable ? Voilà une question à laquelle la dynamique *ne peut plus répondre avec certitude.*

On peut bien appeler la découverte de Poincaré, à la fin du XIXe siècle, « catastrophe de Poincaré »[1]. Des recherches beaucoup plus récentes de Kolmogoroff (1954), Arnold et Moser ont depuis élargi ces premiers travaux et jeté les bases d'une théorie générale des systèmes non intégrables[2].

Il faut souligner un point important. Qu'il s'agisse des systèmes non intégrables dont nous venons de parler, ou des systèmes à mélange, dans les deux cas, les systèmes se caractérisent par la *stabilité faible* de leurs trajectoires, le mélange intime des différents types de trajectoire dans *toute* région, si petite soit-elle, de l'espace

1. Poincaré H., *Les Méthodes nouvelles de la mécanique céleste*, New York, Dover, 1957, et Whittaker E.T., *A Treatise on the Analytical Dynamics of Particles and Rigid Bodies*, Cambridge, University Press, 1937 (réimprimé en 1965).

2. Moser J., *Stable and Random Motions in Dynamical Systems*, Princeton, University Press, 1974.

des phases. Dans les deux cas, l'opération du passage de l'ensemble à la trajectoire individuelle ne peut être opérée, notre connaissance est confinée à la fonction de distribution ρ. Dans les deux cas, la description en termes des ensembles est irréductible et *doit* servir de point de départ. Les concepts statistiques ne sont plus une approximation par rapport à une « vérité objective » mais le seul outil théoriquement concevable. Le démon de Laplace, face aux systèmes non intégrables, ou aux systèmes à mélange, est aussi impuissant que nous, il n'est pas « plus proche » d'une description déterministe. Le démon de Laplace est mort de ne plus être, en tant qu'observateur précis, le signe de ce vers quoi peut tendre la description physique.

Einstein avait affirmé : « Dieu ne joue pas aux dés ! », et Poincaré, de la même manière, avait rappelé qu'il n'y a pas et ne peut y avoir de jeu de hasard pour un esprit infiniment puissant[1]. Pourtant, c'est Poincaré lui-même qui a indiqué la direction où, aujourd'hui, nous pensons trouver la solution, lorsqu'il remarqua que l'on peut préciser l'idée de jet « au hasard » : lorsqu'on jette un dé, on peut parler de probabilité parce que, à partir de chaque intervalle de condition initiale, aussi petit qu'il soit, il y a autant de trajectoires qui partent vers chacune des faces du dé. Dès lors, Dieu peut, tant qu'il le souhaite, calculer les trajectoires du monde dynamique instable, Il obtiendra le même résultat que s'Il avait évalué les probabilités ; à moins qu'Il ne fasse usage de ses qualités d'omniscience absolue et surnaturelle, celles qu'aucun passage à la limite à partir de nos facultés ne permettent de représenter, et qu'Il parte d'une condition initiale *infiniment* précise.

3. *Des fluctuations au devenir*

Comment, dans cette nouvelle perspective, se présente le problème du devenir ?

Nous venons de voir que la stabilité faible de certains systèmes dynamiques nous impose une description statistique, même dans le cadre de la mécanique classique. Ce résultat est d'autant plus intéressant que de nombreux scientifiques, déroutés par les aspects statistiques de la mécanique quantique, cherchaient à y rétablir la normalité classique, le déterminisme. Il apparaît désormais que cette « normalité » ne constitue qu'un cas très particulier.

1. Poincaré H., « Le hasard », in *Science et méthode*, Paris, Flammarion, 1914, p. 65.

Le moment est maintenant venu de faire appel au langage des opérateurs pour expliciter les propriétés nouvelles des systèmes dynamiques à stabilité faible. Nous avons vu, en effet, que des opérateurs peuvent être introduits dès que la description dynamique complète, en termes de trajectoires, est abandonnée pour une description qui, elle, ne peut être que statistique. Nous avons dit que des opérateurs comme $\partial/\partial p$ et $\partial/\partial q$, par exemple, pouvaient être introduits pour agir sur une fonction de distribution ρ. Mais, pour les systèmes à stabilité forte, la description par la fonction de distribution peut être dépassée au profit de la description déterministe, et les opérateurs abandonnés du même coup. Par contre, la stabilité faible donne aux systèmes dynamiques un caractère aléatoire irréductible, et les opérateurs joueront donc dans la description un rôle qu'aucun passage à une description déterministe ne pourra éliminer.

Nous connaissons déjà un opérateur agissant sur une fonction de distribution classique, c'est l'opérateur de Liouville, qui donne l'évolution dans le temps de cette fonction. Rappelons l'équation de Liouville[1], $i\,\partial\rho/\partial t = L\rho$. Nous avons déjà souligné l'analogie de cette équation avec l'équation de Schrödinger. Dans la perspective traditionnelle de la dynamique, l'opérateur L entretient avec l'Hamiltonien les mêmes rapports que la fonction ρ avec la trajectoire. Il s'agit chaque fois d'un rapport de dépendance à quelque chose de plus « réel », de plus « objectif ». Dans le cas des systèmes à stabilité faible cependant, L ne doit plus être considéré comme une construction déductible de la dynamique hamiltonienne mais comme un concept premier. Et nous pouvons donc nous demander, ce qui n'aurait eu aucun sens dans le cadre hamiltonien, s'il n'est pas possible d'introduire d'autres opérateurs ayant un sens physique important. En particulier, l'opérateur L, comme l'indique l'équation de Liouville, est attaché au changement $\partial/\partial t$; ne pourrait-on trouver aussi un opérateur associé au temps lui-même? L'introduction d'un tel opérateur permettrait de poser de manière nouvelle les relations de l'« être », qu'il décrirait, et du « devenir » décrit par l'opérateur L, et cela pour la même raison logique qui entraînait la non-commutation des couples d'opérateurs q, $\partial/\partial q$ et p, $\partial/\partial p$.

Nous sommes en fait tous familiers de systèmes où le devenir est, par définition, non déductible de la description, aussi détaillée soit-elle, d'un état instantané. Ce sont les jeux de hasard, les dés dont

1. L'opérateur L a la forme $L = i(\partial H/\partial q\ \partial/\partial p - \partial H/\partial p\ \partial/\partial q)$.

nous avons déjà parlé, ou la roulette : dans tous ces cas, l'évolution du système, la trajectoire de la bille ou du dé, ne peut être prédite avec certitude sur la base de sa situation initiale.

Les travaux de notre groupe, et en particulier ceux de Misra, permettent de répondre par l'affirmative à la question posée[1]. Nous pouvons introduire un opérateur « temps » ou « âge », que nous symboliserons par T, à la condition (nécessaire) que la fonction de distribution ρ soit irréductible, qu'elle ne puisse être abandonnée pour une description en termes de trajectoires. Mais, avant de pousser plus loin l'analyse de cette extension de la dynamique, reportons-nous à l'exemple de la transformation « du boulanger » que nous avons introduite, afin d'y montrer comment l'âge d'un système peut être défini.

Considérons une fonction définie sur le carré qui forme l'espace des phases du boulanger. Nous pouvons en particulier considérer une fonction qui ne prenne que deux valeurs, +1 et −1, et dont la somme des valeurs sur tous les points est nulle. De telles fonctions sont appelées « partitions ». Prenons par exemple la première partition représentée figure 19, la partition « à deux tranches ». Cette

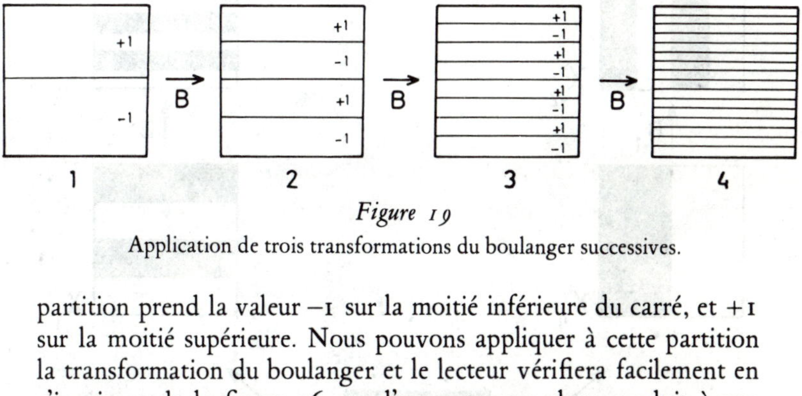

Figure 19

Application de trois transformations du boulanger successives.

partition prend la valeur −1 sur la moitié inférieure du carré, et +1 sur la moitié supérieure. Nous pouvons appliquer à cette partition la transformation du boulanger et le lecteur vérifiera facilement en s'inspirant de la figure 16 que l'on se trouve alors conduit à une partition « à quatre tranches ». Bien entendu, nous pouvons continuer, et engendrer des partitions de plus en plus finement fragmentées.

Comment associer un temps, cette fois un temps *interne*, à de telles partitions ? Il est très naturel de dire que la partition « à deux

1. Pour un exposé plus détaillé et d'autres références à propos de ce qui suit, voir PRIGOGINE I., *From Being to Becoming*, San Francisco, Freeman, à paraître en 1979 (version française à paraître aux Editions Masson en 1980).

tranches » est plus « jeune » que la partition « à quatre tranches ». On voit immédiatement que la notion d'« âge » des partitions se trouve alors liée à leur état de fragmentation, c'est-à-dire précisément à une propriété intrinsèque du système considéré. Citons ici, sans la démontrer, une propriété importante : il existe un ensemble de partitions, appelées partitions fondamentales, telles que *toutes* les partitions sur le carré peuvent s'obtenir à partir de ces partitions par application d'un nombre arbitraire, k, positif ou négatif, de transformations du boulanger. On trouvera aux figures 20, 21 et 22 des schémas où la valeur +1 est attribuée aux points de la région noire, et la valeur −1 aux points de la région blanche. La partition χ_0 est donc identique à la partition « à deux tranches » de la figure 19. La figure 20 montre le passage au moyen de la transformation du boulanger et de son inverse de la partition fondamentale χ_0 aux partitions χ_1, χ_2, χ_{-1}, χ_{-2}, etc... La figure 21 montre comment on peut obtenir d'autres partitions fondamentales plus compliquées à partir de χ_0, des partitions qui ne sont plus « à tranches » mais gar-

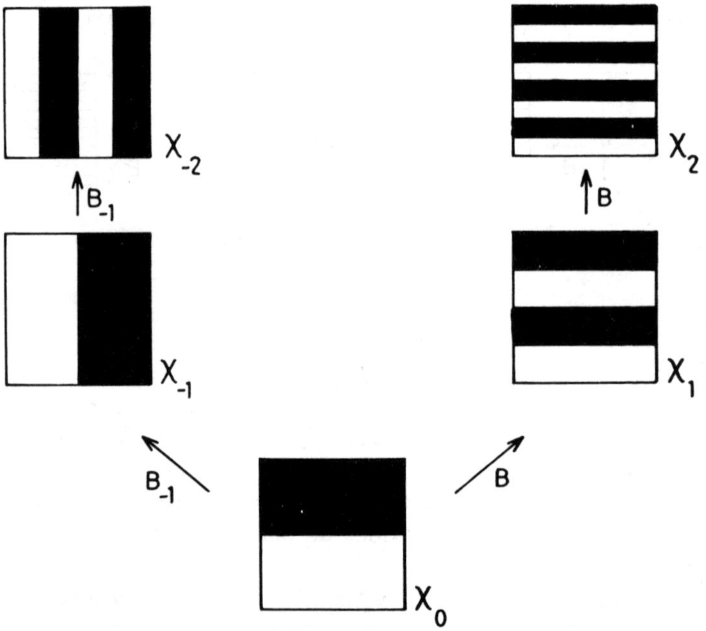

Figure 20

Modifications par des transformations du boulanger, et des transformations inverses, d'une partition fondamentale χ_0

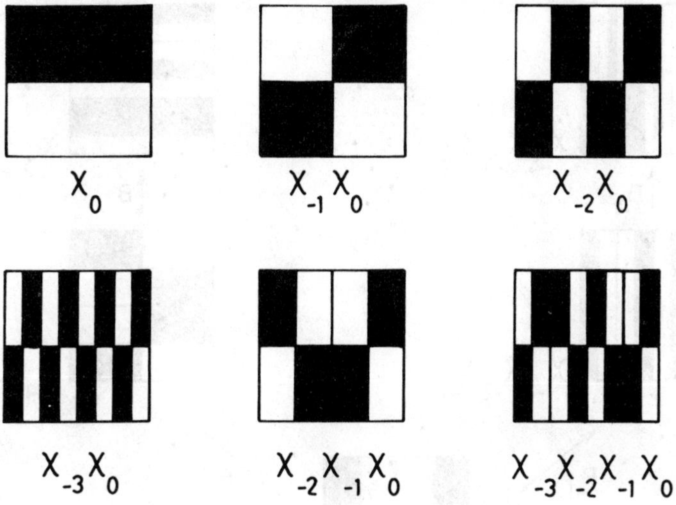

Figure 21

Quelques partitions fondamentales obtenues par multiplication de la partition χ_0 par ses transformées χ_{-1}, χ_{-2}, χ_{-3}, etc. Les règles de la multiplication sont celles de l'arithmétique, pour Blanc = − et Noir = + (+.− = −.+ = −; −.− = +.+ = +).

dent les deux propriétés nécessaires : elles prennent seulement deux valeurs, +1 et −1, et la somme de ces valeurs sur tous les points du carré est nulle. La figure 22 montre comment les transformations du boulanger et leurs inverses font évoluer une partition plus compliquée de ce genre. Toutes les partitions représentées dans les figures 20 et 22 ont donc un âge bien déterminé, calculable par le nombre de transformations qu'il faut appliquer à une partition fondamentale pour les obtenir.

Pourquoi nous sommes-nous ainsi arrêtés à l'étude des partitions ? Parce que le concept d'âge, qui s'introduit très naturellement à leur propos, peut facilement s'étendre de là au cas général d'une fonction de distribution statistique ρ définie sur l'espace des phases. Il faut toutefois noter que, contrairement à la partition, qui ne peut prendre que les valeurs +1 et −1, la fonction de distribution peut prendre toutes les valeurs positives ou nulles (ρ est une probabilité) à la seule condition que la somme sur le carré soit égale à l'unité. Les partitions ne peuvent donc être des distributions, mais nous pouvons passer facilement d'un concept à l'autre. En effet, décomposons ρ en une partie d'équilibre, de valeur uniforme sur le carré

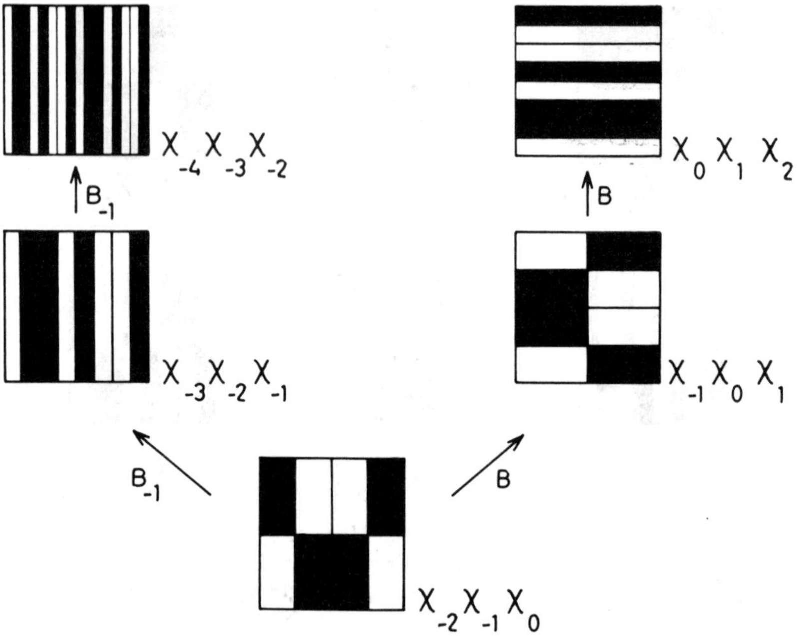

Figure 22

Modifications par B et B_{-1} de la partition fondamentale $\chi_{-2}\chi_{-1}\chi_0$.

(valeur que nous prendrons égale à 1 puisque, dans ce cas simple, la surface de l'espace des phases est égale à 1), et en une partie d'excès, $\bar{\rho}$. Et donc $\rho = 1 + \bar{\rho}$. L'excès $\bar{\rho}$ peut, contrairement à ρ, être négatif aussi bien que positif, à condition que ρ satisfasse les conditions impliquées (ce qui implique que la somme des $\bar{\rho}$ sur le carré est nulle). A chaque partition peut donc correspondre un $\bar{\rho}$, et ces $\bar{\rho}$ auront donc un âge bien déterminé, celui de la partition. Nous pouvons également attribuer cet âge à la fonction de distribution complète ρ $(= 1 + \bar{\rho})$ correspondante. Ainsi, supposons que la distribution d'excès $\bar{\rho}$ soit donnée par la partition 1 de la figure 19. Nous obtenons pour la fonction ρ la répartition donnée à la figure 23. Et il s'agit bien là d'une fonction de distribution statistique puisque ρ est partout positif ou nul, et que la sommation sur le carré donne 1. De même, en partant de la partition 2 de la figure 19, nous obtenons la distribution statistique représentée par la figure 24.

Les distributions des figures 23 et 24 ont donc un âge bien

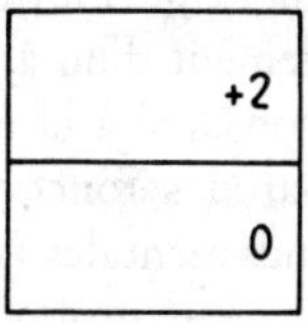

Figure 23
Fonction de distribution construite à partir d'une partition d'âge 1.

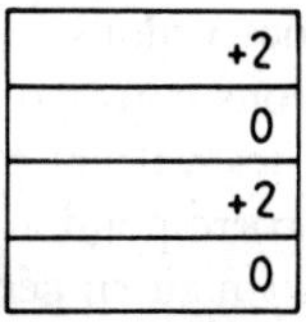

Figure 24
Fonction de distribution construite à partir d'une partition d'âge 2.

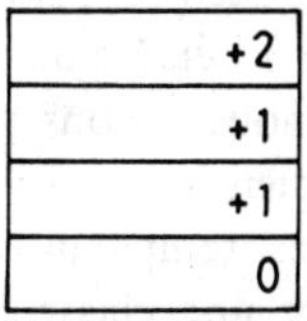

Figure 25
Fonction de distribution construite à partir de la demi-somme d'une partition d'âge 1 et d'une partition d'âge 2.

déterminé, celui des partitions auxquelles correspondent les distributions d'excès. L'âge de la distribution de la figure 23 est 1, celui de la distribution 24, 2. Cependant, le problème n'est pas résolu pour autant car *toute fonction de distribution d'excès ne correspond pas à une partition d'âge bien déterminée.* Nous pouvons construire des $\bar{\rho}$ en combinant des partitions d'âges différents. Prenons par exemple pour $\bar{\rho}$ la demi-somme des partitions 1 et 2 de la figure 19. Nous obtenons sans difficulté la distribution représentée à la figure 25. La fonction ρ répond à nouveau à toutes les exigences, mais elle est faite de deux morceaux d'âges différents, elle n'a donc pas d'âge bien déterminé mais seulement un âge *moyen.*

C'est cette situation qui exige l'introduction d'un âge interne *opérateur*, et non pas simplement d'un âge nombre. Nous avons vu en effet dans le chapitre consacré à la mécanique quantique qu'un opérateur se caractérise par des fonctions propres et des valeurs propres. Les partitions fondamentales (fig. 21) correspondent aux fonctions propres de T à valeur propre 1 ; les partitions obtenues par k applications de la transformation du boulanger sont les fonctions propres à valeur propre $k+1$. Telles sont les règles fondamentales qui fixent la construction de T. Si nous considérons maintenant la fonction de distribution ρ (ou plutôt l'excès $\bar{\rho}=\rho-1$), elle peut, d'après ce que nous venons de voir, être ou non fonction propre de T. Les distributions correspondant aux figures 23, 24 le sont, avec respectivement les valeurs propres 1 et 2; celle de la figure 25 ne l'est pas, elle correspond à un mélange d'âge 1 et 2.

Quoiqu'une distribution ρ n'ait en général pas d'âge défini, nous pouvons l'écrire comme une superposition de parties ayant chacune un âge défini. Nous pouvons dès lors parler d'âge moyen, $\langle T\rangle$, de la distribution, et de fluctuations d'âge liées à $\langle T^2\rangle-\langle T\rangle^2$. L'âge chronologique, l'âge de la dynamique, est un âge conventionnel; ici, nous assistons, sur un exemple simple mais significatif, à la genèse d'un âge interne lié à l'état d'un système.

Bien entendu, nous ne nous serions pas attardés à ce point sur l'exemple amusant mais bien schématique du boulanger si nous n'étions convaincus que ce temps interne qu'il nous permet de découvrir existe aussi pour une classe bien plus générale de systèmes. En fait, nous pensons, quoique nous n'ayons pas encore pu le démontrer, que tous les systèmes chimiques (et, *a fortiori*, tous les systèmes biologiques) possèdent une instabilité dynamique comparable à celle du boulanger: de petits changements dans les conditions initiales peuvent altérer la possibilité de transformations chimiques.

L'exemple du boulanger permet de saisir le point important: la coexistence d'éléments déterministes (la trajectoire) et d'éléments statistiques irréductibles (évolution de régions dans l'espace des phases). C'est cette coexistence qui nous permet de définir ce nouvel opérateur temps agissant sur les fonctions de distribution. Dès que l'on pense opérateurs, on doit se poser la question de leur commutation et des relations d'incertitude qui y sont rattachées. Nous avons vu qu'en mécanique quantique la quantité de mouvement p et la coordonnée q obéissent à une telle relation d'incertitude, la célèbre relation d'Heisenberg. Cette relation ne s'étend pas au temps, qui, usuellement, est un nombre, tant en mécanique quantique qu'en mécanique classique. Pouvons-nous franchir, grâce à ce nouvel opérateur, une étape supplémentaire et introduire une relation d'incertitude qui lie cette fois le temps et le devenir? Un argument qualitatif permet de comprendre qu'il en est bien ainsi. Il suffit de rapprocher le couple opérateur de Liouville L, qui exprime le changement $\partial/\partial t$, et opérateur T du temps, des couples q, $\partial/\partial q$ et p, $\partial/\partial p$, dont nous avons vu (chapitre VIII, section 4) qu'ils ne commutent pas. On peut vérifier que $LT - TL = i$. C'est la nouvelle relation d'incertitude cherchée.

Nous sommes maintenant en face de deux concepts du temps : le temps trajectoire, celui que nous lisons sur nos montres, extérieur à notre organisme et à toute chose naturelle, et qui nous sert à mesurer et à communiquer ; et d'autre part le temps interne, celui qui, dans le cas du boulanger, se mesure au degré de fragmentation des partitions et qui, dans le cas d'organismes vivants, pourrait sans doute se rapprocher de ce qu'on vise sous le concept d'« âge biologique ». Bien entendu, ces deux temps ne peuvent sans contradiction être indépendants, et ils ne le sont pas. Dans le cas du boulanger, par exemple, nous pouvons répéter la transformation toutes les secondes. Une partition correspondant à l'âge k sera transformée en une partition d'âge $k + 1$. Que la distribution d'excès $\bar{\rho}$ soit fonction propre de T ou non (c'est-à-dire qu'elle ait ou non un âge bien déterminé), de toute manière l'âge, ou l'âge moyen $\langle T \rangle$, augmentera d'une unité toutes les secondes. Dans le cas continu la situation reste identique. L'accroissement du temps « chronologique » dt est égal à la variation du temps interne moyen $d \langle T \rangle$.

Nous avions cité, dans l'introduction à ce livre, les lignes célèbres de Newton, ainsi que celles de Bergson à propos du temps. Nous pourrions dire, ici, qu'en un sens, tous deux avaient raison. Il y a bien, comme le voulait Bergson, d'autres temps que celui de la montre, mais ces temps coulent « ensemble » pour définir un devenir universel.

Le nouveau temps interne une fois défini, nous pouvons aller plus loin et, en particulier, introduire un autre opérateur qui correspondra à une « entropie » microscopique, dont la valeur moyenne engendrera le temps thermodynamique. C'est ce que nous allons faire maintenant, et nous arriverons de cette manière à réaliser l'ambition de Boltzmann, donner un sens dynamique précis au second principe de la thermodynamique.

4. *Une complémentarité élargie*

Dans la section précédente, nous avons formulé une relation d'incertitude entre l'évolution temporelle et la définition de l'âge de l'ensemble. Elle implique d'un côté l'opérateur de Liouville *L*. de l'autre ce nouveau temps interne, correspondant à l'opérateur *T*. Comme nous l'avons déjà souligné, cet opérateur temps n'existe pas toujours. La condition de stabilité faible correspondant à un mélange intime des trajectoires est essentielle. Dans le cas où cette condition est satisfaite, nous arrivons à un élargissement conceptuel du cadre de la dynamique, à une dynamique de fonctions de distribution et des opérateurs qui agissent sur celles-ci, et non plus à la dynamique des trajectoires. La description des systèmes simples qui constituaient le modèle de la dynamique du XIXe siècle, le pendule, l'oscillateur, le mouvement planétaire, n'est pas modifiée. Elle reste attachée à la notion de trajectoire, avec tout ce que cela comprend : déterminisme, légalité, réversibilité. Dans ce cas, rien ne nous empêche en effet de passer de la distribution dans l'espace des phases à une trajectoire unique, et il n'y a d'autre temps que le temps de la trajectoire. Le cas général est cependant celui des systèmes dans lesquels la trajectoire unique ne peut plus être invoquée : la seule description possible est alors une description statistique en termes de fonctions de distribution.

Nous donnons ainsi tort à Voltaire qui, de manière fort spirituelle d'ailleurs, écrivait à l'article *Destin* de son *Dictionnaire Philosophique* : « ... tout se fait par des lois immuables, ... tout est arrangé, ... tout est un effet nécessaire... Il y a des gens qui, étant effrayés de cette vérité, en accordent la moitié, comme des débiteurs qui offrent la moitié à leurs créanciers, et demandent répit pour le reste. Il y a, disent-ils, des événements nécessaires, et d'autres qui ne le sont pas. Il serait plaisant qu'une partie de ce qui arrive dût arriver, et qu'une autre partie de ce qui arrive ne dût pas arriver... J'ai nécessairement la passion d'écrire ceci, et toi, tu as la passion de me condamner; nous sommes tous deux également sots, également les jouets de la destinée. Ta nature est de faire le mal, la mienne est d'aimer la vérité, et de la publier malgré toi. »

Les raisonnements a priori, si convaincants soient-ils, peuvent nous tromper. Voltaire raisonnait en newtonien : la nature est toujours conforme à elle-même. Mais aujourd'hui, du point de vue de la physique, nous sommes dans le monde « plaisant » évoqué; nous découvrons avec étonnement la diversité qualitative des situations dont la nature nous donne le spectacle.

Revenons maintenant à notre problème de départ, le problème de Boltzmann, la définition d'une entropie mais au niveau microscopique. Nous avons discuté les difficultés auxquelles ce problème se heurte : l'entropie microscopique ne peut être une simple fonction des coordonnées et des moments, ni une fonctionnelle de ρ dans l'espace des phases.

La discussion du temps opérateur, à la section précédente, nous ouvre une possibilité toute différente : rattacher à l'entropie macroscopique un *opérateur* microscopique. Quel est le sens d'une telle proposition? Il s'agit avant tout d'un lien plus subtil entre ρ et l'entropie microscopique. De la même manière que, pour chercher la probabilité d'une valeur d'une observable en mécanique quantique il faut développer la fonction d'onde en une superposition des fonctions propres de cette observable (chapitre VIII, section 5) il faut, pour attacher une entropie à une distribution ρ, décomposer cette distribution en « fonctions propres » de l'entropie. La distribution ρ ne correspond en général *pas* à une valeur bien déterminée de l'entropie (superposition réduite à une seule fonction propre) mais seulement à sa valeur moyenne, tout comme c'est le cas pour T.

Que devons-nous demander à cet opérateur d'entropie, que nous allons appeler M? Une exigence essentielle, c'est qu'il ne commute pas avec l'opérateur de Liouville, car dans ce cas il serait un invariant du mouvement. Ce qui est exclu puisque M permet de caractériser l'irréversibilité d'un processus, l'évolution de la fonction de distribution vers l'équilibre par l'*augmentation* du fractionnement du volume initial jusqu'à ce que chaque point de la surface microcanonique ait la même probabilité de représenter le système (la fonction de distribution possède alors la même valeur en chacun de ses points). La même fonction ne peut donc être à la fois fonction propre de L et de M. De plus, la relation de commutation entre L et M doit permettre de définir une production microscopique d'entropie, qui doit avoir un signe bien déterminé; nous arrivons ainsi à une relation d'incertitude nouvelle, une complémentarité élargie, $ML - LM \neq 0$. Comme précédemment, complémentarité signifie fluctuations, et, de nouveau, nous ne pouvons construire un tel opérateur que dans les systèmes qui possèdent des éléments aléatoires irréductibles, dont la transformation du boulanger nous a fourni un exemple.

Il existe une relation étroite entre la construction de T, discutée précédemment, et celle de M. Si T existe, M existe aussi : il suffit d'une fonction $M(T)$ positive, qui décroît de manière monotone à mesure que croît le fractionnement mesuré par T, pour avoir une entropie microscopique. Donc tous les systèmes qui admettent ce second temps T, ce temps fluctuant, obéissent au second principe de la thermodynamique. Toutefois, l'inverse n'est pas vrai, M peut exister sans qu'on puisse définir T, mais nous ne pouvons entrer dans ces questions ici.

L'un des points essentiels de cette solution au problème de l'irréversibilité est que les réponses que la dynamique classique avait *effectivement* obtenues — la description des systèmes intégrables en particulier — restent intactes. Elles sont simplement englobées comme cas particuliers dans un ensemble plus vaste. Nous arrivons ainsi à rendre compatibles ces deux données : la validité de la dynamique est garantie par un ensemble d'expériences très précises, mais, d'autre part, il est tout aussi vrai que l'irréversibilité est là, et joue dans la nature un rôle constructif essentiel.

5. *Une nouvelle synthèse*

Les outils que nous venons d'introduire nous permettent de procéder maintenant à une synthèse des différents points de vue. Nous avons vu que l'entropie correspond à un *attracteur*. L'état à entropie maximum « attire » tout système isolé se trouvant dans un autre état, d'entropie moindre. La thermodynamique des phénomènes irréversibles a précisé en termes de grandeurs macroscopiques la nature de cette attraction — c'est le contenu du terme de production d'entropie qui s'exprime comme une fonction des flux (par exemple, flux de chaleur) et de forces (par exemple, gradients de température). La question se posait de savoir si nous pouvons aller plus loin, donner à l'attracteur une interprétation en termes de grandeurs microscopiques.

L'admirable tentative de Boltzmann ne conduisit qu'à un demi-succès, et les essais de la généraliser à l'aide des ensembles de Gibbs semblaient aboutir à une impasse. Nous voyons maintenant que les difficultés provenaient surtout d'une compréhension très incomplète de la dynamique. Une fois les notions de stabilité faible et de complexité de l'évolution dynamique au niveau de l'espace des phases, dégagées, les obstacles s'effacent.

Nous avons dit que les grands thèmes de la science classique se rassemblent autour de la conviction que le microscopique est simple. Cette conviction a été battue en brèche deux fois. Une première fois par la découverte de ce que la simplicité dynamique appartient en fait au monde macroscopique, qu'elle n'est attribuable au phénomène quantique que par la médiation de nos instruments. Une seconde fois, par la découverte que rares sont, en mécanique classique, les cas où l'évolution dynamique est assez simple pour admettre l'idée de trajectoire. L'opérateur microscopique d'entropie peut être construit là où, en ce dernier sens, le microscopique cesse d'être simple.

De la même manière que nous sommes passés de l'opérateur temps à un temps moyen, nous pouvons passer de l'opérateur M à $\mathscr{H}$ que nous définissons comme l'intégrale $\mathscr{H} = \int \rho M \rho \, dq \, dp$. Cette grandeur a bien les propriétés de la fonction $\mathscr{H}$ de Boltzmann, elle diminue jusqu'à ce que le système atteigne un état d'équilibre. Notons que cette définition n'est pas unique. Nous y reviendrons.

La fonction $\mathscr{H}$ introduite par Boltzmann possédait une propriété que semble avoir perdue la grandeur que nous venons de construire; $\mathscr{H} = \int dv f \ln f$ ne dépendait pas de la dynamique, mais seulement de l'état instantané du système tel que le décrit la fonction de distribution des vitesses. Tandis que M, lui, dépend de la dynamique des processus dont le système est le siège. Nous pouvons en fait donner à l'attracteur $\mathscr{H}$ une forme aussi universelle que celle du $\mathscr{H}$ de Boltzmann. Mais nous ne pouvons le faire qu'en quittant la représentation canonique de la dynamique hamiltonienne, en redéfinissant une fonction de distribution $\tilde{\rho}$ par une transformation *qui n'est plus une transformation canonique*, qui ne conserve pas la forme hamiltonienne des équations de mouvement.

Nous comprenons maintenant où se situait Boltzmann : il pensait une description étrangère à la représentation classique, et c'est pour cela que l'équation d'évolution de sa fonction de distribution f possède une symétrie étrangère à celle des équations dynamiques. Il a postulé une représentation que nous pouvons désormais obtenir par une transformation étrangère à la dynamique hamiltonienne (transformation « non unitaire »), qui change la fonction ρ en une nouvelle fonction $\tilde{\rho}$. Cette transformation est engendrée par un opérateur Λ, $\tilde{\rho} = \Lambda \rho$, qui est lié à M par la relation $M = \Lambda^2$. L'équation d'évolution de $\tilde{\rho}$ possède la symétrie postulée par Boltzmann. Nous obtenons grâce à $\tilde{\rho}$ un attracteur de forme universelle $\mathcal{H} = \int (\tilde{\rho})^2 \, dp \, dq$[1].

Comme nous l'avons déjà indiqué, l'expression de l'attracteur en terme de $\tilde{\rho}$ n'est pas unique. Nous pouvons prendre tout aussi bien l'expression voisine de celle de Boltzmann, $\mathcal{H} = \int dq \, dp \, \tilde{\rho} \ln \tilde{\rho}$. Dès lors, cette fois-ci, le fossé entre Boltzmann et la dynamique est bien comblé, non pas par une procédure d'approximation mais par une extension appropriée de la dynamique.

C'est à une nouvelle synthèse que nous aboutissons ici. Une unité inattendue se dessine entre les différentes descriptions temporelles développées par les physiciens au cours des générations successives. Les descriptions dynamiques, probabilistes et macroscopiques apparaissaient comme disparates, sinon contradictoires. Nous pouvons désormais les articuler avec plus de précision. L'un des résultats les plus satisfaisants de la théorie des transformations non unitaires médiées par Λ est précisément que le changement de variables qu'elle entraîne conduit, dans des cas simples, tels que la transformation du boulanger, de l'équation de Liouville, l'équation déterministe par excellence, à une description probabiliste proprement dite (chaîne de Markov), incluant la notion d'irréversibilité. De là, le chemin qui mène aux descriptions macroscopiques de la thermodynamique phénoménologique que nous avons utilisée aux chapitres IV et V est simple; il suffit de prendre des moyennes sur les équations probabilistes. Ce sont ces moyennes qui obéissent aux équations du type équation de Fourier ou équations de cinétique chimique.

L'image que nous venons de décrire, si séduisante qu'elle soit, n'est à ce jour qu'une ébauche. Il faudra encore des années pour en évaluer la portée. Nous ne connaissons pas encore son degré de généralité. Mais qu'il existe des classes de systèmes dynamiques auxquels elle s'applique est déjà un résultat qui nous paraît important.

Qu'en est-il de la mécanique quantique dans cette perspective? Nous pouvons ici préciser quelque peu l'idée présentée au chapitre précédent, selon laquelle h introduit dans la description dynamique une réduction du nombre des variables indépendantes.

Rappelons que dans la théorie des ensembles classiques, nous avons quatre grandeurs fondamentales, q, p, $\partial/\partial q$ et $\partial/\partial p$ (pour un

1. Rappelons simplement que $\int \rho M \rho \, dp \, dq = \int \rho \Lambda \Lambda \rho \, dp \, dq = \int (\tilde{\rho})^2 \, dp \, dq$.

système à un seul degré de liberté) et *deux* relations de non-commutation (pour les couples $q, \partial/\partial q$ et $p, \partial/\partial p$). En théorie classique des trajectoires, il ne reste que les fonctions q et p. Nous n'avons alors plus aucune relation d'incertitude. La mécanique quantique occupe donc une position intermédiaire avec *une seule* relation d'incertitude, entre les opérateurs q_{op} et p_{op} associés aux coordonnées et quantités de mouvement. En somme, la mécanique quantique est « *plus* » déterministe que la théorie classique des ensembles et elle l'est « *moins* » que la théorie classique des trajectoires.

On peut rattacher à la constante de Planck, h, cette position spécifique de la mécanique quantique[1]. Plus précisément, une analyse comparée des opérateurs classiques et quantiques nous permet d'exprimer les opérateurs quantiques en termes de combinaisons des quatre opérateurs classiques fondamentaux, q, p, $\partial/\partial q$ et $\partial/\partial p$. Notons en effet que, h ayant les dimensions d'une action ($q \cdot p$), $h\, \partial/\partial p$ a les dimensions d'une coordonnée q et $h\, \partial/\partial p$, celles d'un moment p. La grandeur h permet en l'occurrence une réduction des quatre grandeurs classiques à deux grandeurs qui remplaceront les notions de coordonnées et de quantité de mouvement, à savoir $q_{op} = q - h/4\pi i\ \partial/\partial p$ et $p_{op} = p + h/4\pi i\ \partial/\partial q$. Une fois admis comme règle fondamentale de substituer ces nouveaux opérateurs aux opérateurs q et p, on retombe tout naturellement sur l'ensemble des règles de la mécanique quantique.

Insistons bien sur le caractère radicalement neuf des notions dynamiques ainsi introduites. Les nouveaux concepts de coordonnées et de quantité de mouvement ne peuvent plus être mesurés simultanément par suite de la relation d'incertitude d'Heisenberg. Nous ne pouvons plus que préparer des ensembles variés, mais aucun ne correspond au « cas pur » de la mécanique classique. L'apparition des dérivées $\partial/\partial q$ et $\partial/\partial p$ dans les définitions de la coordonnée et du moment quantiques, qui implique leur caractère non commutatif, indique l'existence d'une *corrélation* médiée par h dans l'espace des phases. La situation est quelque peu analogue à celle qui existe dans une corde vibrante. Là non plus, nous ne pouvons pas prescrire indépendamment le mouvement de points voisins, sous peine de déchirer la corde.

Dès lors, comme nous l'avons annoncé à plusieurs reprises, méca-

1. GEORGE C. et PRIGOGINE I., *Coherence and Randomness in Quantum Theory*, à paraître en 1979.

nique quantique et dynamique classique des systèmes à stabilité faible se séparent de la dynamique des trajectoires pour des raisons opposées. Dans le cas classique, les trajectoires étaient trop « désordonnées », trop « indépendantes »; dans le cas quantique au contraire, les trajectoires voisines sont corrélées, elles ne peuvent être séparées. Mais dans les deux cas la notion de point dans l'espace des phases n'a plus de sens. Notons enfin que la « cohérence » quantique n'empêche pas les phénomènes irréversibles. Tout au plus implique-t-elle que des conditions plus strictes que les conditions analogues classiques sont nécessaires pour que, à la suite d'une instabilité, la description en fonctions d'onde cesse d'être adéquate.

La physique classique était dominée par un idéal, celui d'une connaissance maximale, complète, qui réduirait le devenir à une répétition tautologique du même. C'était, nous l'avons vu, le mythe fondateur de cette science. Aujourd'hui, la physique des trajectoires n'apparaît plus que comme un îlot cerné par les flots de l'instabilité et de la cohérence quantique. Le problème du temps que nous avons suivi à travers ce livre se présente dès lors sous un jour radicalement neuf. C'est ce « temps retrouvé » que nous allons décrire dans les conclusions.

CONCLUSION

LE RÉENCHANTEMENT DU MONDE

1. *La fin de l'omniscience*

La science est certes un art de manipuler la nature. Mais c'est aussi un effort pour la comprendre , pour répondre à quelques questions que de génération en génération des hommes n'ont cessé de se poser. L'une de ces questions est revenue comme un thème obsédant à travers ce livre; elle obsède l'histoire des sciences et celle de la philosophie. C'est la question de la relation entre l'être et le devenir, entre la permanence et le changement.

Nous avons fait allusion aux spéculations présocratiques, scandées par quelques choix conceptuels décisifs : le changement qui fait naître les choses et qui les fait mourir est-il imposé de l'extérieur à une matière qui y resterait indifférente ? Ou bien est-il le produit de l'activité intrinsèque et autonome de cette matière ? Faut-il évoquer un moteur, ou bien le devenir est-il immanent aux choses ? Au XVIIe siècle, la science du mouvement s'est constituée *contre* le modèle biologique d'une organisation spontanée et autonome des êtres naturels. Elle se trouve dès lors déchirée entre deux possibilités fondamentales. Car si tout changement n'est que mouvement, qu'est-ce qui est responsable du mouvement ? Faut-il avec les atomistes s'en tenir aux atomes dans le vide, à leurs collisions aléatoires, à leurs associations précaires ? Ou bien le responsable du mouvement est-il une « force » extérieure aux masses qui en sont le support ? En fait, cette alternative posait la question de la possibilité de prêter un ordre légal à la nature. La nature est-elle intrinsèquement aléatoire, les comportements réguliers, prévisibles et reproductibles, ne sont-ils que l'éphémère produit d'un hasard heureux ? Ou bien la loi vient-elle d'abord ? Pouvons-nous faire des « forces » imposant à la matière inerte un comportement légal, susceptible de description mathématique, les principes de la physique?

Au XVIIIe siècle, le hasard des tourbillons précaires et spontanés a été vaincu par la loi mathématique immuable; et le monde que régit cette loi n'est plus le monde atomiste où les choses naissent, vivent et meurent dans les aléas d'une prolifération sans but, c'est un monde en ordre, un monde dans lequel rien ne peut se produire qui n'ait, depuis toujours, été déductible de la définition instantanée du système de ses masses.

En fait, la conception dynamique du monde ne constitue pas en soi une nouveauté absolue. Bien au contraire, nous pouvons situer de manière très précise le lieu de son origine : c'est le monde céleste aristotélicien, le monde immuable et divin des trajectoires astronomiques, seul susceptible, selon Aristote, d'une description mathématique exacte. Nous nous sommes fait l'écho de la plainte selon laquelle la science, et la physique en particulier, désenchante le monde. Mais elle le désenchante précisément parce qu'elle le divinise, parce qu'elle nie la diversité et le devenir naturels, dont Aristote faisait l'attribut du monde sublunaire, au nom d'une éternité incorruptible seule susceptible d'être pensée en vérité. Le monde de la dynamique est un monde « divin » sur lequel le temps ne mord pas, d'où la naissance et la mort des choses sont exclues à jamais.

Pourtant, tel n'était pas, apparemment, le projet de ceux que nous appelons les fondateurs de la science moderne; s'ils voulaient briser l'interdit d'Aristote selon lequel les mathématiques s'arrêtent là où commence la nature, ils ne pensaient pas, semble-t-il, découvrir ce faisant l'immuable derrière le changeant, mais bien étendre la nature changeante et corruptible aux confins de l'Univers. Galilée, dans la première journée de son *Dialogue des grands systèmes*, s'extasie que certains puissent penser que la Terre serait plus noble et admirable si le déluge n'y avait laissé qu'une mer de glace ou si elle avait la dureté incorruptible du jaspe : puissent ceux qui pensent que la Terre serait plus belle transformée en globe de cristal rencontrer une tête de Méduse qui les transforme en statues de diamant et les rende ainsi « meilleurs » qu'ils ne sont.

Mais les objets de science que sélectionnèrent les premiers physiciens qui entreprirent de mathématiser les comportements naturels — le pendule idéal à l'oscillation éternelle et conservative, le boulet de canon dans le vide, les machines simples au mouvement perpétuel, et les trajectoires des planètes également, qui sont désormais assimilées à des êtres naturels — tous ces objets à propos desquels fut mené le premier dialogue expérimental se révélèrent susceptibles d'une description mathématique *unique*. Une description qui reproduisait, précisément, la divine idéalité des astres d'Aristote.

Les machines simples de la dynamique, comme les Dieux d'Aristote, ne sont occupées que d'elles-mêmes. Elles n'ont rien à apprendre, bien plus, elles ont tout à perdre, d'un contact quelconque avec le monde extérieur. Elles simulent un idéal que réalisera le *système dynamique*. Nous avons décrit ce système, montré en quel sens il constitue en rigueur un système du monde, ne faisant aucune place à une réalité qui lui serait extérieure. A chaque instant, chacun de ses points sait tout ce qu'il aura jamais à savoir, c'est-à-dire la distribution spatiale des masses et leurs vitesses. Le système est présent à soi partout et toujours : chaque état contient la vérité de tous les autres, et tous peuvent s'entre-prédire quelles que soient leurs positions respectives sur l'axe monodrome du temps. On peut dire qu'en ce sens une évolution dynamique est tautologique. Sourd et aveugle à quelque monde extérieur que ce soit, le système fonctionne seul et tous ses états se valent pour lui.

Les lois universelles de la dynamique des trajectoires sont conservatives, réversibles et déterministes. Elles impliquent que l'objet de la dynamique est connaissable de part en part : la définition d'un état du système, n'importe lequel, et la connaissance de la loi qui régit l'évolution, permettent de déduire, avec la certitude et la précision d'un raisonnement logique, la totalité de son passé comme de son futur.

Dès lors la nature conçue sur le modèle du système dynamique ne pouvait plus être qu'une nature étrangère à l'homme qui la décrit. La seule possibilité ouverte était de se rapprocher du site de la description optimale, où le démon de Laplace, impavide, a depuis toujours déjà calculé le monde passé et futur, après avoir repéré en un instant donné les valeurs des positions et des vitesses de chaque particule.

Nombre de critiques de la science moderne ont mis l'accent sur le caractère de passivité et de soumission que la physique mathématique prête à la nature qu'elle décrit. Et en effet, la nature automate, totalement prévisible, est également manipulable de part en part pour qui sait en préparer les états. Cependant, nous pensons en conclusion de ce livre que le diagnostic ne peut être aussi simple. Certes, « connaître » s'est, au cours des trois derniers siècles, souvent identifié avec « savoir manipuler ». Mais ce n'est pas là toute l'histoire, et les sciences ne se laissent pas ramener sans violence au pur projet de maîtrise. Elles sont aussi dialogue, non pas, bien sûr, échange entre sujets, mais explorations dont le seul enjeu n'est pas le silence et la soumission de l'autre.

Il faut d'abord établir une différence entre la dynamique et d'autres sciences où l'idée de manipulation joue un rôle. La psychologie skinnerienne, par exemple, apprend à manipuler les vivants, qu'elle considère comme des boîtes noires : seules lui importent les « entrées », ce qu'elle contrôle, et les « sorties », les réactions du sujet d'expérience ; de même, la science des machines à vapeur n'eut pas pour ambition d'« entrer » dans la fournaise, mais uniquement de comprendre les corrélations entre les variations de grandeurs mesurables *de l'extérieur*. Par contre, la dynamique épuise l'objet lui-même par un ensemble *d'équivalences qui définissent également et inséparablement des possibilités de manipulation*. Le meilleur exemple est celui de l'inversion des vitesses. Pour identifier la cause et l'effet, ce qui disparaît en déterminant le changement, et le gain équivalent qui constitue le changement, on invoque une manipulation idéale où la vitesse serait instantanément inversée. Le corps regagnerait son *altitude* initiale en perdant l'intégralité de la *vitesse* acquise. L'équivalence fondamentale $mv^2/2 = mgh$, tout à la fois définit *l'objet* dynamique « objectivement » et définit *une manipulation* idéalement possible.

La dynamique réalise donc de manière singulière une convergence entre les intérêts de manipulation et les intérêts de connaissance qui visent à la seule compréhension de la nature. Dès lors, on peut comprendre que la science ait pu paraître dominée par l'ambition de manipuler, mais aussi que cette domination se soit révélée instable, lorsque de nouveaux objets ont attiré l'attention et la curiosité.

De ce point de vue, il n'est sans doute pas de meilleur symbole d'une transformation qui est d'abord celle de nos questions et de nos intérêts, que l'évocation des deux sujets d'admiration de Kant : le mouvement éternel des astres, dans le ciel, et la loi morale, dans son cœur ; deux ordres légaux, immuables et hétérogènes. Nous avons maintenant découvert la violence de l'Univers, nous savons que les étoiles explosent et que les galaxies naissent et meurent. Nous savons que nous ne pouvons même plus garantir la stabilité du mouvement planétaire. Et c'est cette instabilité des trajectoires, ce sont les bifurcations où nous retrouvons les fluctuations de notre activité cérébrale, qui nous sont, aujourd'hui, source d'inspiration[1].

Nous avons essayé de comprendre les processus complexes par lesquels la transformation de nos intérêts, des questions que nous jugeons décisives, a pu entrer en résonance avec les voies de recherche propres à la science, et déterminer dans la cohérence close de ses certitudes l'ouverture que nous venons de raconter. Et c'est parce qu'il s'agissait de modifier la portée de concepts, de faire glisser des problèmes dans un paysage nouveau, d'introduire des questions qui bouleversent la définition des disciplines, bref, parce qu'il s'agissait d'inscrire dans la science l'urgence de préoccupations nouvelles, que l'ouverture a pris les voies multiples et souvent retorses que nous avons décrites.

Peut-être l'histoire de la thermodynamique est-elle, à cet égard, exemplaire.

Nous lui avons donné pour point de départ la formulation de la loi de conduction de la chaleur par Fourier. C'était le premier processus intrinsèquement irréversible à trouver une expression mathématique, et c'est en tant que tel qu'il fit scandale : l'unité de la physique mathématique basée sur les lois de la dynamique éclata à jamais.

La loi de Fourier décrit un processus spontané — la chaleur se répand —, elle ne donne pas le moyen de l'annuler ou de l'inverser, bref de le contrôler. Pour contrôler la chaleur, il faut au contraire *éviter* toute conduction, il faut éviter toute mise en contact de corps à températures différentes. La loi de Fourier décrit en particulier un

1. Les orientations de ce livre épousent donc avec des fortunes diverses les différents courants de la vague culturelle dite structuraliste. Nous retrouvons sans surprise nombre de thèmes qui nous sont familiers chez des auteurs sensibles à la problématique du « moi dissous » (*Là où c'était plusieurs sont venus*). Ce structuralisme statistique ou moléculaire (A. Moles, Cl. Lévi-Strauss, J. Lacan, R. Jakobson) présente une affinité étonnante avec la pointe avancée du grand positivisme des années 1900 (voir p.ex. WUNBERG G., *Der frühe Hofmannstahl*, Stuttgart, W. Kohlhammer Verlag, 1965). Pour les relations logiques fortes qui unissent entre elles les parties mises en jeu dans les analyses d'autres auteurs, nous dirons qu'elles relèvent d'un esprit molaire, qui caractérise ces gros objets culturels que sont les socles épistémologiques de Foucault et les structures cognitives de Piaget (voir à ce propos PRIGOGINE I., « Genèse des structures en physico-chimie », in *Epistémologie génétique et équilibration*, Neuchâtel, Delachaux et Niestlé, 1977). Le problème qui échappe à ces derniers auteurs est de savoir quel rapport les objets pris en compte dans l'analyse (complexes, formes, structures, etc.) sont susceptibles d'entretenir avec des perturbations, bruits, processus, qui leur sont plus ou moins intrinsèques. Le mathématicien dira que c'est le problème du rapport entre les *structures algébriques* et les *grands nombres*. Ces derniers peuvent eux-mêmes être arraisonnés par l'analyse infinitésimale ou échapper à ses calculs d'une manière ou de l'autre : où l'on retrouve la subversion du principe leibnizien de raison suffisante par les énoncés de R. Musil sur le principe de raison insuffisante. Le lecteur ne s'étonnera pas ici de nous voir le renvoyer une nouvelle fois aux travaux de M. Serres.

gaspillage irrémédiable lorsque le problème est d'employer la chaleur pour faire tourner un moteur. C'est pourquoi, le cycle de Carnot, à partir duquel seront formulées les lois de la thermodynamique, peut être ramené à un ensemble de *ruses* pour éviter la conduction irréversible. La thermodynamique s'est donc constituée *à propos* de l'irréversibilité mais aussi *contre* elle, cherchant non pas à la connaître mais à en faire l'économie. Et l'entropie de Clausius décrira d'abord des conversions d'énergies calorifique et mécanique parfaitement contrôlées, intégralement réversibles.

Or, l'histoire, on le sait bien, ne s'est pas arrêtée là, et l'idée que les transformations non contrôlées, sources de pertes, contribuent toujours à augmenter irréversiblement l'entropie, s'est muée en l'affirmation d'une croissance : les processus naturels font croître l'entropie. Il y a là un de ces glissements dont nous avons parlé : l'intérêt pour les processus naturels en tant que tels s'impose dans une problématique d'ingénieur.

Pour la première fois se trouve thématisé non pas le manipulable mais ce qui, par définition, échappe à la manipulation ou ne peut y être soumis qu'avec ruses et avec pertes. Et donc la physique reconnaît que la dynamique — qui décrit la nature comme soumise et contrôlable dans son être — ne correspond qu'à un cas particulier. En thermodynamique, le caractère contrôlable n'est pas naturel, il résulte d'un artifice ; la tendance à échapper à la domination manifeste une activité intrinsèque de la nature ; tous les états ne se valent pas pour elle.

L'irréversibilité, le XIXe siècle ne pouvait sans doute refuser de la reconnaître, lui, tout à la fois hanté par l'épuisement des ressources et transporté par les perspectives de révolution et de progrès. Et le XXe siècle, à son tour, a cherché dans les processus irréversibles une clef à ce que de la nature il désirait comprendre, à ces phénomènes auxquels il lui fallait donner un statut physique — sous peine d'avoir à renoncer à l'idée d'une pertinence de la description physique dans la compréhension de la nature. Si la hantise de l'épuisement, du nivellement des différences productrices, fut déterminante pour l'interprétation du second principe, c'est le modèle biologique qui a constitué la source d'inspiration décisive en ce qui concerne l'histoire qui a suivi : l'abandon de la restriction de la thermodynamique aux systèmes artificiellement coupés du monde, sa métamorphose en une science du monde peuplé d'êtres capables d'évoluer et d'innover, d'êtres dont nous ne pouvons, sauf à les asservir, rendre le comportement prévisible et contrôlable.

La thermodynamique des processus irréversibles a découvert que les flux qui traversent certains systèmes physico-chimiques et les éloignent de l'équilibre, peuvent nourrir des phénomènes d'auto-organisation spontanée, des ruptures de symétrie, des évolutions vers une complexité et une diversité croissantes. Là où s'arrêtent les lois générales de la thermodynamique peut se révéler le rôle constructif de l'irréversibilité; c'est le domaine où les choses naissent et meurent, ou se transforment en une histoire singulière que tissent le hasard des fluctuations et la nécessité des lois.

Nous sommes plus proche désormais de cette nature à propos de laquelle, selon les rares échos qui nous en sont parvenus, s'interrogeaient les présocratiques, et aussi de cette nature sublunaire dont Aristote décrivait les puissances de croissance et de corruption, dont il disait l'intelligibilité et l'incertitude inséparables. Les chemins de la nature ne peuvent être prévus avec certitude, la part d'accident y est irréductible, et bien plus décisive qu'Aristote lui-même ne l'entendait : la nature bifurquante est celle où de petites différences, des fluctuations insignifiantes, peuvent, si elles se produisent dans des circonstances opportunes, envahir tout le système, engendrer un régime de fonctionnement nouveau.

Cette instabilité intrinsèque de la nature, nous l'avons retrouvée à un autre niveau, celui du microscopique. Là, nous cherchions à comprendre quel statut donner à l'irréversibilité, à l'élément aléatoire, à la fluctuation statistique, à toutes ces notions que la science macroscopique venait de réunir en un complexe nouveau. Car dans un monde homogène décrit par les lois usuelles de la dynamique, ou par tout autre système de lois du même type, ces notions n'auraient été qu'approximations, et les perspectives que nous avons introduites, illusions.

L'idée que la physique ne peut définir le mouvement moléculaire comme déterminé, et donc que la description statistique a un caractère irréductible, n'est pas pourtant inconnue en physique. En particulier, comme le remarque l'historien des sciences Brush[1], les hommes de science du XIXe siècle parlent souvent de l'indétermination, de l'irrégularité, du caractère aléatoire des mouvements moléculaires, notamment déjà pour justifier l'usage de raisonnement statistique; Maxwell par exemple, dans l'article « Atom » publié en 1875 dans l'*Encyclopedia Britannica*, écrit que l'irrégularité du mou-

1. BRUSH S., « Irreversibility and Indeterminism : from Fourier to Heisenberg », *Journal of the History of Ideas*, vol. 37, 1976, p. 603-630.

vement élémentaire est nécessaire pour que le système se comporte de façon irréversible. Mais ailleurs, il avait affirmé que l'irrégularité est liée à notre ignorance. De manière générale, l'ambiguïté fut courante entre une indétermination intrinsèque et une indétermination « épistémologique ». Cette ambiguité, on le sait, s'est transformée en opposition avec le problème de l'interprétation du formalisme quantique.

Maxwell lui-même avait pourtant entrevu une clé de la solution que nous pouvons apporter aujourd'hui à ce problème, lorsqu'il parla de l'instabilité du mouvement, des points singuliers où de petites causes produisent des effets démesurés. Mais la dynamique permet aujourd'hui de définir des systèmes où ces points singuliers sont littéralement *partout*, où aucune région de l'espace des phases, aussi petite soit-elle, n'en est dépourvue.

Dès lors, le problème peut être formulé en toute généralité. L'idéal de l'omniscience s'incarne dans la science des trajectoires, et dans le démon de Laplace qui les contemple un instant et les calcule pour l'éternité. Mais les trajectoires qui paraissent si réelles sont en fait des idéalisations : nous ne les observons jamais telles quelles car il faudrait pour cela une observation de précision positivement infinie : il faudrait pouvoir attribuer à un système dynamique une condition initiale ponctuelle, le repérer en un état unique, à l'exclusion de tout autre état *aussi voisin que l'on veut.* Dans les situations auxquelles nous pensons d'habitude, cette remarque est sans conséquence : il importe peu que la trajectoire ne soit définie qu'approximativement; le passage à la limite vers des valeurs bien déterminées des conditions initiales, s'il n'est pas effectivement réalisable, reste concevable et la trajectoire continue à se profiler comme limite vers laquelle tend une série, de précision croissante, de nos observations. Cependant, nous avons rencontré deux types d'obstacle infranchissable à ce passage à la limite, c'est le désordre, le chaos des trajectoires pour les systèmes « à stabilité faible » et la cohérence des mouvements quantiques que détermine la constante de Planck. Dans les deux cas, parce que, respectivement, des trajectoires divergentes se trouvent en un mélange aussi intime que l'on veut, ou parce que, au contraire, elles sont trop solidaires, la définition d'un état ponctuel unique perd son sens, la trajectoire n'est plus seulement une idéalisation mais une idéalisation inadéquate.

Ainsi, la dynamique et la mécanique quantique ont découvert les limites intrinsèques de ce qu'on a appelé la « révolution scientifique », c'est-à-dire le caractère exceptionnel des situations qui furent l'objet du premier dialogue expérimental. Les premiers physiciens avaient fort judicieusement choisi des objets éminemment réductibles à une modélisation mathématique, des objets qui appartiennent tous à la classe assez restreinte des systèmes dynamiques pour lesquels la trajectoire peut être définie avec sens. L'histoire de la physique contemporaine est liée à la découverte de la validité limitée des concepts mis au point à propos de tels systèmes, dont la description peut se donner comme complète et déterministe, à la découverte, au sein même de la physique mathématique, du monde « sublunaire ».

Bien sûr, la fin de l'idéal d'omniscience est la fin d'un problème posé au seul niveau théorique. Nul n'a jamais prétendu être en mesure de prédire les trajectoires d'un système dynamique complexe. Le démon de Laplace lui-même apparaît en introduction d'un traité sur les probabilités. Le démon de Laplace n'était pas la figure de la maîtrise universelle, il ne nous garantissait pas la possibilité de prévoir toutes choses, il nous annonçait que, du point de vue de la *théorie physique*, le futur est contenu dans le présent, le devenir et l'innovation, le monde des processus où nous vivons et qui nous constitue, sont, sinon des illusions, du moins des apparences déterminées par notre mode d'observation.

Au niveau macroscopique comme au niveau microscopique, les sciences de la nature se sont donc libérées d'une conception étroite de la réalité objective, qui croit devoir nier dans ses principes la nouveauté et la diversité au nom d'une loi universelle immuable. Elles se sont libérées d'une fascination qui nous représentait la rationalité comme close, la connaissance comme en voie d'achèvement. Elles sont désormais ouvertes à l'imprévisibilité, dont elles ne font plus le signe d'une connaissance imparfaite, d'un contrôle insuffisant. Elles se sont dès lors ouvertes au dialogue avec une nature qui ne peut être dominée d'un coup d'œil théorique, mais seulement explorée, avec un monde ouvert auquel nous nous appartenons, à la construction duquel nous participons. Cette ouverture, Serge Moscovici a bien su la décrire, c'est elle qu'il a baptisée « révolution keplérienne », par opposition aux révolutions coperniciennes qui maintiennent l'idée d'un point de vue absolu. Nous avons cité, en début de ce livre, des textes qui accusaient la science, l'assimilaient à l'œuvre de désenchantement du monde. Citons maintenant Moscovici lorsqu'il décrit ces sciences qui s'inventent aujourd'hui :

« Les sciences, entraînées dans cette aventure, la nôtre, le sont pour rafraîchir tout ce qu'elles touchent et réchauffer tout ce qu'elles pénètrent, la terre sur laquelle nous vivons et les vérités qui nous font vivre. A chaque tournant on entend, non pas l'écho d'une fin, le glas d'une disparition, mais la voix d'une renaissance et d'un commencement, à nouveaux frais, de l'humanité et de la matérialité un instant figées dans leur éphémère permanence. C'est pourquoi les grandes découvertes ne sont pas, comme celle de Copernic, dérobées sur un lit de mort, mais offertes, comme celle de Kepler, sur le chemin des songes éveillés et des passions bien vivantes[1]. »

Il nous reste maintenant à passer en revue quelques-unes des conséquences de la métamorphose de la science dont nous venons d'esquisser l'histoire.

2. *Le temps retrouvé*

Après plus de trois siècles, la physique a retrouvé le thème de la multiplicité des temps.

On attribue souvent à Einstein l'audace d'avoir ramené le temps à une quatrième dimension. Mais Lagrange, et aussi d'Alembert dans l'*Encyclopédie*, avaient déjà avancé que la durée et les trois dimensions spatiales forment un ensemble de quatre dimensions. En fait, affirmer que le temps n'est rien d'autre que le paramètre géométrique qui permet de compter, de l'extérieur, et qu'en tant que tel, il épuise la vérité du devenir de tout être naturel, c'est presque là une constante de la tradition physique depuis trois siècles. Ainsi Emile Meyerson a pu décrire l'histoire des sciences modernes comme la réalisation progressive de ce qu'il regardait comme un préjugé constitutif de la raison humaine : le besoin d'une explication qui ramène le divers et le changeant à l'identique et au permanent, et qui dès lors *élimine le temps.*

A notre époque, c'est bien Einstein qui incarne avec le plus de force l'ambition d'éliminer le temps. Et cela, à travers toutes les critiques, toutes les protestations, toutes les angoisses que soulevèrent ses affirmations absolues. Une scène est bien connue, c'est celle qui prit place à la Société de Philosophie de Paris, le 6 avril 1922[2] Henri Bergson tenta de plaider, contre Einstein, la multiplicité des temps vécus coexistant dans l'unité d'un temps réel, de défendre

1. MOSCOVICI S., « Quelle unité de l'homme? » (cité ici p. 23), p. 297-298.
2. Texte repris dans BERGSON H., *Mélanges,* Paris P.U.F., 1972, p. 1340-1346.

l'évidence intuitive qui nous donne à penser que ces durées multiples participent à un même monde. Qu'on lise la réponse d'Einstein : il rejette sans appel, pour incompétence, le « temps des philosophes », certain qu'aucune expérience vécue ne peut sauver ce que nie la science.

Plus remarquable encore est peut-être l'échange de lettres entre Einstein et le plus intime de ses amis, celui de sa jeunesse à Zurich, Michele Besso[1]. Besso était un scientifique mais, à la fin de sa vie, préoccupé toujours plus intensément de philosophie, de littérature, de tout ce qui tisse la signification de l'existence humaine. Il ne cessa dès lors d'interroger Einstein : qu'est-ce que l'irréversibilité ? quelle est sa relation avec les lois de la physique ? Et Einstein lui répondit, avec une patience qu'il ne montra que pour ce seul ami : l'irréversibilité n'est qu'une illusion, suscitée par des conditions initiales improbables. Ce dialogue sans issue se répéta jusqu'à ce que dans une dernière lettre, à la mort de Besso, Einstein écrive : « Michele m'a précédé de peu pour quitter ce monde étrange. Cela n'a pas d'importance. Pour nous autres, physiciens convaincus, la distinction entre passé, présent et futur n'est qu'une illusion, même si elle est tenace. »

La physique, aujourd'hui, ne nie plus le temps. Elle reconnaît le temps irréversible des évolutions vers l'équilibre, le temps rythmé des structures dont la pulsion se nourrit du monde qui les traverse, le temps bifurquant des évolutions par instabilité et amplification de fluctuations, et même ce temps microscopique que nous avons introduit au dernier chapitre et qui manifeste l'indétermination des évolutions physiques microscopiques. Chaque être complexe est constitué par une pluralité de temps, branchés les uns sur les autres selon des articulations subtiles et multiples. L'histoire, que ce soit celle d'un être vivant ou d'une société, ne pourra plus jamais être réduite à la simplicité monotone d'un temps unique, que ce temps monnaie une invariance, ou qu'il trace les chemins d'un progrès ou d'une dégradation. L'opposition entre Carnot et Darwin a fait place à une complémentarité qu'il nous reste à comprendre dans chacune de ses productions singulières.

La découverte de la multiplicité des temps n'est pas une « révélation » surgie soudain de la science ; bien au contraire, les hommes de science ont cessé aujourd'hui de nier ce que, pour ainsi dire,

1. *Correspondance Albert Einstein-Michele Besso, 1903-1955*, Paris, Hermann, 1972.

chacun savait. C'est pourquoi l'histoire de la science négatrice du temps fut aussi une histoire de tensions sociales et culturelles.

Ce qui, à l'origine, avait été un pari audacieux contre la tradition aristotélicienne dominante se mua d'abord progressivement en une affirmation dogmatique dirigée contre tous ceux — chimistes, biologistes, médecins, par exemple — qui cherchaient à faire respecter la diversité qualitative de la nature. Mais à la fin du XIXe siècle, l'affrontement n'était plus là ; il ne se situait plus tant entre les scientifiques, désormais organisés en disciplines académiques différenciées, qu'entre « la science » et le reste de la culture, en particulier, la philosophie. Il est d'ailleurs permis de voir dans certaines oppositions presque hiérarchiques établies à l'intérieur de doctrines philosophiques de cette époque un témoignage de l'affrontement avec le dogmatisme du discours scientifique. Ainsi, le « temps vécu » des phénoménologues, ou l'opposition entre le monde objectif de la science et le *Lebenswelt* qui doit lui échapper, pourraient devoir certains de leurs traits à la nécessité de définir un bastion ultime contre les ravages de la science. Nous avons décrit les prétentions de la science comme liées à l'un de ses états historiquement et intellectuellement circonscrits, mais pour certains, c'est d'enjeux absolus qu'il s'agissait, où il était question de la vocation ou du destin de l'homme, d'affrontements où se jouait le salut ou la perte de l'homme. Ainsi, Gérard Granel ne rappelle-t-il pas que, selon Husserl, la philosophie, méditation de l'enracinement originaire de toute expérience, est en lutte contre un oubli qui exposerait l'humanité moderne à habiter, avec toutes ses sciences et ses efficiences, dans le monument en ruine de la philosophie — qui pour Husserl a *fait* le monde européen et sa science — comme les bandes de singes dans le temple d'Angkor[1] ?

Il y a tout un ensemble d'oppositions, celle entre apparence et réalité — avec la question de qui, de la science ou de la philosophie, en sera le juge —, celle entre savoir et non-savoir, celle entre préjugés aveugles et savoir produit par une rupture ou par une ascèse, celle entre science des fondements et science de l'épiphénomène, qui structurent le terrain d'un affrontement par rapport auquel nous voudrions aujourd'hui prendre toute la distance possible. En tout état de cause, les physiciens ont perdu, quant à eux,

1. Article « Husserl » dans l'*Encyclopedia Universalis*, Paris 1971, repris avec « La crise de l'humanité européenne et la philosophie » de Husserl par les republications Paulet, Paris, 1975. Ce petit fascicule témoigne de ce que l'idée de « mission humaine de l'Occident » n'est pas l'apanage des seuls scientistes.

tout argument *théorique* pour revendiquer un quelconque privilège, d'extra-territorialité ou de préséance. Comme scientifiques, ils appartiennent à la culture à laquelle ils contribuent à leur tour.

3. *Acteurs et spectateurs*

Ici encore, c'est peut-être l'histoire d'Einstein qui donne à comprendre de la manière la plus dramatique le sens de la transformation subie par la physique au cours de ce siècle. C'est Einstein, en effet, qui, le premier, découvrit la fécondité des *démonstrations d'impossibilité*, lorsqu'il fit de l'impossibilité de transmettre une information à une vitesse supérieure à celle de la lumière la base de l'exclusion de la notion de simultanéité absolue à distance, et construisit sur l'exclusion de cette « inobservable » la théorie de la relativité. Einstein lui-même voyait dans cette démarche l'équivalent de la démarche qui fonda la thermodynamique sur l'impossibilité d'un mouvement perpétuel. Mais certains de ses contemporains, comme Heisenberg, virent bien la portée de la différence entre les deux impossibilités; dans le cas thermodynamique, une certaine *situation* est définie comme absente de la nature; dans le cas de la relativité, c'est une *observation* qui est définie comme impossible, c'est-à-dire un type de communication entre la nature et celui qui la décrit. Et c'est en suivant, malgré Einstein, l'exemple d'Einstein qu'Heisenberg fonda le formalisme quantique sur l'exclusion des grandeurs définies par la physique comme inobservables.

Merleau-Ponty avait affirmé, dans ses Résumés de cours[1] que les découvertes « philosophiques » de la science, ses transformations conceptuelles fondamentales, proviennent souvent de *découvertes négatives*, occasion et point de départ d'un renversement de perspective. Les démonstrations d'impossibilité, que ce soit en relativité, en mécanique quantique ou en dynamique, nous ont enseigné qu'on ne pouvait décrire la nature « de l'extérieur », en pur spectateur. La description est une communication et cette communication est soumise à des contraintes très générales, que la physique peut apprendre à reconnaître parce que ces contraintes nous identifient comme êtres macroscopiques, situés dans le monde physique. Les théories physiques présupposent désormais la définition des possibilités de communication avec la nature, la découverte des questions

1. Merleau-Ponty M., *Résumés de Cours 1952-1960*, Paris, Gallimard, 1968, p. 119.

qu'elle ne peut entendre — à moins que ce soit nous qui ne puissions entendre ses réponses à ce sujet.

La nature même des arguments théoriques par lesquels nous explicitons la nouvelle position des descriptions physiques manifeste le double rôle, d'acteur et de spectateur, qui nous est désormais assigné. Ainsi, même en théorie dynamique des systèmes à stabilité faible, ou en mécanique quantique, nous continuons à faire référence aux notions de point dans l'espace des phases et de trajectoires, qui nous définissent nous-mêmes comme spectateurs, mais c'est pour préciser aussitôt en quoi il s'agit dans les deux cas d'idéalisations inadéquates. Nous aboutissons ici à certains thèmes associés à l'« idéalisme » mais il est très remarquable que les exigences les plus déterminantes dans l'adoption de la nouvelle position conceptuelle que nous venons de décrire, soient celles usuellement associées avec le « matérialisme » : comprendre la nature de telle manière qu'il n'y ait pas d'absurdité à affirmer qu'elle nous a produits.

Il est possible de situer notre double rôle d'acteur et de spectateur dans un contexte qui explicite la situation de la connaissance théorique telle que l'évolution de la physique nous permet aujourd'hui de la concevoir. Nous voudrions mettre à jour l'articulation cohérente aujourd'hui possible de ce que la science classique opposait, à savoir l'observateur désincarné et l'objet décrit depuis une position de survol. Bien entendu, dépasser cette opposition, montrer que désormais les concepts physiques contiennent une référence à l'observateur ne signifie absolument pas que cet observateur doive être caractérisé d'un point de vue « biologique », « psychologique » ou « philosophique ». La physique se borne à lui attribuer le type de propriété qui constitue la condition nécessaire à tout rapport expérimental à la nature, la distinction entre le passé et le futur, mais l'exigence de cohérence mène à chercher si la physique peut également retrouver ce type de propriété dans le monde macroscopique.

Partons donc, par exemple, de cet observateur. Nous venons de le dire, la seule chose qui est requise de lui est une activité orientée dans le temps, sans laquelle aucune exploration de l'environnement — et, *a fortiori*, aucune description physique réversible ou irréversible — n'est concevable : la définition même d'un appareil de mesure, ou la préparation d'une expérimentation, nécessite la distinction entre « avant » et « après », et c'est parce que nous savons l'irréversibilité du devenir que nous pouvons reconnaître le mouvement réversible, le changement simple, réductible à une équivalence réversible entre cause et effet. Mais la dynamique classique constitue à son tour un point de départ. Car les lois dynamiques réversibles constituent *pour nous* le centre de référence de la mathématisation de la nature. Le monde légal des trajectoires réversibles reste donc au cœur de notre physique; il constitue une référence conceptuelle et technique nécessaire pour définir et décrire le domaine où l'instabilité permet d'introduire l'irréversibilité, c'est-à-dire une rupture de la symétrie des équations par rapport au temps. Cependant le monde réversible n'est plus alors qu'un cas particulier, et la dynamique, équipée de l'opérateur entropie qui permet de décrire le monde complexe des processus, se trouve à son tour prise comme point de départ : elle peut, au niveau macroscopique, engendrer la monotone inertie des états d'équilibre — états moyens produits par compensation statistique — mais elle peut aussi engendrer la singularité des structures dissipatives nées d'un écart à l'équilibre, et finalement l'histoire, le chemin évolutif singulier que scande une succession de bifurcations. A propos d'une structure formée à la suite d'une telle évolution, on peut affirmer que son activité est le produit de son histoire et contient donc la distinction entre passé et futur. La boucle est donc refermée, le monde macroscopique est à son tour capable de nous fournir le point de départ dont nous avions besoin pour toute observation. Résumons ce schéma circulaire :

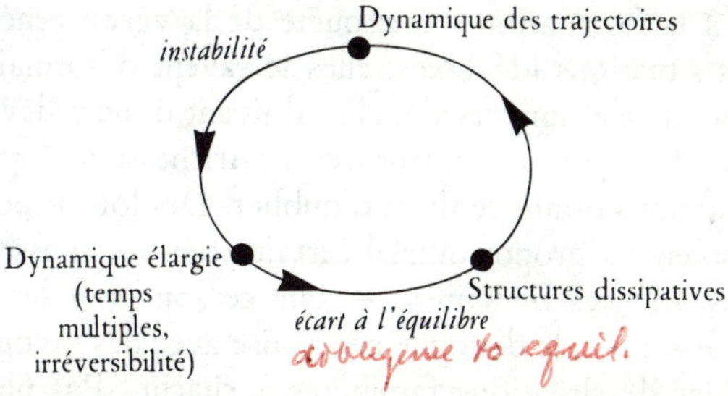

A la réversibilité tout idéale de la dynamique classique s'opposent deux styles de devenir que permet de penser l'irréversibilité à laquelle la dynamique élargie donne sens. L'un, suspendu au passé, court au plus probable vers l'équilibre; l'autre est ouvert à un avenir plus proprement historique, c'est celui des structures dissipatives qui constituent la chance des singularités aléatoires. Mais aucune nécessité logique n'imposait que, dans la nature, des structures dissipatives existent effectivement; il a fallu le « fait cosmologique » d'un univers capable de maintenir certains systèmes loin de l'équilibre pour que le monde macroscopique soit un monde peuplé d'« observateurs », c'est-à-dire une *nature*. Ce schéma ne traduit donc pas une vérité d'ordre logique ou épistémologique, mais la vérité de notre situation d'êtres macroscopiques dans un monde maintenu loin de l'équilibre. Il traduit aussi la vérité historique de *notre* physique qui s'est constituée à propos de la description de comportements réversibles et déterministes, et leur attribue aujourd'hui non plus le rôle de réalité fondamentale mais encore celui de cadre de référence. Il nous semble essentiel que ce schéma ne suppose aucun mode ou moment fondamental : chacun des trois modes est embarqué dans la chaîne des implications, ce qui traduit le type nouveau de cohérence interne à laquelle peut prétendre la physique contemporaine.

Le schéma que nous venons de décrire articule des descriptions dont chacune avait, anciennement, prétendu à la prééminence. De manière plus générale, lorsqu'il s'agit des descriptions des systèmes complexes, vivants et sociaux auxquels nous nous intéressons aujourd'hui, il est clair qu'une description « en survol » est plus que jamais exclue, et que tout modèle théorique présuppose le choix de la question.

C'est là une leçon de sagesse qu'il est important de souligner. Aujourd'hui, en effet, les sciences dites « exactes » ont pour tâche de sortir des laboratoires où elles ont peu à peu appris la nécessité de résister à la fascination d'une quête de la vérité générale de la nature. Les situations idéalisées, elles le savent désormais, ne leur livreront pas de clef universelle, elles doivent donc redevenir enfin « sciences de la nature », confrontées à la richesse multiple qu'elles se sont longtemps donné le droit d'oublier. Dès lors se posera pour elles le problème à propos duquel certains ont voulu asseoir la singularité des sciences humaines — que ce soit pour les élever ou pour les abaisser —, le dialogue nécessaire avec des savoirs préexistants au sujet de situations familières à chacun. Pas plus que les sciences de la société, les sciences de la nature ne pourront plus, alors, oublier l'enracinement social et historique que suppose la familiarité nécessaire à la modélisation théorique d'une situation concrète. Il importe donc plus que jamais de ne pas faire de cet enracinement un obstacle, de ne pas conclure de la relativité de nos connaissances à un quelconque relativisme désenchanté. Dans sa réflexion sur la situation de la sociologie, Merleau-Ponty avait déjà souligné cette urgence, l'urgence de penser ce qu'il appelait une « vérité dans la situation » :

« Tant que je garde par-devers moi l'idéal d'un spectateur absolu, d'une connaissance sans point de vue, je ne puis voir dans ma situation qu'un principe d'erreur. Mais si j'ai une fois reconnu que par elle je suis enté sur toute action et toute connaissance qui puisse avoir un sens pour moi, et qu'elle contient, de proche en proche, tout ce qui peut *être* pour moi, alors mon contact avec le social dans la finitude de ma situation se révèle à moi comme le point d'origine de toute vérité, y compris celle de la science, et, puisque nous avons une idée de la vérité, puisque nous sommes dans la vérité et ne pouvons pas en sortir, il ne me reste plus qu'à définir une vérité dans la situation[1]. »

Ainsi la science s'affirme aujourd'hui science *humaine*, science faite par des hommes pour des hommes. Au sein d'une population riche et diverse de pratiques cognitives, notre science occupe la position singulière d'écoute poétique de la nature — au sens étymologique où le poète est un fabricant —, exploration active, manipulatrice et calculatrice mais désormais capable de respecter la nature qu'elle fait parler. Il est probable que cette singularité continuera à soulever l'hostilité de ceux pour qui tout calcul, toute manipulation sont suspects, mais non plus celle que devaient très légitimement susciter certains jugements sommaires de la science classique.

4. *Un tourbillon dans la nature turbulente*

Nous nous sommes jusqu'ici maintenus dans une problématique proprement scientifique. Cependant, il n'y a aucune raison de nous y limiter; de tout temps, la philosophie a cherché partout où elle pouvait les trouver le chemin de réponses à ses questions, et, de son côté, la physique théorique peut désormais comprendre le sens de certaines questions philosophiques qui se rapportent à la situation de l'homme dans le monde. Nous pouvons, par exemple, commenter la transformation dynamique, depuis le modèle des systèmes stables, dont les trajectoires pouvaient être calculées, jusqu'à la découverte de la stabilité faible, par une double référence philo-

1. Merleau-Ponty M., « Le philosophe et la sociologie », in *Éloge de la philosophie*, collection Idées, Paris, Gallimard, 1960, p. 136-137.

sophique : les monades leibniziennes et le clinamen lucrécien, deux constructions philosophiques parmi celles qui ont été critiquées comme les plus aventurées[1]. Le clinamen, qui trouble « sans raison » les trajectoires des atomes de Lucrèce a souvent été considéré comme absurde et inconséquent; les monades de Leibniz, unités métaphysiques sans communication entre elles, « sans fenêtres par lesquelles quelque chose puisse y entrer ou sortir », ont été qualifiées de « délire logique ».

Or, nous l'avons vu, c'est une propriété de tout système dont les trajectoires sont exactement calculables qu'on puisse lui donner une « représentation privilégiée » : en termes d'entités sans interaction, telles que chacune déploie pour son propre compte, comme si elle était seule au monde, un mouvement pseudo-inertiel. Chacune traduit alors, tout au long de son mouvement, son propre état initial mais coexiste avec toutes les autres en une harmonie préétablie. Dans cette représentation, chaque état de chaque entité, tout en étant parfaitement autodéterminé, reflète en chaque instant l'état de tout le système, dans ses moindres détails. C'est là une définition de la monade leibnizienne. Allons plus loin : une manière rapide de décrire les états stationnaires que constituent les orbites électroniques de l'atome de Bohr, est de dire qu'ils constituent autant de monades.

Nous pouvons désormais traduire la propriété physique découverte par la dynamique hamiltonienne sous cette forme : tout système intégrable, au sens défini chapitre II, sect. 3, admet une représentation monadique. Et inversement, la monadologie leibnizienne peut être traduite en langage dynamique : *l'Univers est un système intégrable.*

Faut-il parler de coïncidence? L'équivalence mathématique entre la *représentation newtonienne*, qui fait appel aux masses et aux forces, et la *représentation monadique* où chaque unité déploie en une évolution spontanée la loi interne de son comportement, n'est-elle pas au fond la traduction, sous forme de propriété physico-mathématique, du fait que toutes deux reposent sur le même choix philosophique : la prééminence accordée à l'être sur le devenir, à la permanence sur le changement. Leibniz, père de la dynamique, n'ignorait pas sans doute ce que Whitehead a souligné[2] : les forces newtoniennes n'éta-

1. Pour tout ce qui suit, voir aussi PRIGOGINE I., STENGERS I. et PAHAUT S., « La dynamique, de Leibniz à Lucrèce », in *Critique*, vol. 35, janvier 1979, p. 35-55.

2. Renvoyons à ce propos à LECLERC I., *Whitehead's Metaphysics*, Bloomington, Indiana University Press, 1975.

blissent que des relations purement extérieures entre les masses, qui n'en sont que le support indifférent; elles sont incapables de causer un devenir qui ne soit pas éternelle et monotone répétition d'une vérité invariante.

Mais les processus d'absorption et d'émission de photons, source des données expérimentales qui furent à la base de la mécanique quantique, suffisent en eux-mêmes à établir que ce n'est pas là toute l'histoire : ils constituent, entre les orbites électroniques « monadiques », une interaction que nulle transformation formelle ne peut éliminer.

La physique des processus nous mène à introduire une troisième représentation, irréductible aux représentations leibniziennes et newtoniennes, qui ne décrit le changement ni en termes d'unités bien définies mais autonomes et sans interaction, ni en termes d'unités mal définies (puisqu'il y a de l'énergie potentielle « entre » elles) et de leurs interactions. La troisième représentation décrit des unités réelles (photons, électrons) qui, par définition, participent à des processus dissipatifs non éliminables par transformation. Ces unités, contrairement aux simples « supports de forces » newtoniens, supposent l'interaction irréversible avec le monde, leur existence physique elle-même est définie par le devenir auquel elles participent[1].

Sans poursuivre plus loin dans ces perspectives nouvelles, nous proposons, afin de reconnaître la convergence entre théorie physique et doctrine philosophique à propos de l'articulation entre être et devenir, d'appeler cette troisième représentation la représentation « whiteheadienne ». Whitehead a écrit :

« L'élucidation du sens de la phrase "toutes choses fluent" est l'une des tâches majeures de la métaphysique[2]. » Physique et métaphysique se rencontrent aujourd'hui pour penser un monde où le processus, le devenir, serait constitutif de l'existence physique et où, contrairement aux monades leibniziennes, les entités existantes pourraient interagir, et donc aussi, naître et mourir.

Une autre interrogation philosophique que nous pouvons relire est celle du matérialisme dialectique, et de sa recherche de lois universelles auxquelles répondrait le devenir dialectique de la nature. Comme pour les matérialistes qui voulaient concevoir une nature

1. Ces perspectives sont développées dans PRIGOGINE I., *From Being to Becoming*, à paraître, San Francisco, Freeman, 1979.

2. WHITEHEAD A. N., *Process and Reality*, p. 240-241.

capable d'histoire, les lois de la mécanique ont été pour nous un obstacle, mais nous ne les avons pas déclarées fausses au nom d'un autre type de lois universelles. Bien au contraire, alors que nous avons découvert les limites de leur champ d'application, nous leur avons conservé leur caractère fondamental; elles constituent la référence technique et conceptuelle qui nous est nécessaire pour décrire et définir le domaine où elles ne suffisent plus à déterminer le mouvement.

Ce rôle de la référence à un monde légal et en ordre, et, plus techniquement, à la théorie monadique des évolutions parallèles, c'est précisément le rôle que joue la chute, elle aussi parallèle, légale et éternelle, des atomes lucréciens dans le vide infini. Nous avons déjà parlé du clinamen et de l'instabilité des flux laminaires. Se présente ici la possibilité d'une interprétation moins liée à tel ou tel phénomène physique particulier. Comme l'a montré Serres[1], la chute infinie constitue un *modèle* pour penser la genèse naturelle, le trouble qui fait naître les choses. Sans le clinamen, qui vient perturber la chute verticale et permet des rencontres, voire des associations entre atomes jusque-là isolés, chacun dans sa chute monotone, aucune nature ne pourrait être créée, car seuls se perpétueraient les enchaînements entre cause et effet équivalents, sous le règne des lois de la fatalité (*foedera fati*) : *Denique si semper motus connectitur omnis et uetere exoritur (semper) nouus ordine certo nec declinando faciunt primordia motus principium quoddam quod fati foedera rumpat, ex infinito ne causam causa sequitur, libera per terras unde haec animantibus exstat*[2]*...?*

Lucrèce, pourrait-on dire, a *inventé* le clinamen, au même sens où on invente des reliques ou des trésors archéologiques : on « sait » qu'ils sont là avant de creuser et de les découvrir effectivement. Et de même, la physique contemporaine a inventé le temps irréversible. Car si seules existaient les trajectoires monotones et réversibles, d'où viendraient les processus irréversibles qui nous créent et dont nous vivons? Nous « savions » que le temps est irréversible et c'est pourquoi la découverte de la stabilité faible des trajectoires de certains systèmes fut source d'innovation, chance saisie d'un élargissement de la dynamique.

1. Serres M., *La Naissance de la physique dans le texte de Lucrèce*, p. 139.

2. Lucrèce, *De la nature*, traduction Ernout A., Paris, Les Belles Lettres, 1972 : « Enfin, si toujours les mouvements sont solidaires, si toujours un mouvement nouveau naît d'un plus ancien suivant un ordre inflexible, si par leur déclinaison les atomes ne prenaient pas l'initiative d'un mouvement qui rompe les lois du destin, d'où vient cette liberté accordée sur terre à tout ce qui respire...? »

Là où les trajectoires cessent d'être déterminées, là où se brisent les foedera fati qui régissent le monde en ordre et monotone des évolutions déterministes, commence la nature. Là commence aussi une nouvelle science, qui décrit la naissance, la prolifération et la mort des êtres naturels. « A la physique de la chute, de la répétition, de l'enchainement rigoureux se substitue la science créative du hasard et des circonstances[1]. » Aux *foedera fati* se substituent les *foedera naturae*, desquels Serres remarque qu'ils désignent aussi bien des « lois » de la nature, liaisons locales, singulières, historiques entre les choses, qu'une « alliance », un contrat avec la nature.

Nous retrouvons ainsi, au sujet de la physique lucrécienne, la liaison que nous avons découverte à l'intérieur du savoir moderne entre les choix décisifs à la base d'une description physique, et une conception philosophique, éthique ou religieuse touchant à la situation de l'homme dans la nature. La physique des enchaînements universels s'oppose à une autre science qui ne lutte plus contre le trouble ou l'indétermination au nom de la loi et de la maîtrise. La science classique des flux, d'Archimède à Clausius, s'oppose à la science des turbulences, des évolutions bifurquantes, à la science qui montre que, loin des canaux, le trouble peut faire naître les choses, et la nature, et les hommes. « La sagesse hellénique atteint ici l'un de ses points majeurs. Où l'homme est dans le monde, du monde, dans la matière, de la matière. Il n'y est pas un étranger, mais un ami, un familier, un commensal et un égal. Il entretient avec les choses un contrat vénérien. Beaucoup d'autres sagesses et beaucoup d'autres sciences sont fondées à l'inverse sur la rupture du contrat. L'homme est un étranger au monde, à l'aube, au ciel, aux choses. Il les hait, il lutte contre elles. Son environnement est un ennemi dangereux à combattre, à maintenir dans l'asservissement ...Epicure et Lucrèce vivent un univers réconcilié. Où la science des choses et la science de l'homme conviennent dans l'identité. Je suis le trouble, un tourbillon dans la nature turbulente[2]. »

5. *Une science ouverte*

Nous pouvons également nous livrer à un autre type de relecture, centrée cette fois autour du mode de développement propre à la science. Nous avons décrit cette dynamique interne de la science en

1. Serres M., *op. cit.*, p. 136.
2. Serres M., *op. cit.*, p. 162.

termes de panoramas assez vastes, de questions sans cesse posées et reposées, de changements au rythme lent. Il y eut peu de réelle irréversibilité dans l'histoire que nous avons racontée, peu de questions définitivement abandonnées, périmées. On compare souvent l'évolution de la science à l'évolution des espèces dans sa description la plus classique : arborescence de disciplines de plus en plus diverses et spécialisées, progrès irréversible et unidirectionnel. Nous aimerions proposer de passer de l'image biologique à l'image géologique, car ce que nous avons décrit est plutôt de l'ordre du glissement que de la mutation. Des questions abandonnées ou niées par une discipline sont passées silencieusement dans une autre, ont resurgi dans un nouveau contexte théorique. Leur parcours, souterrain et de surface, nous semble manifester le sourd travail de quelques questions qui déterminèrent les mises en communication profonde par-delà la prolifération des disciplines. Et c'est souvent aux intersections entre disciplines, à l'occasion de la convergence entre voies d'approches séparées, que sont ressuscités des problèmes que l'on pensait réglés, qu'ont pu insister, sous une forme renouvelée, des questions anciennes, antérieures au cloisonnement disciplinaire.

Il est caractéristique, de ce point de vue, que beaucoup des surprises conceptuelles que produit l'évolution des sciences puissent se voir attribuer l'allure fatale de vengeances à longs termes. La découverte des spectres d'émission et d'absorption qui entraîna l'introduction de la notion d'opérateur quantique, et donc l'éloignement le plus décisif par rapport à la science classique des masses et des trajectoires est en quelque sorte la vengeance des anciens chimistes, qui ne réussirent pas, en leur temps, à faire valoir la spécificité de la matière chimique contre la généralité de la masse. A l'intersection de la dynamique et de la science des éléments chimiques, la question qu'ils posaient a resurgi et n'a plus pu être étouffée. Et Stahl n'est-il pas vengé, lui aussi, puisque, à l'intersection féconde entre physico-chimie et biologie d'où est née la biologie moléculaire, on a entendu affirmer que le seul processus biologique que la physique puisse déduire de ses lois, c'est la décomposition et la mort? Nous avons déjà parlé de la revanche des vaincus de la science newtonienne : l'annonce fatale, au beau milieu du triomphe de cette science, de la loi mathématique de la propagation de la chaleur qui fera pour toujours de la physico-chimie une science irréductible à la dynamique classique, une science des processus.

L'histoire des sciences n'a pas la simplicité attribuée à l'évolution biologique vers la spécialisation, c'est une histoire plus subtile, plus retorse, plus surprenante. Elle est toujours susceptible de revenir en arrière, de retrouver, au sein d'un paysage intellectuel transformé, des questions oubliées, de défaire les cloisonnements qu'elle a constitués, et surtout, de dépasser les préjugés les plus profondément enracinés, même ceux qui semblent lui être constitutifs.

Une telle description se trouve en contraste net avec l'analyse psychosociale par laquelle Thomas Kuhn a récemment rajeuni certains éléments essentiels de la conception positiviste de l'évolution des sciences : évolution vers une spécialisation et un cloisonnement croissants des disciplines scientifiques, identification du comportement scientifique « normal » avec le travailleur « sérieux », « silencieux », qui ne s'attarde pas aux questions « générales » sur la signification globale de ses recherches, et se limite aux problèmes spécialisés de sa discipline, autonomie essentielle du développement scientifique par rapport aux problèmes culturels, économiques et sociaux[1].

Il ne nous appartient pas de mettre en cause le bien-fondé de cette description de l'activité scientifique. En tout état de cause, il nous suffit ici de souligner son caractère partiel et historiquement situé. *Historiquement situé*, cela veut dire que l'activité scientifique correspond d'autant mieux à la description de Kuhn qu'elle est menée dans le contexte des universités modernes où recherche et initiation des futurs chercheurs sont systématiquement associées, c'est-à-dire au sein d'une structure académique dont on peut suivre l'apparition tout au long du XIXe siècle, mais qui était inexistante auparavant. C'est en effet dans cette structure que l'on trouve la clef du savoir implicite, du « paradigme » dont Kuhn fait la base de la recherche normale menée par une communauté scientifique. C'est en refaisant, sous forme d'exercice, les problèmes clefs résolus par les générations précédentes que les étudiants apprennent les théories qui fondent la recherche au sein d'une communauté, mais aussi les critères qui définissent un problème comme intéressant et une solution comme acceptable. La transition d'étudiant à chercheur se fait, dans ce type d'enseignement, sans discontinuité : le chercheur continue à résoudre des problèmes qu'il identifie comme

1. KUHN T., *The Structure of Scientific Revolutions*, 2e édition augmentée, Chicago, The University Press, 1970 ; trad. franç., *La structure des révolutions scientifiques*, Paris, Flammarion, 1970.

essentiellement semblables aux problèmes modèles, en leur appliquant des techniques semblables; simplement, il s'agit de problèmes que nul avant lui n'avait résolus. *Partiel*, cela veut dire que, même à notre époque pour laquelle la description de Kuhn a le plus haut degré de pertinence, elle ne concerne au mieux qu'une dimension de l'activité scientifique, plus ou moins importante selon les chercheurs individuels et le contexte institutionnel où ils travaillent.

C'est à propos de la transformation du paradigme, telle que la conçoit Kuhn, que nous pourrons le mieux préciser cette remarque. Cette transformation revêtirait souvent les allures d'une *crise*: le paradigme, au lieu d'être une norme silencieuse, presque invisible, au lieu d'« aller sans dire », est discuté, mis en question. Les membres de la communauté, au lieu de s'activer avec unanimité à la résolution des problèmes reconnus par tous, posent des questions « fondamentales », interrogent la légitimité de leurs méthodes. Le groupe, que son éducation avait rendu homogène quant à l'activité de recherche, se diversifie, les différences de points de vue, d'expériences culturelles, de convictions philosophiques se font jour et jouent souvent un rôle décisif dans la découverte du paradigme nouveau. L'apparition de celui-ci accroît encore l'intensité des discussions. Les domaines respectifs de fécondité des paradigmes rivaux sont mis à l'épreuve jusqu'à ce qu'une différence, amplifiée et stabilisée par les circuits académiques, décide de la victoire de l'un d'eux. Peu à peu, avec la nouvelle génération de scientifiques, le silence et l'unanimité se réinstallent, de nouveaux manuels sont écrits, et une fois de plus on considère que tout va de soi.

Dans cette optique, le moteur de l'innovation scientifique est précisément le comportement intensément conservateur des communautés scientifiques qui appliquent avec obstination à la nature les mêmes techniques, les mêmes concepts, et finissent toujours par rencontrer de sa part une résistance tout aussi opiniâtre: la nature refuse de s'exprimer dans le langage que supposent les règles paradigmatiques, et la crise que nous venons de décrire éclate avec d'autant plus de force que la confiance était aveugle. Dès lors, toutes les ressources intellectuelles se consacrent à la recherche du nouveau langage autour d'un ensemble de problèmes désormais considérés comme décisifs; à savoir: ceux qui ont suscité la résistance de la nature. Les communautés scientifiques provoquent donc systématiquement des crises, mais c'est dans la mesure où elles ne les recherchent pas.

La question que nous avons choisi de poser à l'histoire des

sciences nous a amenés à explorer des dimensions fort différentes de celles qui intéressent Kuhn. Ce sont surtout les continuités qui nous ont retenus, non pas les continuités « évidentes », mais celles, plus cachées, des questions à propos desquelles certains scientifiques n'ont pas cessé de s'interroger. Il nous semble qu'il ne faut pas chercher à comprendre pourquoi on a continué, de génération en génération, à discuter de la spécificité des comportements complexes, de l'irréductibilité de la science du feu et des transformations de la matière à la description des masses et des trajectoires; la question nous semble plutôt de savoir comment de tels problèmes, les problèmes des Stahl, Diderot, Venel, ont pu se trouver oubliés.

L'histoire de la physique, depuis un siècle, nous montre certes quelques crises qui ressemblent aux descriptions de Kuhn, des crises que les scientifiques subissent sans les avoir recherchées, des crises auxquelles des préoccupations philosophiques ont certes pu servir de déclencheur, mais seulement dans une situation d'instabilité déterminée par la tentative infructueuse d'étendre un paradigme à certains phénomènes naturels. Mais elle nous montre aussi des lignées de problèmes engendrées de manière lucide et délibérée par des préoccupations philosophiques. Et elle établit la fécondité d'une telle démarche. Le scientifique n'est pas voué à se comporter comme un somnambule kuhnien; il peut, sans renoncer pour autant à être un scientifique, *prendre l'initiative*, chercher à intégrer dans les sciences des perspectives et des questions nouvelles.

L'histoire des sciences, comme toute histoire sociale, est un processus complexe, où coexistent des événements déterminés par des interactions locales, et des projets informés par des conceptions globales sur la tâche de la science et l'ambition de la connaissance. C'est aussi une histoire dramatique d'ambitions déçues, d'idées qui échouent, d'accomplissements détournés de la signification qu'ils devaient revêtir. Einstein, encore une fois, peut nous servir d'exemple, lui qui, avec la relativité, la quantification de l'énergie, le modèle cosmologique, porta les premiers coups à la conception classique du monde et de la connaissance, alors que son projet ne cessa jamais d'être le retour à une description universelle, complète et déterministe du monde physique. Ce qui fit le drame d'Einstein, c'est bien cette distance non maîtrisable entre les intentions individuelles des acteurs et la signification effective que le contexte global prête à leurs actions.

6. *L'interrogation scientifique*

Nous venons de plaider pour que le caractère foncièrement ouvert de la science soit reconnu, et pour que, en particulier, la fécondité des communications entre interrogations philosophiques et scientifiques cesse d'être niée par des cloisonnements, ou détruite par un rapport d'affrontement. Nous avons parlé de la « ratification » philosophique des prétentions de la science classique, qui permit à certains philosophes de situer et de figer la démarche scientifique, et de se donner dès lors le droit de l'ignorer. Cette stratégie a été longtemps dominante malgré des protestations comme celle de Maurice Merleau-Ponty lorsqu'il écrivit ce qui, d'un certain point de vue, pourrait constituer la meilleure définition des thèmes et des objectifs de ce livre :

« Le recours à la science n'a pas besoin d'être justifié : quelque conception qu'on se fasse de la philosophie, elle a à élucider l'expérience, et la science est un secteur de notre expérience... il est impossible de la récuser par avance sous prétexte qu'elle travaille dans la ligne de certains préjugés ontologiques : si ce sont des préjugés, la science elle-même, dans son vagabondage à travers l'être, trouvera bien l'occasion de les récuser. L'être se fraye passage à travers la science comme à travers toute vie individuelle. A interroger la science, la philosophie gagnera à rencontrer certaines articulations de l'être qu'il lui serait plus difficile de déceler autrement[1]. »

Mais, si aucun privilège, aucune préséance, aucune limite fixée définitivement n'arrête de manière stable la différence entre interrogations scientifique et philosophique, il n'est pas pour autant question entre elles d'identité ou de substituabilité. Nous pensons qu'il est question de la complémentarité de savoirs qui, dans les deux cas, constituent la traduction, selon des règles plus ou moins rigoureuses, de préoccupations appartenant à une culture et à une époque. La question est donc celle des règles, des méthodes, des contraintes.

Tout au long de ce livre, nous avons exploré quelques-unes des contraintes auxquelles est soumise l'interrogation scientifique. D'une part, le dialogue expérimental limite en lui-même la liberté du scientifique ; celui-ci ne fait pas ce qu'il veut, la nature dément

1. Merleau-Ponty M., *Résumés de cours 1952-1960*, p. 117-118.

les plus séduisantes de ses hypothèses, les plus profondes de ses théories. D'où, entre autres, le rythme lent de la science en ce qui concerne l'exploration conceptuelle, et la tentation sans cesse présente d'extrapoler à l'extrême les « oui » rares et limités qui ont été obtenus de la nature. On a vu que le « triomphe » de la science des trajectoires avait en fait pour borne un problème aussi simple que celui des trois corps. D'autre part, une seconde contrainte, aussi féconde que la première mais plus récemment mise en lumière, est l'interdiction de fonder une théorie sur des grandeurs qui sont définies comme inobservables en principe. C'est là un retournement intéressant. L'objectivité scientifique avait longtemps été définie comme l'absence de référence à l'observateur; elle se trouve désormais définie par une référence indépassable au point de vue humain — une référence à l'homme, ou à la bactérie par exemple, cet autre habitant du monde macroscopique dont le mouvement constitue bel et bien une activité exploratoire puisqu'il suppose l'orientation dans le temps et la capacité de réagir irréversiblement à des modifications chimiques du milieu. Notre science, longtemps définie par la recherche d'un point de vue de survol absolu, se découvre finalement une science « centrée », les descriptions qu'elle produit sont situées, traduisent notre situation au sein du monde physique.

Il est possible que la situation se présente de manière quelque peu différente en philosophie. Nous voudrions, à ce sujet, tenter un bilan et prendre le risque d'une hypothèse. Nous avons, au cours de cette étude, trouvé inspiration auprès d'un certain nombre de philosophes; nous avons cité quelques-uns d'entre eux, qui appartiennent à notre époque, tels Serres ou Deleuze, ou à l'histoire de la philosophie, tels Lucrèce, Leibniz, Bergson et Whitehead. Nous n'avons aucune intention de procéder à un quelconque amalgame mais il nous semble qu'un trait au moins rassemble ceux qui nous ont aidés à penser la métamorphose conceptuelle de la science et ses implications, c'est la tentative de parler du monde sans en passer par le tribunal kantien, sans mettre au centre de leur système le sujet humain défini par ses catégories intellectuelles, sans soumettre leur propos au critère de ce que peut penser, légitimement, un tel sujet. Bref, il s'agit de penseurs précritiques ou acritiques.

Comment évaluer ce fait que nous ayons trouvé inspiration auprès de philosophes d'une pensée non centrée autour du sujet humain pour réfléchir la découverte par la physique contemporaine de son caractère centré? L'hypothèse que nous voudrions proposer est celle-ci : il s'agit pour ces philosophes également d'une démarche *expérimentale*. Non pas une expérimentation sur la nature mais sur les concepts et leurs articulations, une expérimentation dans l'art de poser les problèmes et d'en suivre les conséquences avec la plus extrême rigueur.

Whitehead a clairement exprimé cette conception de l'expérimentation philosophique, avec ses degrés de liberté mais aussi avec ses contraintes propres. Ainsi, la philosophie ne peut recourir à la stratégie qui fonde le dialogue expérimental de la science avec la nature : la stratégie de choix de ce qui est intéressant et de ce qui peut être négligé : « La philosophie détruit sa propre utilité lorsqu'elle se complaît dans l'exploit brillant d'expliquer en niant[1]. »

On voit qu'il ne faut pas, dans notre hypothèse, opposer expérimentations scientifiques et philosophiques comme on opposerait concret et abstrait. Whitehead a même inversé l'opposition, réservant à la philosophie la tâche de produire, par le jeu des concepts, les expériences réelles dans leur richesse concrète. Et Deleuze va jusqu'à parler, à propos d'une telle ambition philosophique, d'*empirisme*. « L'empirisme n'est nullement une réaction contre les concepts, ni un simple appel à l'expérience vécue. Il entreprend au contraire la plus folle création de concepts qu'on ait jamais vue ou entendue. L'empirisme, c'est le mysticisme du concept, et son mathématisme. Mais précisément il traite le concept comme l'objet d'une rencontre, comme un ici-maintenant, ou plutôt comme un *Erewhon* (*N.B.* lieu utopique, et donc à la fois "ici et maintenant" et "nulle part", imaginé par Samuel Butler), d'où sortent, inépuisables, les "ici" et les "maintenant" toujours nouveaux, autrement distribués. Il n'y a que l'empiriste qui puisse dire : les concepts sont les choses mêmes, mais les choses à l'état libre et sauvage, au-delà des "prédicats anthropologiques". Je fais, refais et défais mes concepts à partir d'un horizon mouvant, d'un centre toujours décentré d'une périphérie toujours déplacée qui les déplace et les différencie[2]. » *Erewhon*, inobservable par excellence d'où surgissent les ici et maintenant, la multiplicité des expériences réelles, c'est là, certes, une pensée bien étrange pour nous qui avons fait de l'exclusion de ce qui est inobservable en principe la ressource d'une invention nouvelle. Et pourtant, c'est bien en pensant l'inobservable, monades, clinamen, objets éternels, que, dans certains cas, des philosophes ont « précédé » la science, ont exploré les concepts et

1. WHITEHEAD A. N., *Process and Reality*, p. 20.
2. DELEUZE G., *Différence et répétition*, p. 4.

leurs implications bien avant que cette dernière puisse les mettre en œuvre ou découvre leur puissance contraignante. C'est là sans doute le prix du risque accepté par ceux qui ne se bornent pas à utiliser les puissances de l'imagination de manière heuristique, pour inspirer des hypothèses expérimentales et théoriques, mais les portent à leur plus haute intensité par une exigence acérée de cohérence et de précision.

Ici encore, nous devons bien souligner une convergence où se révèle la cohérence culturelle d'une époque. Les philosophes que nous avons cités nous ont, selon l'expression de Deleuze[1], donné les moyens de passer « de la science au rêve et inversement » car les a menés « l'imagination qui traverse les domaines, les ordres et les niveaux, abattant les cloisons, coextensive au monde, guidant notre corps et inspirant notre âme, appréhendant l'unité de la nature et de l'esprit ». Mais inversement, c'est à la nature et aux sciences de la nature que Deleuze a fait appel pour décrire les puissances de l'imagination et échapper à toute référence à l'homme de la philosophie traditionnelle, sujet actif, doué de projets, d'intentions, de volonté. « L'idée, écrit-il, fait de nous des larves, ayant mis à bas l'identité du Je comme la ressemblance du Moi[2]. » Au moment de chercher à comprendre la « dramatisation », le mouvement terrible que subit celui dont une idée fait sa proie, en qui une idée s'incarne, il faut penser à la larve, capable (contrairement à l'organisme constitué, engagé dans une activité stable) de subir des mouvements terribles, traces, glissements, rotations; il faut penser à ces processus que cherchent à décrire les sciences de la nature. « La dramatisation se fait dans la tête du rêveur, mais aussi bien sous l'œil critique du savant[3] », la dramatisation psychologique trouve ses échos dans les processus géologiques, géographiques, biologiques, écologiques, qui créent les espaces, modèlent et bouleversent des paysages, y déterminent des migrations, des compétitions ou des amplifications mutuelles entre processus de croissance, des proliférations, de lentes érosions et de brutales désintégrations.

1. Deleuze G., *op. cit.*, p. 284.
2. Deleuze G., *op. cit.*, p. 283.
3. Deleuze G., *op. cit.*, p. 282.

7. *Les métamorphoses de la nature*

La métamorphose des sciences contemporaines n'est pas rupture. Nous croyons au contraire qu'elle nous mène à comprendre la signification et l'intelligence de savoirs et de pratiques anciens que la science moderne, axée sur le modèle d'une fabrication technique automatisée, avait cru pouvoir négliger. Ainsi, Michel Serres a souvent évoqué le respect que nourrissent paysans et marins à l'égard du monde dont ils vivent. Ceux-là savent qu'on ne commande pas au temps et qu'on ne bouscule pas la croissance des vivants, ce processus de transformation autonome que les Grecs appelaient *physis*. En ce sens, notre science est enfin devenue une science physique puisqu'elle a enfin admis l'autonomie des choses, *et pas seulement des choses vivantes*. Nous parlions, dans l'introduction, du « nouvel état de nature » que l'activité humaine contribue à faire exister. Comme le développement des plantes, le développement de cette nouvelle nature, peuplée de machines et de techniques, le développement des pratiques sociales et culturelles, la croissance des villes, sont de ces processus continus et autonomes, sur lesquels on peut certes intervenir pour les modifier ou les organiser, mais dont on doit respecter le temps intrinsèque, sous peine d'échec[1]. Le problème posé par l'interaction des populations humaines et des populations de machines n'a rien de commun avec le problème, relativement simple et maîtrisable, de la construction de telle ou telle machine. Le monde technique, que la science classique a contribué à créer, a besoin, pour être compris, de concepts bien différents de ceux de cette science.

Au moment où nous découvrons la nature au sens de *physis*, nous pouvons également commencer à comprendre la complexité des questions auxquelles se confrontent les sciences de la société. Au moment où nous apprenons le « respect » que la théorie physique nous impose à l'égard de la nature, nous devons apprendre également à respecter les autres approches intellectuelles, que ce soient les approches traditionnelles, des marins et des paysans, ou les approches créées par les autres sciences. Nous devons apprendre, non plus à juger la population des savoirs, des pratiques, des cultures produites par les sociétés humaines, mais à les croiser, à établir

1. Serres M., *op. cit.*, p. 85-86, et « Roumain et Faulkner traduisent l'Ecriture », in *La Traduction*, Paris, Minuit, 1974.

all the change

entre eux des communications inédites qui nous mettent en mesure de faire face aux exigences sans précédent de notre époque.

Quel est ce monde à propos duquel nous avons réappris la nécessité du respect? Nous avons successivement évoqué la conception du monde classique et le monde en évolution du XIXe siècle. Dans les deux cas, il s'agissait de maîtrise, et du dualisme qui oppose le contrôleur et le contrôlé, le dominant et le dominé. Que la nature soit une horloge ou un moteur, ou bien encore qu'elle soit le chemin d'un progrès qui mène vers nous, elle constitue une réalité stable dont il est possible de s'assurer. Que dire de notre monde qui a nourri la métamorphose contemporaine de la science? C'est un monde que nous pouvons comprendre comme naturel dans le moment même où nous comprenons que nous en faisons partie, mais dont se sont évanouies, du coup, les anciennes certitudes : qu'il s'agisse de musique, de peinture, de littérature ou de mœurs, nul modèle ne peut plus prétendre à la légitimité, aucun n'est plus exclusif. Partout, nous voyons une expérimentation multiple, plus ou moins risquée, éphémère ou réussie.

Ce monde qui semble renoncer à la sécurité de normes stables et permanentes est certes un monde dangereux et incertain. Il ne peut nous inspirer nulle confiance aveugle mais bien peut-être le sentiment d'espoir mitigé que certains textes talmudiques ont, paraît-il, attribué au Dieu de la Genèse : « Vingt-six tentatives ont précédé la genèse actuelle, et toutes ont été vouées à l'échec. Le monde de l'homme est issu du sein chaotique de ces débris antérieurs, mais il ne possède lui-même aucun label de garantie : il est exposé, lui aussi, au risque de l'échec et du retour au néant. « Pourvu que celui-ci tienne » (Halway Shéyaamod), s'écrie Dieu en créant le monde, et ce souhait accompagne l'histoire ultérieure du monde et de l'humanité, soulignant dès le début que cette histoire est marquée du signe de l'insécurité radicale[1]. »

C'est ce climat culturel qui nourrit et amplifie la découverte d'objets insoupçonnés, quasars aux formidables énergies, trous noirs fascinants, la découverte aussi, sur terre, de la diversité des expériences que réalise la nature, la découverte théorique, enfin, des problèmes d'instabilités, de proliférations, de migrations, de structurations. Là où la science nous avait montré une stabilité immuable et pacifiée, nous comprenons que nulle organisation,

1. NEHER A., « Vision du temps et de l'histoire dans la culture juive », in *Les cultures et le temps*, Paris, Payot 1975, p. 179.

nulle stabilité n'est, en tant que telle, garantie ou légitime, aucune ne s'impose en droit, toutes sont produits des circonstances et à la merci des circonstances.

Dès lors, Jacques Monod avait raison, l'ancienne alliance animiste est bien morte, et avec elle toutes les autres qui nous présentaient comme sujets volontaires, concients, doués de projets, clos dans une identité stable et des usages bien établis, citoyens au sein d'un monde fait pour nous. Il est bien mort, le monde finalisé, statique et harmonieux que la révolution copernicienne détruisit lorsqu'elle lança la Terre dans les espaces infinis. Mais notre monde n'est pas non plus celui de l'« alliance moderne ». Ce n'est pas le monde silencieux et monotone, déserté par les anciens enchantements, le monde horloge sur lequel nous avions reçu juridiction. La nature n'est pas faite pour nous, et elle n'est pas livrée à notre volonté. Le temps est venu, comme Jacques Monod nous l'annonçait, d'assumer les risques de l'aventure des hommes, mais si nous pouvons le faire, c'est parce que tel est le mode, désormais, de notre participation au devenir culturel et naturel, telle est la leçon qu'énonce la nature lorsque nous l'écoutons. Le savoir scientifique, tiré des songes d'une révélation inspirée, c'est-à-dire surnaturelle, peut se découvrir aujourd'hui en même temps « écoute poétique » de la nature et processus naturel dans la nature, processus ouvert de production et d'invention, dans un monde ouvert, productif et inventif. Le temps est venu de nouvelles alliances, depuis toujours nouées, longtemps méconnues, entre l'histoire des hommes, de leurs sociétés, de leurs savoirs et l'aventure exploratrice de la nature.

REMERCIEMENTS

Nous voudrions dédier ici une pensée reconnaissante à notre ami Léon Rosenfeld qui, de son vivant, nous aida et nous encouragea à reprendre les problèmes que lui-même avait tant contribué à éclaircir. Son souvenir nous est resté présent tout au long de ce travail.

Beaucoup des travaux présentés et commentés dans ce livre ont été réalisés en collaboration étroite avec nos collègues de Bruxelles, et aussi d'Austin.

Une version préliminaire de ce livre à été soumise aux commentaires et aux critiques de quelques amis tandis que d'autres nous apportaient des informations et des références très précieuses. Nous ne pouvons citer ici tous ceux dont l'aide a rendu ce livre possible, mais nous tenons à les assurer de notre gratitude profonde.

Enfin, l'un des auteurs a bénéficié pendant une partie des recherches qui ont permis ce livre d'une bourse du Fonds national de la recherche scientifique belge.

INDEX

cf also RAMUNNI review, etc

BIBLIOTHÈQUE DES SCIENCES HUMAINES

Déjà publiés

Raymond Aron,	LES ÉTAPES DE LA PENSÉE SOCIOLOGIQUE
Raymond Aron,	ÉTUDES POLITIQUES
Raymond Aron,	PENSER LA GUERRE, CLAUSEWITZ, I et II
Étienne Balázs,	LA BUREAUCRATIE CÉLESTE
Jean Baudrillard,	L'ÉCHANGE SYMBOLIQUE ET LA MORT
Émile Benveniste,	PROBLÈMES DE LINGUISTIQUE GÉNÉRALE, I et II
Jacques Berque,	L'ÉGYPTE : IMPÉRIALISME ET RÉVOLUTION
Jacques Berque,	LANGAGES ARABES DU PRÉSENT
Roger Caillois,	APPROCHES DE L'IMAGINAIRE
Roger Caillois,	APPROCHES DE LA POÉSIE
Roger Caillois et G.-E. von Grunebaum,	LE RÊVE ET LES SOCIÉTÉS HUMAINES
Geneviève Calame-Griaule,	ETHNOLOGIE ET LANGAGE : LA PAROLE CHEZ LES DOGON
Elias Canetti,	MASSE ET PUISSANCE
Jacqueline Delange,	ARTS ET PEUPLES DE L'AFRIQUE NOIRE
Marcel Detienne,	L'INVENTION DE LA MYTHOLOGIE
Georges Devereux,	ESSAIS D'ETHNOPSYCHIATRIE GÉNÉRALE
Georges Dumézil,	MYTHE ET ÉPOPÉE, I, II et III
Georges Dumézil,	IDÉES ROMAINES
Georges Dumézil,	FÊTES ROMAINES D'ÉTÉ ET D'AUTOMNE, *suivi de* DIX QUESTIONS ROMAINES
Georges Dumézil,	LES DIEUX SOUVERAINS DES INDO-EUROPÉENS
Louis Dumont,	HOMO HIERARCHICUS
Louis Dumont,	HOMO AEQUALIS, I
A. P. Elkin,	LES ABORIGÈNES AUSTRALIENS

E. E. Evans-Pritchard,	LES NUER
E. E. Evans-Pritchard,	SORCELLERIE, ORACLES ET MAGIE CHEZ LES AZANDÉ
Jeanne Favret-Saada,	LES MOTS, LA MORT, LES SORTS
Michel Foucault,	LES MOTS ET LES CHOSES
Michel Foucault,	L'ARCHÉOLOGIE DU SAVOIR
Pierre Francastel,	LA FIGURE ET LE LIEU
Northrop Frye,	ANATOMIE DE LA CRITIQUE
J.K. Galbraith,	LE NOUVEL ÉTAT INDUSTRIEL (nouvelle édition)
J. K. Galbraith,	LA SCIENCE ÉCONOMIQUE ET L'INTÉRÊT GÉNÉRAL
Marcel Gauchet et Gladys Swain,	LA PRATIQUE DE L'ESPRIT HUMAIN. L'INSTITUTION ASILAIRE ET LA RÉVOLUTION DÉMOCRATIQUE
E. H. Gombrich,	L'ART ET L'ILLUSION
Luc de Heusch,	POURQUOI L'ÉPOUSER ? et autres essais
Gerald Holton,	L'IMAGINATION SCIENTIFIQUE
Sir Julian Huxley,	LE COMPORTEMENT RITUEL CHEZ L'HOMME ET L'ANIMAL
François Jacob,	LA LOGIQUE DU VIVANT
Pierre Jacob,	DE VIENNE À CAMBRIDGE
Abram Kardiner,	L'INDIVIDU DANS LA SOCIÉTÉ
Robert Klein,	LA FORME ET L'INTELLIGIBLE
Paul Lazarsfeld,	PHILOSOPHIE DES SCIENCES SOCIALES
Edmund Leach,	L'UNITÉ DE L'HOMME et autres essais
Claude Lefort,	LES FORMES DE L'HISTOIRE
Michel Leiris,	L'AFRIQUE FANTÔME
Iouri Lotman,	LA STRUCTURE DU TEXTE ARTISTIQUE
Ernesto de Martino,	LA TERRE DU REMORDS
Henri Mendras et alii,	LA SAGESSE ET LE DÉSORDRE : FRANCE 1980
Alfred Métraux,	RELIGION ET MAGIES INDIENNES D'AMÉRIQUE DU SUD
Alfred Métraux,	LE VAUDOU HAÏTIEN
Wilhelm E. Mülhmann,	MESSIANISMES RÉVOLUTIONNAIRES DU TIERS MONDE
Gunnar Myrdal,	LE DÉFI DU MONDE PAUVRE
Max Nicholson,	LA RÉVOLUTION DE L'ENVIRONNEMENT
Erwin Panofsky,	ESSAIS D'ICONOLOGIE
Erwin Panofsky,	L'ŒUVRE D'ART ET SES SIGNIFICATIONS
Denise Paulme,	LA MÈRE DÉVORANTE
Vladimir Ja. Propp,	MORPHOLOGIE DU CONTE
Henri-Charles Puech,	EN QUÊTE DE LA GNOSE, I et II

Gérard Reichel-Dolmatoff, DESANA. LE SYMBOLISME UNIVERSEL DES INDIENS TUKANO DU VAUPÉS

Loyd G. Reynolds, LES TROIS MONDES DE L'ÉCONOMIE

Gilbert Rouget, LA MUSIQUE ET LA TRANSE

Marshall Sahlins, ÂGE DE PIERRE, ÂGE D'ABONDANCE

Marshall Sahlins, CRITIQUE DE LA SOCIOBIOLOGIE

Marshall Sahlins, AU CŒUR DES SOCIÉTÉS : RAISON UTILITAIRE ET RAISON CULTURELLE

Andrew Shonfield, LE CAPITALISME D'AUJOURD'HUI

Ota Šik LA TROISIÈME VOIE

Gérard Simon, KEPLER ASTRONOME ASTROLOGUE

Victor W. Turner LES TAMBOURS D'AFFLICTION

Thorstein Veblen, THÉORIE DE LA CLASSE DE LOISIR

L'impression de ce livre
a été réalisée sur les presses
des Imprimeries Aubin
à Poitiers/Ligugé

pour les Éditions Gallimard

Achevé d'imprimer le 12 mai 1982
N° d'impression, L 14554
Dépôt légal, mai 1982
1er dépôt légal : novembre 1979

But: bifurcation can describe the pt. at which the system of expansion cum identity <u>would</u> break down, by defining this point, we have outlined the parameters of stability of the society (cf eg bifurcations 167) – can a model like figure 8 describe these "boundaries"? – eg when does a kinship system break out of a patrilinear, X cousin system
Actually, it seems that there is one solidity = the society (named and that this represents a whole incl. cogn + structure – the point is here that this solidity must be defined in diff. terms so that (a) it is not reduced to elemental domains (econ, kin, pol, rel, etc and (b) it maintains a history described as the maintenance of a stable "solidity" — the problem then becomes "How do we describe this solidity?" —

of the ideal model should be one in which time becomes an integral feature of the model (it may be possible to describe this system in terms of ind. units in systems; it can also be noted there that the physics model (Hamilton) seems even anthropic), eg the evol. of individuals as components of systems, etc. — a review of this model may reveal a deeper sense of anthropic than at first sight) (cf eg EINST. p 89-90)
cf esp 169 (ie anthropic, note human soc. # by the strong idea — symbolism) cond. in model)

stability (chreod — WADD) shows the point at which selective pressure has resulted in reducing the role of the environment (s. 170) (if appl. to β it would mean that complex societies are more stable which is not correct) (degrees of freedom: molecules :: pussy : cunt — ie metaphorical (m)

invite ~~Lisa~~
Madubabo
Hans & Anita

Science dealing w/ the evol. of population in terms of local interactions (s. 173)

One main problem may well be the descr. of social units (as usual) ie is a "big-man" system a definable unit, sufficiently so? or are we really dealing w/ the more "cognitive"? supposing the latter, I would even think that there can be no evolution of systems at all, but degrees of "exploitation" or "passage of systems of exploitation" — what is structure in this case? and what is history?